Teoria e Realidade

Coleção Debates
Dirigida por J. Guinsburg

Equipe de Realização – Tradução: Gita K. Guinsburg; Revisão: A. R. Paulino Neto; Produção: Ricardo W. Neves e Sergio Kon.

mario bunge
TEORIA E REALIDADE

 PERSPECTIVA

© Mario Bunge

Dados Internacionais de Catalogação na Publicação (CIP)
(Câmara Brasileira do Livro, SP, Brasil)

Bunge, Mario
　　Teoria e realidade / Mario Bunge ; [tradução
Gita K. Guinsburg]. – São Paulo : Perspectiva, 2017. –
(Debates ; 72 / dirigida por J. Guinsburg)

　　3. reimpr. da 1. ed. de 1974
　　Bibliografia.
　　ISBN 978-85-273-0838-0

　　1. Ciência - Filosofia I. Guinsburg, J. II. Título.
III. Série.

08-09829   CDD-501

Índices para catálogo sistemático:

1. Ciência : Teoria e realidade : Filosofia 501

1ª edição – 3ª reimpressão
[PPD]

Direitos reservados em língua portuguesa à

EDITORA PERSPECTIVA LTDA.

Av. Brigadeiro Luís Antônio, 3025
01401-000 São Paulo SP Brasil
Telefax: (11) 3885-8388
www.editoraperspectiva.com.br

2019

SUMÁRIO

PREFÁCIO 9
1. OS CONCEITOS DE MODELO 11
   Introdução 11
   1. *Começa-se por Esquematizar* 13
   2. *Depois se Traça uma Imagem Teórica Detalhada do Modelo* 16
   3. *Da Caixa Negra ao Mecanismo* 18
   4. *Análise das Noções de Objeto-Modelo e de Modelo Teórico* 22
   5. *Modelos, Desenhos, Análogos* 25
   6. *Modelo Científico e Modelo Semântico* . 27
   7. *Síntese Final* 29
2. MODELOS NA CIÊNCIA TEÓRICA ... 31
   Introdução 31
   1. *Objetos Concretos e Objetos-Modelo* .. 32
   2. *A Relação de Modelagem* 33
   3. *Modelos Teóricos* 34

4. *Gerando Modelos Teóricos* 35
  5. *Modelos e Comprobabilidade* 36
  6. *Modelos, Mecanismos, Análogos, Quadros* 37
  7. *Modelos Teóricos e Modelos Semânticos* 38
  8. *Período de Perguntas* 39
3. MODELOS EM SOCIOLOGIA 41
  1. *Transpondo o Abismo entre as "Naturwissenschaften" e as "Geistewissenschaften"* 41
  2. *O Problema* 43
  3. *Modelos Não-teóricos de Migração Humana* 43
  4. *Teorias Qualitativas da Migração Humana* 44
  5. *Uma Hipótese Explanatória* 47
  6. *Primeiro Modelo Determinístico* 47
  7. *Segundo Modelo Determinístico* 49
  8. *Primeiro Modelo Estocástico* 50
  9. *Segundo Modelo Estocástico* 51
  10. *Observações Finais* 52
4. COMO E POR QUE DEVERIAM SER AXIOMATIZADAS AS TEORIAS CIENTÍFICAS? 55
5. TEORIAS FENOMENOLÓGICAS 67
  1. *Teorias Científicas enquanto Caixas* .. 68
  2. *Alguns Mal-entendidos* 70
  3. *Estrutura das Teorias da Caixa Negra* 72
  4. *Algumas Limitações das Teorias da Caixa Negra* 74
  5. *Teorias Semifenomenológicas no Eletromagnetismo* 75
  6. *Teorias Semifenomenológicas na Mecânica Quântica* 78
  7. *Uma Teoria Semifenomenológica no Domínio das Partículas Elementares* .. 81
  8. *Escopo da Abordagem pela Caixa Negra* 82
  9. *Explanação e Interpretação* 83
  10. *Caixa-negrismo* 85
  Conclusão 88
6. MATURAÇÃO DA CIÊNCIA 91
  1. *Crescimento: Newtoniano e Baconiano* . 91
  2. *Conceitos: Empíricos e Transempíricos* . 93
  3. *Dos Pacotes de Informações às Hipóteses* 96

4. *Da Caixa Negra ao Mecanismo* 98
5. *Da Subsunção à Explicação Interpretativa* 101
6. *Do Esboço ao Sistema de Axiomas* 103
7. *O Filósofo e a Maturação da Ciência* .. 105
Discussão 108
  I. *Resposta a Whyte* 113
  II. *Resposta a Popper* 114
  III. *Réplica a Hutten* 115

7. SIMPLICIDADE NO TRABALHO TEÓRICO 119
Introdução 119
1. *Espécies de Simplicidade e sua Relevância para a Sistematicidade, Precisão e Comprobabilidade* 120
  1.1. *Tipos de simplicidade* 120
  1.2. *Relevância da simplicidade lógica à sistematicidade* 124
  1.3. *Relevância da simplicidade lógica para a precisão e a comprobabilidade* 126
  1.4. *Simplicidade, verossimilhança e verdade* 129
2. *Desideratos da Teoria Científica ou Sintomas de Verdade* 131
  2.1. *Requisitos sintáticos* 131
  2.2. *Requisitos semânticos* 132
  2.3. *Requisitos epistemológicos* 134
  2.4. *Requisitos metodológicos* 139
  2.5. *Exigências filosóficas* 142
  2.6. *Outros critérios* 143
3. *A Aceitação de Teorias Científicas: Cinco Casos* 144
  3.1. *Teoria do Sistema Planetário* ... 144
  3.2. *Teoria da Gravitação* 146
  3.3. *Teoria do Decaimento-Beta* 148
  3.4. *Teoria da Evolução* 150
  3.5. *Teoria Genética* 152
  3.6. *Prova das Provas* 153
4. *Conclusão: A Leveza das Simplicidades* 153
  4.1. *A simplicidade não é nem necessária nem suficiente* 153
  4.2. *O papel das simplicidades na pesquisa* 156
  4.3. *Conclusão* 157

8. TEORIA E REALIDADE 159
   1. Introdução 159
   2. Referência 160
   3. Referência Direta e Indireta 162
   4. Interpretações: Objetiva e Operacional . 165
   5. Unidade Conceitual — E como Transgredi-la na Mecânica Quântica 169
   6. Referência e Evidência 174
   7. Regras de Interpretação 178
   8. Observações Finais 181
9. ANALOGIA, SIMULAÇÃO, REPRESENTAÇÃO 185
   1. Introdução 185
   2. Analogia 186
   3. Simulação 190
   4. Representação 191
   5. Combinando as Três Relações 194
   6. O Papel da Analogia na Ciência 196
   7. Os Papéis da Simulação e Representação na Ciência 199
   8. Observações Finais 202
10. A VERIFICAÇÃO DAS TEORIAS CIENTÍFICAS 205
    1. Introdução 205
    2. As Análises Não-Empíricas 206
    3. A Preparação Para a Prova Empírica .. 207
    4. A Produção de Novos Dados 209
    5. O Encontro da Teoria e da Experiência 210
    6. Conseqüências Filosóficas 212
11. O PAPEL DA PREVISÃO NO PLANEJAMENTO 213
12. FILOSOFIA DA INVESTIGAÇÃO CIENTÍFICA NOS PAÍSES EM DESENVOLVIMENTO 225
    1. Desenvolvimento Científico: Parte do Desenvolvimento Integral 225
    2. Filosofia e Política da Investigação Científica 226
    3. A Filosofia Popular do Desenvolvimento Científico 228
    4. A Filosofia Integral da Investigação Científica e a Política Conseqüente 232
    5. Rumo a uma Planificação Liberal da Investigação Científica 236

PREFÁCIO

A natureza continua funcionando sem a ajuda das teorias científicas. Do mesmo modo as sociedades pré-industriais: crença, opinião e conhecimento especializado mas pré-teorético bastam-lhes. Mas um homem moderno não dispensa as teorias científicas a fim de avançar, seja em conhecimento, seja em ação. Suprimam toda teoria científica e a própria possibilidade de progredir ou mesmo de manter boa parte do que foi conseguido desaparecerá. Mas também: apliquem mal as teorias científicas e a própria humanidade pode chegar a um fim. Nosso futuro depende, pois, de nossas teorias tanto quanto da maneira de aplicá-las.

Hoje em dia teorizamos acerca de tudo: não apenas acerca de objetos físicos, mas também de fatos biológicos, sociais e psíquicos. Alguns ramos da psicologia matemática tornaram-se mais sofisticados do que certos capítulos da química. Mede-se atualmente o progresso científico por graus de avanço da ciência teorética melhor do que pelo volume de dados empíricos. A ciência contemporânea não é apenas experiência, porém teoria mais experiência planificada, executada e entendida à luz de teorias. Tais teorias apresentam-se muitas vezes envoltas em linguagem matemática: toda teoria específica é, na verdade, um modelo matemático de um pedaço de realidade. Este simples fato coloca numerosos problemas filosóficos. Por exemplo: o que é um modelo teórico? quais são as relações entre um modelo teórico e uma teoria geral? como são comprovadas as teorias? que papel desempenha a teoria na ação planejada? que função pode o trabalho teórico exercer no desenvolvimento econômico, social e cultural de uma nação? Tais são alguns dos problemas abordados neste livro. Os que estiverem interessados em problemas mais específicos da filosofia da física podem valer-se do volume que fará par com este, *FÍSICA E FILOSOFIA*. E os que estiverem interessados na filosofia e metodologia da ciência como um todo podem recorrer aos livros *Scientific Research* (New York, Springer-Verlag, 1967) e *Myth of Simplicity* (Englewood Cliffs, N. J., Prentice-Hall, 1963.)

Department of Philosophy, McGill University

1. OS CONCEITOS DE MODELO

Introdução

A Segunda Guerra Mundial teve um efeito imprevisto e salutar na metodologia das ciências não-físicas: subverteu o modo tradicional de pesquisa nestes domínios, ao ressaltar o valor de teorias, em particular de teorias formuladas com o auxílio da matemática. Antes se observava, se classificava e se especulava: agora se acrescenta a construção de sistemas hipotético-dedutivos e se procura pô-los à prova experimental, até em psicologia e em sociologia, outrora bastilhas do vago. Outrora se utilizava apenas a linguagem comum para exprimir idéias, resultando sempre falta de precisão, na verdade falta de clareza. A matemática só intervinha no final para comprimir e analisar os resultados de pesquisas empíricas na maioria das vezes superficiais por falta de teorias: fazia-se uso quase que exclusivamente da estatística, cujo aparato podia disfarçar a pobreza conceitual. Agora se usam cada vez mais várias teorias matemáticas para a própria construção das teorias. Começa-se a compreender que o objetivo da pesquisa não é a acumulação dos fatos mas a sua compreensão, e que esta só se obtém aventurando e desenvolvendo hipóteses precisas.

O que se passa em ciência pura também ocorre em tecnologia: esta torna-se cada vez mais um sistema feito de ciência aplicada e de teorias tipicamente tecnológicas, tais como a teoria dos servomecanismos, a teoria da informação e a teoria da decisão. Por toda a parte verifica-se o surto da teoria geral e do modelo teórico específico: a vitória da especulação exata e submetida ao controle experimental sobre a cega acumulação de dados muitas vezes sem interesse. Até a medicina está em vias de ser conquistada pelo espírito da geometria: começa-se a aplicar a lógica ao diagnóstico clínico, emprega-se o cálculo de probabilidades em genética humana, por toda a parte aplica-se a bioquímica. Está próximo o dia em que saberemos por que ficamos doentes e como nos curamos.

Esta revolução científica, a mais grandiosa após o nascimento da teoria atômica contemporânea, foi possível pela aproximação física e a colaboração profissional de milhares de biólogos e engenheiros, psicólogos e matemáticos, sociólogos e físicos, em alguns serviços de guerra dos EUA e em escala menor, na Grã-Bretanha, no último conflito mundial. Tão logo a guerra terminou, desabou uma avalanche de novas abordagens, novas teorias e novas disciplinas oriundas destes contatos: a teoria geral dos sistemas, a cibernética, a teoria da informação, a teoria dos jogos, a sociologia matemática e até a lingüística matemática. Ao mesmo tempo consolidavam-se a biologia matemática e a psicologia matemática. Não se trata mais de ensaios tímidos mas de campos respeitáveis servidos por revistas de alto nível, tais como o *Journal of Theoretical Biology*, o *Journal of Mathematical Psychology* e *Operations Research* e inúmeros tratados e coletâneas de textos já clássicos, tais como o *Mathematical Biophysics* de N. RASHEVSKY, o *Handbook of Mathematical Psychology,* em três volumes, de R.D. LUCE, R.R. BUSCH e E. GALANTER, a *Introduction to Mathematical Sociology* de J.S. COLEMAN e *Ma-*

thematical Models in the Social Sciences de J.G. KEMENY e J. L. SNELL.

Podemos situar esta revolução científica nas cercanias de 1950. Não foi simplesmente a substituição de uma teoria científica por outra: foi o esforço de teorização em campos até então não-teóricos. Foi uma metodologia nova, uma nova maneira de trabalhar que nasceu por volta de 1950 nas ciências não-físicas. Começa-se por colocar problemas bem circunscritos e isto é feito com clareza, se possível em linguagem matemática; adiantam-se, para resolvê-los, hipóteses precisas; procuram-se suas conseqüências; produzem-se dados empíricos a fim de verificá-los; examina-se o peso de tais dados e o grau em que estes confirmam ou refutam as hipóteses; finalmente, discutem-se questões metodológicas e às vezes, mesmo, filosóficas colocadas por estes procedimentos.

Em suma, faz-se ciência, em quase toda parte, tal como os físicos a têm feito desde Galileu, a saber, formulando questões claras, imaginando modelos conceituais das coisas, às vezes teorias gerais e tentando justificar o que se pensa e o que se faz, seja através da lógica, seja através de outras teorias, seja através de experiências, aclaradas por teorias. Esta revolução nas ciências não-físicas, não é pois senão a adoção do método científico, outrora monopolizado pela física. Atualmente existem apenas diferenças de objeto, de técnicas especializadas e de estágios de evolução entre as diferentes ciências positivas: desde 1950 elas são metodologicamente uniformes. Não se trata de uma "fisicalização" das ciências: não se trata de renunciar ao estudo dos processos não-físicos ou de tentar reduzi-los a processos físicos, mas de estudá-los cientificamente e em profundidade. A revolução iniciada por volta de 1950 versa sobre a maneira de abordar o estudo dos objetos não-físicos.

Tentaremos aqui expor uma das características dessa nova metodologia, a saber: a construção de objetos-modelo e de modelos teóricos.

1. *Começa-se por Esquematizar*

A conquista conceitual da realidade começa, o que parece paradoxal, por idealizações. Extraem-se os traços comuns de indivíduos ostensivamente diferentes, agrupando-os em espécies (classes de equivalência). Fala-se assim do cobre e do *homo sapiens*. É o nascimento do *objeto-modelo* ou modelo conceitual de uma coisa ou de um fato.

Mas isto não basta: se se quer inserir este objeto modelo em uma teoria, cumpre atribuir-lhe propriedades suscetíveis de serem tratadas por teorias. É preciso, em suma, imaginar um objeto dotado de certas propriedades que, amiúde, não serão sensíveis. Sabe-se muito bem que procedendo desta maneira há o risco de inventar quimeras, mas não existe outro meio, porque a maioria das coisas e das propriedades ocultam-se aos nossos sentidos. Sabe-se também que o modelo conceitual negligenciará numerosos traços da coisa e afastará as características que individualizam os objetos: mas, desde Aristóteles, convencionou-se que não há ciência a não ser do geral. E, se um dado modelo não oferece todos os detalhes que interessam, poder-se-á em princípio complicá-lo. A formação de cada modelo começa por simplificações, mas a sucessão histórica dos modelos é um progresso de complexidade.

Basta pensar nos modelos mais audaciosos: os que representam um sistema tridimensional em duas dimensões ou mesmo em uma só, tal como o modelo de Ising da matéria nos estados condensados. Aventa-se a hipótese de que as moléculas são linearmente ordenadas, e que cada uma delas só atua sobre as vizinhas. Este modelo hipersimplificado dos líquidos e dos sólidos foi proposto em 1920 por W. Lenz, que apresentou a seu aluno E. Ising o problema de construir o *modelo teórico* correspondente, i.é, a teoria que descreve este *objeto-modelo*[1]. Neste caso a tarefa consistia em inserir o referido objeto-modelo na mecânica estatística clássica. Esta é uma teoria muito geral que não se pronuncia sobre a natureza dos indivíduos que formam conjuntos estatísticos e, por conseguinte, pode aplicar-se tanto ao modelo de Ising quanto a um modelo de população animal. Ising forneceu a solução exata (1925), mas esta mostrou-se incapaz de explicar transições qualitativas típicas, tais como aquela que leva ao estágio ferromagnético. Diagnóstico: o modelo é falso. Prognóstico: complicai o modelo, pelo menos expandindo-o para duas dimensões. Ising desanimou e abandonou a física. A tarefa foi retomada por L. Onsager, que obteve excelentes resultados. Resultados tão bons, com efeito, que se aguarda com esperança e impaciência a solução do problema mais realista do modelo de Ising a três dimensões, problema ainda aberto.

Sem dúvida, este modelo da matéria constitui uma representação excessivamente simplista das coisas mas, mesmo assim, coloca problemas matemáticos terríveis (essen-

[1] A história dramática deste modelo acaba de ser relatada por S. G. BRUSH, History of the Lenz-Ising Model, *Reviews of Modern Physics*, 39, 883 (1967).

cialmente o cálculo da função de partição ou fonte das diversas propriedades do sistema). De que serve pois investir tantos esforços em um modelo que, sabe-se, é fisicamente demasiado simples e matematicamente demasiado complicado? Simplesmente porque não se poderia proceder de outro modo. Quer se diminua ou se multiplique o número das dimensões de um espaço, quer se simplifique o dado ou conjetura das entidades e das propriedades supra-sensíveis (no entanto, supostas como reais), constroem-se modelos conceituais que por si sós nos poderão dar uma imagem simbólica do real. Os outros caminhos — a razão pura, a intuição e a observação — malograram. Somente modelos construídos por meio da intuição e da razão e submetidos à prova da experiência foram bem sucedidos, e sobretudo são suscetíveis de ser corrigidos segundo a necessidade.

Lancemos um golpe de vista sobre uma obra recente, inteiramente dedicada a modelos hipersimplificados de sistemas físicos: *Mathematical Physics in One Dimension* por Lieb e Mattis[2]. Encontramos aí trabalhos que se tornaram clássicos tais como os de Kac, Uhlenbeck e Hemmer sobre um modelo linear de um gás capaz de imitar o processo de condensações; o artigo de Dyson sobre a dinâmica de uma cadeia caótica; os trabalhos de Kronig e Penney acerca do movimento dos elétrons nas redes lineares, e muitos outros. Não se trata de exercícios acadêmicos de matemática aplicada mas de modelos teóricos de objetos reais: são teorias que especificam representações esquemáticas de objetos físicos. Assim, a cadeia desordenada tratada por Dyson é um modelo grosseiro da estrutura do ferro. Tais fantasias têm pois uma intenção: a de apreender o real. Como? Escutemos os autores deste volume extraordinário: a solução dos problemas a uma dimensão "constitui uma contribuição à explicação da realidade: educando-nos na necessidade da análise rigorosa e exata, eles nos conduzem a uma abordagem mais crítica e matemática, e finalmente a uma melhor definição da realidade"[3]. É verdade que trabalhando sobre modelos a uma dimensão (em geral, sobre objetos-modelo) se negligenciam complexidades reais, mas em compensação se obtêm soluções exatas, que são mais fáceis de interpretar que as soluções aproximadas de problemas mais complexos, e assim se abre caminho para abordar estes problemas mais complicados. Certamente, dever-se-á esperar o fracasso de qualquer um destes modelos hipersimplificados, mas todo o fracasso de

(2) E. H. LIEB e D. C. MATTIS, (Eds.), *Mathematical Physics in One Dimension*. (New York, Academic Press, 1966.)
(3) LIEB & MATTIS, *op. cit.*, p. VI.

uma idéia pode ser instrutivo em ciência, porque pode sugerir as modificações que será preciso introduzir a fim de obter modelos mais realistas[4].

Em resumo, para apreender o real começa-se por afastar-se da informação. Depois, se lhe adicionam elementos imaginários (ou antes hipotéticos) mas com uma intenção realista. Constitui-se assim um objeto-modelo mais ou menos esquemático e que, para frutificar deverá ser enxertado sobre uma teoria suscetível de ser confrontada com os fatos.

2. Depois se Traça uma Imagem Teórica Detalhada do Modelo

Não basta esquematizar um líquido como uma rede de moléculas ou um cérebro como uma rede de neurônios: é preciso descrever tudo isso em detalhe e de acordo com as leis gerais conhecidas. Em outros termos, é necessário construir uma teoria do objeto-modelo — em suma, um modelo teórico. A teoria cinética dos gases é um modelo assim, ao passo que nem a mecânica estatística geral nem a termodinâmica o são, pois não especificam as particularidades dos gases. A teoria geral dos gráficos tampouco o é, ao passo que sua aplicação a organizações humanas, tais como a empresa o é. Daí se depreende uma primeira caracterização da noção de modelo teórico: um *modelo teórico* é um sistema hipotético-dedutivo que concerne a um objeto-modelo, que é, por sua vez, uma representação conceitual esquemática de uma coisa ou de uma situação real ou suposta como tal. Voltaremos a este assunto na secção 4. Por ora, lembremos alguns exemplos.

A teoria contemporânea do estado sólido foi instituída por Bloch há quarenta anos. A idéia matriz de Bloch foi a de aplicar a mecânica ondulatória, uma teoria genérica, a um modelo simples do corpo cristalino. Os constituintes deste modelo são um conjunto de centros fixos que representam os átomos, e um conjunto de elétrons (ou melhor de elétrons-modelo) que passeiam entre os centros fixos. A rede de centros fixos é suposta rígida (ficção), a interação entre os elétrons é suposta nula (ficção) e a inte-

---

(4) O exemplo clássico das modificações sugeridas pelo fracasso experimental de um modelo teórico é o das equações de estado dos gases. Para discussões instrutivas, a propósito de modelos teóricos em psicologia contemporânea, cf. R. R. BUSH e F. MOSTELLER, *Stochastic Models for Learning* (New York, Wiley, 1955) e S. STERNBERG, Stochastic Learning Theory em R. D. LUCE, R. R. BUSH e E. GALANTER, (Eds.), *Handbook of Mathematical Psychology*, (New York, Wiley, 1963) v. II.

ração elétron-rede é representada por um potencial periódico no espaço, mas constante no tempo (aproximação). Este modelo é, a seguir, inserido no vasto arcabouço da mecânica quântica. No curso dos cálculos será amiúde necessário fazer aproximações matemáticas adicionais. Todavia, o resultado apresenta-se freqüentemente de acordo com as informações empíricas, o que sugere que se fez uma imagem quase verdadeira do real (uma imagem não-visual, é claro). Embora, inicialmente, não fossem postuladas diferenças entre condutores, semicondutores e isolantes, obtém-se esta partição analisando a distribuição dos níveis (ou melhor das bandas) de energia. Tais bandas são separadas por regiões chamadas proibidas (não são estados). Se todas as bandas de energia estão ocupadas pelos elétrons, não há corrente elétrica: eis o isolante. Este modelo teórico explica numerosas propriedades macrofísicas da maioria dos cristais puros: as condutividades térmica e elétrica, a suscetibilidade magnética, as propriedades ópticas etc. Outras propriedades, como a luminescência, encontram explicação, complicando-se o modelo de Bloch: adicionando-lhe impurezas, supondo desordens na rede etc. Quanto mais se exige fidelidade ao real, tanto mais será preciso complicar os modelos teóricos.

Em outras ciências, procede-se de modo análogo. Tomemos, por exemplo, o modelo de cérebro proposto por McCulloch e Pitts, há um quarto de século. Este modelo fica apenas nas fibras nervosas e não penetra no mecanismo da condução nervosa: trata-se de um modelo semifenomenológico que será mister completar com outros modelos, levando em conta processos eletrolíticos. Despreza também o tempo de condução ao longo dos eixos e supõe que o retardo sináptico é constante e igual para todos os neurônios. Formula, a seguir, a hipótese central do modelo teórico, a saber, que um neurônio só descarrega se os neurônios anteriores descarregaram no momento anterior. Este enunciado é imediatamente traduzido em fórmulas, uma para cada tipo de conexão. Uma vez de posse destas fórmulas, tenta aplicar-lhes um cálculo matemático já existente (conforme o caso, dever-se-á inventar uma nova teoria matemática). Neste caso é a álgebra de Boole. Constrói-se assim uma teoria que consegue explicar alguns processos neurofisiológicos. Se se quer ir além, dever-se-á complicar este modelo — por exemplo, introduzindo um elemento de acaso. Se se supõe que os contatos sinápticos se produzem ao acaso, pode-se colocar e resolver a questão de probabilidade de formação ao acaso de certos circuitos nervosos, o que poderá explicar a aparição de pensamentos que parecem vir do nada. Foi o que fizeram Rapoport e seus colaboradores: desenvolver modelos estocásticos do sistema nervoso central.

Os modelos estocásticos estão em moda na psicologia, desde que se compreendeu que a conduta animal está longe de ser sistemática e coerente. Foram construídos, em especial, muitos modelos estocásticos da aprendizagem. O que é comum a todos estes modelos é o seguinte: primeiro ignoram as diferenças de espécie, assim como as de nível dos processos em apreço. Em segundo lugar, descartam todas as variáveis biológicas concentrando-se nos estímulos, respostas e efeitos dos últimos (em particular, gratificação e punição). Em terceiro lugar, a hipótese central de cada modelo é uma fórmula que dá a probabilidade de resposta de um assunto em função do número de tentativas e da seqüência de eventos anteriores. Esta função varia de modelo para modelo. Em todo caso, o que se chama "modelo estocástico de aprendizagem" é, na realidade, a hipótese central de uma teoria específica (modelo teórico) que entra no quadro geral da teoria da aprendizagem. Naturalmente, uma hipótese não é central senão por estar rodeada de hipóteses subsidiárias relativas, seja à estrutura matemática dos símbolos, seja à significação destes.

Em suma, uma vez concebido um modelo da coisa, a gente a descreve em termos teóricos, servindo-se para tanto de conceitos matemáticos (tais como o de conjunto e probabilidade) e procurando enquadrar o todo em um esquema teórico compreensivo — o que mal é possível nas ciências novas, por mais ricas que sejam em visões de conjuntos e concepções grandiosas, mas puramente verbais.

3. *Da Caixa Negra ao Mecanismo*

Há muitas espécies de objeto-modelo e, por conseqüência, de modelo teórico. Numa extremidade do espectro, encontra-se a caixa negra dotada somente de entrada e saída; noutra extremidade se encontra a caixa cheia de mecanismos mais ou menos escondidos que servem para explicar o comportamento exterior da caixa. O procedimento natural — que não é, entretanto, o curso histórico — é o de começar pelo objeto-modelo mais simples, desprovido de estrutura, depois acrescentar-lhe uma estrutura simples (por exemplo, dividindo a caixa original em duas) e prosseguir neste processo de complicação até conseguir explicar tudo o que se quer. É claro que não se trata de imitar os epiciclos de Ptolomeu: cumpre considerar seriamente os mecanismos hipotéticos, como representando as entranhas da coisa, e cumpre dar prova desta convicção realista (mas ao mesmo tempo falível) imaginando experiências que possam pôr em evidência a realidade dos mecanismos imaginados. De outro modo faremos literatura fantástica, ou melhor, praticar-se-á filosofia convencionalista, mas em todo caso não se participará na pesquisa da verdade.

Seja um sistema qualquer, máquina ou organismo, molécula ou instituição, e suponhamos que alguém queira descrever e predizer seu comportamento sem se ocupar, no momento, de sua composição interna nem dos processos que podem ocorrer em seu interior. Construir-se-á então um modelo do tipo caixa negra, que constituirá uma representação do funcionamento global do sistema, exatamente como a idéia que a criança faz do carro, do rádio ou da televisão. Suponhamos ainda que se eliminem todos os fatores que atuam sobre a caixa exceto um, chamado a entrada E, e que se considere como importante uma única propriedade influenciada pela entrada; denominamo-la, saída S. A representação mais simples dos acontecimentos que envolvem a caixa será um quadro que ostenta os diversos pares $\langle E, S \rangle$ dos valores da entrada e da saída. Cada acontecimento será, pois, representado por um destes pares que será o seu modelo. Mas esta descrição do modelo é demasiado primitiva e pouco econômica. Será vantajoso substituir o quadro por uma fórmula geral que ligue os dois conjuntos de valores E e S. Poderá ser, por exemplo, uma fórmula que dê a taxa de mudança temporal de S em função dos valores instantâneos de E. Esta fórmula exprimirá de maneira sucinta e geral a forma do comportamento do sistema-modelo, sem no entanto nada dizer sobre as transformações internas sofridas pelo sistema real. Se ligarmos esta fórmula geral a outras, e particularmente, se conseguirmos inseri-la em um sistema teórico geral, ter-se-á um modelo teórico do sistema, concebido como uma caixa negra, i. é, de uma maneira simplista, mas que poderá satisfazer temporariamente nossas necessidades, sobretudo se estas forem de ordem prática.

Por pouco que se desenvolva a pesquisa, seremos levados a introduzir, primeiramente, outras variáveis do mesmo tipo (entradas e saídas) assim como variáveis de um terceiro tipo, a saber, variáveis I que especificam o estado interno do sistema. A lei do sistema, ou melhor, a representação esquemática da lei, será então uma fórmula a ligar as três variáveis E, I e S — ou antes, será todo um conjunto de fórmulas que ligam estas variáveis. O sistema pode não só reagir de uma dada maneira, i.é, de conformidade a uma certa lei, como pode também passar a uma outra forma de conduta (lei), quer espontaneamente, quer sob o efeito de um agente externo. Neste caso, dever-se-á complicar o modelo, juntando-lhe leis destas mudanças de forma de conduta. Pensemos em um relógio empregado como projétil, ou um indivíduo que toma uma dose de LSD. Neste caso cumprirá juntar um conjunto de fórmulas que ligam as novas variáveis às antigas. Em suma, um modelo teórico da conduta de um sistema é um grupo de enunciados (preferencialmente de forma matemática) que ligam as variáveis exógenas E e S e as variáveis endógenas I do sistema, sendo estas últimas concebidas como variáveis intermediárias, dotadas de um valor de cálculo, mais do que como representantes dos detalhes internos do sistema[5].

Um tal modelo, por assim dizer, behaviorista de um sistema satisfará as exigências da filosofia empirista (positivismo, pragmatismo, operacionalismo, fenomenismo) porquanto, sem ultrapassar demasiado o observável, permite condensar um grande número de dados empíricos e predizer a evolução do sistema. Mas não conseguirá explicar a sua conduta e permanecerá bastante isolado do resto do saber. A fim de obter uma tal explicação e para estabelecer contatos com outras teorias e, com mais forte razão, com outras disciplinas, será preciso demonstrar o mecanismo. (Que haja aí sempre um mecanismo interno, é uma hipótese metafísica muito ousada, mas que sempre encorajou a pesquisa, enquanto que a filosofia da caixa negra como ideal da ciência apenas encorajou a superficialidade.) Tal desmontagem não é difícil no caso de um relógio, mas em geral, em se tratando da emissão da luz ou da emissão do pensamento, é uma tarefa muito árdua. A razão disso é que a maioria dos mecanismos responsáveis pelas aparências estão escondidos. Então, em lugar de fazer o possível para vê-los, é preciso imaginá-los; mesmo quando se consegue, afinal, observar uma parte destes mecanismos, não é possível fazê-lo sem a ajuda de hipóteses prévias.

É fácil ver que o funcionamento de uma caixa negra pode ser explicado por uma infinidade de hipóteses relativas aos mecanismos subjacentes. De fato, para cada

(5) Para uma rica coleção de caixas negras, cf. W. R. ASHBY, *Introduction to Cybernetics*, (Londres, Chapman and Hall, 1956), (tradução brasileira, Editora Perspectiva, 1970). Para uma teoria geral, ver M. BUNGE, A General Black Box Theory, *Philosophy of Science*, 30, 346 (1963). Para uma análise epistemológica de teorias deste gênero, ver M. BUNGE, "Phenomenological Theories", em M. BUNGE, (Ed.), *The Critical Approach* (New York, Free Press, 1964).

função *f* que liga as entradas *E* às saídas *S*, há uma infinidade de pares de funções *g* e *h* tais que *g* aplica o conjunto *E* de entradas em um conjunto *I* de intermediários, e *h* aplica este último no conjunto *S* de saídas, e finalmente tais que a composição de *g* e *h* seja igual à função dada. Se interpretamos estes diversos intermediários em termos físicos, biológicos ou psicológicos, temos um conjunto infinito de mecanismos para cada caixa negra — com a condição de não exigir que tais hipóteses concordem com o que se aprendeu noutra parte. Os empiristas consideram esta ambigüidade uma falha dos modelos que vão além da conduta externa. Em compensação, os realistas acham que isto é uma virtude das concepções mais ricas, porque, se temos a possibilidade de achar (inventar) o mecanismo real, então a conduta aparente fica unicamente determinada por este mecanismo enquanto que a recíproca é falsa. Em outras palavras, se se supõe um mecanismo, derivamos dele o funcionamento, enquanto que, se se fornece este último não é possível adivinhar o primeiro. Uma hipótese acerca dos mecanismos escondidos só poderá ser considerada como confirmada se satisfizer as seguintes condições: explicar o funcionamento observado, prever fatos novos além dos previsíveis por modelos de caixa negra e concordar com a massa das leis conhecidas[6]. Tais exigências reduzem o conjunto dos modelos de mecanismos e permitem submetê-los a testes empíricos.

É possível, pois, propor uma grande variedade de modelos de um sistema dado: caixas negras sem estados internos, caixas negras (ou melhor, cinzentas) com estados internos, e caixas com mecanismo (mecânico ou outro qualquer); caixas deterministas e caixas estocásticas; caixas a um só nível (por exemplo, físico) ou a muitos (por exemplo, físico e biológico), e assim por diante. A escolha entre estes diversos objetos-modelo e os modelos teóricos correspondentes dependerá do objetivo do investigador. Se se trata apenas de manejar um sistema, então uma caixa negra poderá bastar; mas se se quer compreender o seu funcionamento, seja por curiosidade, seja porque se quer dominá-lo ou modificá-lo, então não se poderá deixar de imaginar modelos mais ou menos profundos, gozando do apoio de teorias gerais bem como do apoio de experiências novas. Como o disse o biólogo Pringle[7] falando dos modelos de músculo, poder-se-á dispensar modelos se o obje-

---

(6) Para uma discussão de vários critérios em jogo na avaliação das teorias científicas, ver M. BUNGE, *Scientific Research* (Berlim-Heidelberg-New York, Springer-Verlag, 1967), v. II.
(7) PRINGLE, J. W. S. Models of Muscle. In: *Symposia of the Society for Experimental Biology*, 1960, 14, 41.

tivo for puramente a síntese de um conjunto de dados empíricos: neste caso, bastarão o quadro numérico e a curva empírica. Mas se o objetivo for a análise ulterior dos dados ou então a construção de um guia para uma exploração experimental mais aprofundada, neste caso cumprirá imaginar modelos teóricos que, por si sós, poderão justificar a adoção de uma curva empírica de preferência a outras curvas que satisfazem os mesmos dados. Em suma, cabe a nós decidir aonde queremos chegar ao tomar o caminho da pesquisa: a opção é entre o conhecimento superficial (descrição e previsão da conduta) e o conhecimento aprofundado (explicação e capacidade de prever efeitos inauditos). Mas nos dois casos trata-se da construção de objetos-modelo e de modelos teóricos.

4. *Análise das Noções de Objeto-Modelo e de Modelo Teórico*

No seu admirável tratado de cibernética, Ashby nos previne contra a identificação de um modelo cibernético (que ele denomina "sistema") com o objeto real que se quer que ele represente. Um sistema cibernético é tão-somente a idealização de um sistema real ou realizável e há tantas idealizações quantos são os dados, os objetivos, os tipos de imaginação teórica. Destarte, uma máquina parecerá determinada a um observador que pode examiná-la de perto, enquanto que parecerá estocástica a outro que ignore que o acaso estava concentrado nas entradas. Por conseguinte, os dois investigadores construirão modelos diferentes do mesmo sistema. Ainda que tenham acesso à mesma informação, só chegarão por acaso ao mesmo modelo, pois a construção de objetos-modelo e de modelos teóricos é uma atividade criadora que põe em jogo os conhecimentos, as preferências e até a paixão intelectual do construtor.

Um objeto-modelo, portanto, é uma representação de um objeto: ora perceptível, ora imperceptível, sempre esquemático e, ao menos em parte, convencional. O objeto representado pode ser uma coisa ou um fato. Neste último caso, teremos eventos-modelo. Por exemplo, o choque de um número a de automóveis tendo por resultado um número b de feridos, poderá ser representado pelo par ordenado $<a,b>$. Do ponto de vista do engenheiro de tráfego interessado na organização do tráfego (o que é possível até em Paris), todos os choques de automóveis caracterizados pelo mesmo par de valores a e b são equivalentes, embora as circunstâncias das colisões sejam bem diferentes. Ele poderá pois supor, em seu trabalho, que todo fato f deste gênero é representável por um tal par: poderá escrever "$<a,b> \triangleq f$" onde "$\triangleq$" designa a relação de modelo ao fato (ou coisa). Enquanto f nomeia algo de concreto e individual, seu modelo $m = <a,b>$ é um conceito. Ocorrerá o mesmo com qualquer outro objeto-modelo: ter-se-á sempre "$m \triangleq f$", que poderá ser lido "m representa (ou modela) f". Assim, o químico representará uma molécula de uma dada espécie por um certo operador hamiltoniano, o sociólogo poderá representar a mobilidade social em uma comunidade por uma matriz de probabilidade de transição, e assim por diante.

De um lado, o objeto-modelo m representa toda uma classe de coisas (ou de fatos) encarados como equivalentes se bem que difiram entre si. A relação $\triangleq$ entre modelo e objeto concreto é, pois, uma relação multívoca. Se se preferir, m não representa um indivíduo concreto (coisa ou fato) mas antes toda uma classe (de equivalência) R de objetos concretos: $m \triangleq R$. De outro lado, um indivíduo concreto qualquer poderá ser representado de muitas maneiras, segundo os meios de que se disponha e os objetivos da representação. Em princípio, dado um indivíduo real r, é possível dar dele todo um conjunto M de modelos: $M \triangleq r$. Em suma, a relação $\triangleq$ não é biunívoca mas deve ser concebida como uma relação entre o conjunto M de objetos-modelo e o conjunto R de seus referentes: $M \triangleq R$.

Esta relação $\triangleq$ de imagem conceitual da coisa representada é a relação satisfeita pelos conceitos teóricos e seus referentes concretos. Ela aparecerá, pois, explicitamente em toda formulação cuidadosa de uma teoria científica. Assim, por exemplo, ao dar os axiomas de uma teoria dos campos eletromagnéticos, dever-se-á lembrar que o tensor campo *representa* o campo (se bem que haja autores que afirmam que o tensor é o campo). Em suma, a formulação explícita das regras e hipóteses semânticas de uma teoria científica exige a relação $\triangleq$ de representação por um modelo[8].

Um objeto-modelo, mesmo engenhoso, servirá para pouca coisa, a menos que seja encaixado em um corpo de idéias no seio do qual se possam estabelecer relações dedutivas. É preciso pois, como já dissemos, tecer uma rede de fórmulas em torno de cada objeto-modelo. Se este cor-

---

(8) BUNGE, M. Physical Axiomatics, *Reviews of Modern Physics*, 39, 463 (1967) e *Foundations of Physics* (Berlim-Heidelberg-New York), Springer-Verlag, 1967.

po de idéias for coerente, constituirá um modelo teórico de indivíduos concretos r do tipo R. Em outros termos, um *modelo* teórico de um objeto r suposto real é uma teoria específica T_s com respeito a r, e esta teoria é constituída por uma teoria, geral T_g enriquecida de um objeto-modelo $m \wedge r$. Ou ainda: um modelo teórico T_s é uma teoria geral munida de um objeto-modelo $m \wedge r : T_s = = <T_g, m>$. Quando a gente enriquece um sistema teórico de um objeto-modelo que delineia alguns pormenores do objeto concreto em questão, estreita-se a extensão do domínio de aplicação da teoria geral, mas em compensação tornamo-la verificável.

Se o modelo teórico T_s não concorda com os fatos e se for possível estar razoavelmente seguro que isto não se deve ao erro dos dados experimentais, será preciso modificar as idéias teóricas. Isto é mais rápido de se dizer do que fazer, pois há diversas possibilidades: pode-se quer variar o objeto-modelo m, quer guardá-lo e adotar uma outra teoria geral T_g, pois toda teoria especial é constituída, em princípio, de um m e de uma T_g que não se deixam determinar reciprocamente. Assim, se certos cálculos acerca da propagação da luz na vizinhança do sol não dão certo, pode-se tentar, quer complicar o modelo do sol (por exemplo, elipsóide giratório, em vez de massa pontual), quer modificar a teoria geral da gravitação e/ou da luz. O tipo de mudança preconizada dependerá dos serviços prestados no passado pelo objeto-modelo e pelas teorias gerais envolvidas. Se estas últimas foram bem sucedidas antes, será prudente tentar um novo objeto-modelo; para isso, ter-se-á talvez necessidade de novos dados empíricos. Mas se a teoria geral malogrou por várias vezes, ou melhor, se ela é ainda nova e por conseguinte tem um valor de verdade incerto, então será conveniente tentar outros sistemas teóricos gerais. Em todo caso, o processo de verificação de um esquema genérico pode dispensar a construção de muitos objetos-modelo e o processo de verificação de um modelo teórico pode tornar-se tão complicado quanto se queira[9]. Tão complicado mesmo que atualmente não sabemos qual dentre os diversos modelos estocásticos de aprendizagem é o mais verdadeiro, se bem que sejam muito diferentes uns dos outros[10].

(9) Ver M. BUNGE, *Scientific Research* (Berlim-Heidelberg-New York, 1967) e "Theory meets Experience", em M. K. MUNITZ e H. KIEFER, (Eds.), *The Uses of Philosophy* (Albany, New York, New York State University Press).
(10) Ver S. STERNBERG, *op. cit.* e B. F. RITCHIE, "Concerning an Incurable Vagueness in Psychological Theories", em B. B. WOLMAN e E. NAGEL, (Eds.), *Scientific Psychology* (New York, Basic Books, 1965).

Em resumo, deve-se distinguir as seguintes construções: o objeto-modelo m representando os traços-chave (ou supostos-chave) de um objeto concreto r (ou suposto concreto); o modelo teórico T_s especificando o comportamento e/ou o(s) mecanismo(s) interno(s) de r por meio de seu modelo m; e a teoria geral T_g acolhendo T_s (e muitas outras) e que deriva seu valor de verdade bem como sua utilidade de diversos modelos teóricos que podemos construir com o seu auxílio — mas jamais sem suposições e dados que a extravasam e recolhidos pelo objeto-modelo m.

5. *Modelos, Desenhos, Análogos*

Uma coisa pode ser representada, de modo mais ou menos esquemático, por um desenho ou um desenho animado que será então um modelo concreto da coisa. Tal representação será literal ou simbólica, figurativa ou inteiramente convencional. Em todo caso será parcial, pois ela há de supor que certas propriedades das coisas não merecem ser representadas, quer porque são tidas como secundárias, quer porque as uvas estão ainda muito verdes. Demais, toda representação, mesmo visual, é convencional em algum grau: há sempre um código familiar e tácito, ou especial e explícito que nos permitirá interpretar o desenho como sendo um modelo de um certo objeto concreto — de outro modo não seria um modelo mas uma pura invenção. Demais, uma mesma coisa poderá ser representada de muitas maneiras que não serão necessariamente isomorfas (por exemplo, topologicamente equivalentes entre si), e a variedade das representações só será limitada por nossa imaginação. Tal não é o caso dos objetos-modelo que fazem parte das teorias científicas: estes, mesmo quando podem ser representados visualmente, prendem-se à evolução de nosso conhecimento. Não podemos, portanto, variá-los arbitrariamente.

Ora, as teorias específicas ou modelos teóricos encerram objetos-modelo do tipo conceitual mais do que representações visuais literais ou figurativas. Sem dúvida, é possível sempre descrever o modelo com o auxílio de um diagrama e mesmo, às vezes, com a ajuda de um modelo material — tais como os modelos esféricos das moléculas: este auxilia a compreender as idéias difíceis e algumas vezes a inventá-las. Não obstante, nem diagramas nem análogos materiais podem representar o objeto de uma maneira tão precisa e completa como o faz um conjunto de enunciados. A força de um objeto-modelo do tipo conceitual não é de natureza psicológica (heurística ou pedagógica): ela reside no fato de ser uma idéia teórica e, por conseguinte, uma idéia que se pode enxertar em uma máquina teórica a fim de pô-la a funcionar e produzir outras idéias interessantes.

O desenho, mesmo quando é possível (não é o caso dos elétrons e das idéias) não substitui o objeto-modelo. E quando é possível e útil fornecer uma representação visual do objeto-modelo, amiúde este último precede o desenho e este é sempre menos rico que a idéia representada. (Note-se que temos aí três objetos, dois dos quais concretos, servindo um para fixar a idéia do outro.) Assim, um esquema de uma rede elétrica nos mostrará a natureza e a disposição dos diversos elementos, desde que apreendamos as idéias existentes por trás dos símbolos que ele contém; assim mesmo, poderá nos dizer muito pouca coisa acerca do processo que ocorre no interior e no exterior da rede, processo que será descrito, em compensação, por um sistema de equações. É verdade que um diagrama complexo pode conter mais informações e ser mais intuitivo que uma descrição verbal ou mesmo uma tabela de números. Mas não se poderia inseri-lo em uma teoria, porque os componentes das teorias são idéias e não imagens.

Toda teoria, mesmo abstrata, pode ser acompanhada de diagramas mais ou menos representativos dos objetos de que trata a teoria. (Excepcionalmente, em matemática pura, os próprios diagramas poderão ser objetos da teoria.) Assim, na lógica temos árvores dedutivas, na teoria atômica temos diagramas de densidade de probabilidade e na biologia-matemática encontram-se gráficos orientados que ligam diversas funções biológicas. Mas cumpre distinguir os diagramas simbólicos como estes, dos diagramas representativos como os da mecânica clássica e da estereoquímica ou da genética. Os dois são representações mais ou menos hipotéticas de objetos (coisas, fatos) supostos concretos, mas enquanto os primeiros são essencialmente lembretes e, portanto, substituíveis por fórmulas matemáticas, os últimos são figurações de estados de coisas dotadas, supostamente, de formas espaciais bem determinadas. Em todo caso, os desenhos, por úteis que sejam em ciência experimental e por razões psicológicas, não são, em geral, constituintes das teorias.

Basta lembrar dos debates do fim do século sobre o papel dos diagramas e dos análogos mecânicos: Mach censurava Dalton por desenhar átomos que ele considerava puras ficções, ao passo que Duhem desprezava o que ele denominava escola inglesa de física por seu apego a representações visuais e aos mecanismos mecânicos. Recentemente, este debate foi reaberto: está de novo em moda fazer o elogio dos modelos visuais e mesmo de análogos e metáforas[11]. Alguns consideram as representações visuais não apenas como muletas psicológicas, mas também como desempenhando uma função lógica[12]. Ora, isto não é assim. As teorias muitos gerais, tais como a mecânica dos fluidos e a teoria da evolução podem dispensar diagramas figurativos, posto que não se referem a coisas específicas. Quanto às teorias específicas ou modelos teóricos, alguns podem ser ilustrados por diagramas figurativos, ao passo que outros não o podem. Mas nenhum nem outro são necessariamente acompanhados de diagramas deste tipo. É útil traçar diagramas figurativos quando se trata de neurologia, pois temos que lidar com coisas visíveis, mas quando se trata de teoria da aprendizagem ou de teoria da utilidade não é possível desenhar tais diagramas, porque os processos com os quais lidamos não são perceptíveis, se bem que sejam inteligíveis. Em resumo, os diagramas possuem uma utilidade psicológica mas não fazem parte das teorias, que são sistemas de proposições. Contentemo-nos com sua ajuda, mas desconfiemos deles, pois podem ser apenas metáforas sugestivas mais do que descrições literais de uma realidade que, sendo mais escondida que aparente, não se deixa sempre representar de modo familiar.

6. *Modelo Científico e Modelo Semântico*

A aritmética pode ser concebida como uma realização ou modelo de muitas teorias abstratas, tal como a teoria dos corpos. Aqui o que vale é a noção semântica de modelo — conhecer o modelo como interpretação verdadeira de uma teoria abstrata ou como teoria "concreta" (específica) que satisfaz as condições (axiomas) de um sistema formal[13]. Sustenta-se às vezes que esta noção não difere de

(11) HESSE, M. B. *Models and Analogies in Science.* (Notre-Dame, Ind., University of Notre-Dame Press, 1966.)
(12) HUTTEN, E. *The Language of Modern Physics.* (Londres, Allen and Unwin, 1956.) Em compensação M. BLACK, *Models and Metaphors* (Ithaca, New York Cornell University Press, 1962), encara todas as espécies de modelos como auxiliares heurísticos, logo, como meios que uma teoria bem feita pode dispensar. Ele as encara também como analogias ou metáforas.
(13) Ver A. TARSKI, Contributions to the Theory of Models, *Indagationes Mathematicae*, 57, 572 (1954), 58, 56 (1955) e M. BUNGE, *Scientific Research*, v. I.

modo algum da noção metacientífica de modelo, i.é, da noção de modelo teórico[14]. Vejamos:

Seja o sistema abstrato resumido nos seguintes axiomas:

A_1 $S \neq \emptyset$
A_2 $(a) F:S \to R \cdot (b)\ G:S \times S \to R \cdot (c)H:S \times S \to R$.
A_3 $s, s' \in S \Rightarrow H(s, s') = h \in R$.
A_4 $(a)\ O : R \times R \to R \cdot (b)\ \square : R \times R \to R$.
A_5 $s, s' \in S \Rightarrow G(s.s') = h\ O\ [F(s')\ \square\ F(s)]$.

Este sistema de fórmulas é não-significativo. Podemos atribuir-lhe muitas significações adicionando-lhe códigos de interpretação. Façamo-lo em duas etapas. Na primeira interpretaremos as maiúsculas quer como conjuntos quer como funções, conforme o contexto; demais, interpretaremos "R" como a reta numérica. "O" como o produto aritmético e " $\square$ " como a subtração; aos símbolos restantes será atribuída sua interpretação padronizada (de outro modo nosso modelo seria não-padronizado). Desta maneira se obtém o sistema interpretado que segue:

F_1 S é um conjunto não-vazio.
F_2 (a) F é uma função com valores reais sobre S. (b) G é uma função de valores reais sobre o conjunto dos pares de elementos de S.
F_3 H é a função constante, com valor real h, sobre $S \times S$.
F_4 Para cada s e cada s' pertencentes a S,
$G(s, s') = h\ [F(s') - F(s)]$

Este é um formalismo interpretado na matemática mas que, por ora, não tem sentido fora dela. Em particular, não é um modelo teórico, pois não envolve nenhuma espécie de coisa: o conjunto de base S é um conjunto arbitrário e por conseguinte F, G e H não podem representar propriedades concretas.

Para transformar o formalismo precedente em um modelo teórico de uma coisa concreta é necessário e suficiente que os símbolos primitivos S, F, G e H sejam interpretados de tal maneira que a teoria daí resultante envolva objetos concretos e seja verdadeira. Eis duas interpreta-

---

(14) SUPPES, P. "A Comparison of the Meaning and Uses of Models in Mathematics and the Empirical Sciences". In: FREUDENTHAL, H. (Ed.) *The Concept and the Role of the Model in Mathematics and Natural and Social Sciences* (Dordrecht, Reidel, 1961).

ções possíveis, entre inúmeras outras, do formalismo precedente:

Interpretação física	Interpretação sociológica
Int (s) = ponto sobre um circuito de corrente contínua	Int (s) = país
Int [F(s)] = potencial elétrico em s	Int [F(s)] = atração oferecida por s (por exemplo, nível de vida)
Int [G(s,s')] = intensidade de corrente entre s e s'	Int [G(s,s')] = pressão migratória de s para s'
Int [H(s,s')] = condutividade entre s e s'	Int [H(s,s')] = permeabilidade da fronteira entre s e s'

Há inúmeras outras interpretações concretas do mesmo formalismo. Por exemplo, se se interpreta S como o conjunto dos corpos físicos, F como a temperatura, G como a quantidade de calor por unidade de massa e H como o calor específico, obtemos o núcleo da termologia. E se se interpreta S como o corpo acadêmico, F como o número de publicações, G como o ódio e H como a antipatia natural, obtemos um modelo teórico de um aspecto do mundo universitário. Temos, pois, modelos semânticos de uma estrutura abstrata, que ao mesmo tempo parecem ser modelos teóricos de processos reais.

Mas isto é tão-somente uma primeira aproximação. Sabemos, com efeito, que o primeiro modelo é inadequado (falso) para temperaturas baixas. E o segundo parece não ter sido submetido à prova experimental, de modo que não lhe podemos atribuir um valor de verdade. Esta situação é muito geral: modelos teóricos que foram postos à prova estão mais ou menos longe da verdade total: são e poderiam ser completamente verdadeiros uma vez que contêm simplificações. Por conseqüência todo modelo teórico é, no melhor dos casos, um *quase-modelo* no sentido que suas fórmulas são aproximadamente satisfeitas pelo real. Não há, pois, identidade entre modelo teórico e modelo no sentido semântico. Daí por que conviria substituir a expressão "modelo teórico" (e também "modelo matemático") por "teoria específica".

7. Síntese Final

O termo "modelo" designa uma variedade de conceitos que é preciso distinguir. Nas ciências teóricas da natureza e do homem parece haver dois sentidos principais: o modelo enquanto representação esquemática de um objeto concreto e o modelo enquanto teoria relativa a esta idealização. O primeiro é um conceito do qual certos traços podem às vezes ser representados graficamente, ao passo que o segundo é um sistema hipotético-dedutivo particular e, portanto, impossível de figurar, salvo como árvore dedutiva.

Todo modelo teórico é parcial e aproximativo: não apreende senão uma parcela das particularidades do objeto representado. Eis por que malogrará cedo ou tarde. Mas na ciência, mesmo a morte é fecunda: o malogro de um modelo teórico o levará à construção, quer de novos objetos-modelo, quer de novas teorias gerais — pois cada modelo teórico é constituído de um esquema genérico no qual se enxertou um objeto-modelo. Nem sempre estamos certos do que é preciso modificar, mas pelo menos sabemos que é preciso sempre procurar aperfeiçoar as idéias e que, se o fizermos passo a passo acabaremos por lograr êxito — até novo aviso.

Converter coisas concretas em imagens conceituais (objetos-modelo) cada vez mais ricas e expandi-las em modelos teóricos progressivamente complexos e cada vez mais fiéis aos fatos, é o único método efetivo para apreender a realidade pelo pensamento. É o método inaugurado por Arquimedes em física e que em nossos dias triunfa por toda parte onde é testado, mesmo nas ciências do homem. A observação é apenas uma fonte (não a única) de problemas e um teste (não o único tampouco) de nossos modelos teóricos. A intuição — ou melhor, os diversos tipos de intuição[15] — é uma fonte de idéias que devem ser formuladas explicitamente e submetidas à crítica da razão e dos fatos para serem fecundadas. A razão, enfim, é o instrumento que nos permite construir sistemas com a pobre matéria-prima dos sentidos e da intuição. Nenhuma destas componentes do trabalho científico — observação e intuição e razão — pode, por si só, nos dar a conhecer o real. Elas não passam de aspectos diversos da atividade típica da pesquisa científica contemporânea: a construção de modelos teóricos e sua comprovação.

---

(15) Para uma análise de diversos tipos de intuição e seus papéis no trabalho científico, ver M. BUNGE, *Intuition and Science* (Englewood Cliffs, New York, Prentice-Hall, 1962).

2. MODELOS NA CIÊNCIA TEÓRICA

Introdução

O nosso propósito neste capítulo é elucidar as noções de objeto-modelo e modelo teórico na ciência fatual (natural ou social). Tal esclarecimento é necessário em vista da ambigüidade do termo "modelo" e da divertida confusão que prevalece na corrente literatura filosófica e científica entre os vários sentidos da palavra.

Preocupar-nos-emos com objetos-modelo e modelos teóricos como esboços hipotéticos de coisas e fatos supostamente reais. Assim um fluido pode ser modelado como um contínuo dotado de certas propriedades e semelhante *objeto-modelo* pode ser enxertado em uma das várias teorias gerais, digamos a mecânica clássica ou a mecânica relativística geral. Do mesmo modo é possível modelar um organismo de aprendizagem como uma caixa negra equipada com determinados terminais de entrada e saída e pode-se desenvolver este objeto-modelo em um sistema dedutivo-hipotético. Em qualquer dos casos produz-se uma teoria específica ou *modelo teórico* de um objeto concreto. O que se pode submeter a provas empíricas são tais modelos teóricos: as teorias gerais despreocupadas com particulares permanecem incomprováveis, a menos que sejam enriquecidas com modelos de seus referentes. E os objetos-modelo mantêm-se estéreis a não ser que sejam introduzidos ou desenvolvidos em alguma teoria.

Além de oferecer explicações dos conceitos de objeto-modelo e modelo teórico, examinaremos suas relações com vários outros conceitos, com os quais estão amiúde confundidos, particularmente o sentido estético (representação pictórica), o sentido heurístico (análogo de um objeto familiar), e o sentido modelo teórico (concepção ou interpretação verdadeira de um sistema formal). Mostraremos que qualquer relação com estes outros caracteres é acidental, e que objetos-modelo e modelos teóricos não são importantes apenas pelo que sugerem como também pelo que realizam, a saber, uma representação parcial de realidade.

1. *Objetos Concretos e Objetos-Modelo*

Qualquer representação esquemática de um objeto pode ser denominada *objeto-modelo*. Se o objeto representado for concreto, então seu modelo é uma idealização dele. A representação pode ser pictórica, como é no caso de um desenho, ou conceitual, como no caso de uma fórmula matemática. Pode ser figurativa como o modelo radial com esferas de uma molécula, ou semi-simbólica, como no caso do mapa das curvas de nível da mesma molécula, ou simbólica, como o operador hamiltoniano para este objeto. E o objeto-modelo pode ser intrateórico, como no caso do modelo em rede casual do cérebro; ou extrateórico, como o modelo do Pseudo-Areopagita da hierarquia celeste.

A representação é sempre parcial e mais ou menos convencional. O objeto-modelo deixará escapar certos traços de seus referentes, tenderá a incluir elementos imaginários, e há de recapturar apenas aproximadamente as relações entre os aspectos que ele incorpora. Em particular, a maioria das variações individuais são deliberadamente ignoradas e a maior parte dos pormenores dos eventos relativos a estes indivíduos é igualmente descartada. Por exemplo, pode-se tomar todos os indivíduos de uma determinada família de ratos como indiscerníveis e pressupor que todos os modos de pressionar uma barra para obter bolinhas de alimento são igualmente equivalentes. Em outros termos, a população real, composta de indivíduos diferentes, é modelada como uma classe homogênea (equivalência), e igualmente o conjunto de todos os possíveis eventos é repartido em classes homogêneas (equivalência)[1].

2. *A Relação de Modelagem*

Começamos a modelar, pretendendo que o(s) domínio(s) R de indivíduos possa ser repartido em subconjuntos homogêneos S, i. é, em subconjuntos nos quais todos os elementos são idênticos em um dado sentido. Atribuímos, então, a cada membro s de cada uma destas classes de equivalência S alguns predicados chaves $P_1, P_2, \ldots, P_{n-1}$. Tais predicados significam propriedades e relações que são, em grande parte, não-observáveis; e, enquanto estão definidos sobre S, serão apenas aproximadamente satisfeitos, se o forem de qualquer modo pelo referente R de S. Formamos assim um sistema relacional $M = \langle S, P_1, P_2, \ldots, P_{n-1} \rangle$ com a pretensão de ser um *modelo* conceitual do referente concreto R. Em resumo, M modela R ou, abreviadamente, $M \triangleq R$. O objeto-modelo M é um constructo mais ou menos elaborado: um conjunto somado a umas poucas funções, um anel de operadores em um espaço de Hilbert ou aquilo que você tiver. Não precisa ser e, em geral, não é intuível; mas sempre possui um referente fatual.

A relação $\triangleq$ de modelagem deveria ocorrer explicitamente em qualquer formulação de uma teoria científica que cuidasse do significado fatual (físico, psicológico) de seus símbolos[2]. Assim, na biologia teórica pode-se pressupor que uma célula r é representada por, ou modelada como, um subconjunto s de uma variedade diferenciável na qual são dadas certas funções de valor real (densidade, temperatura etc.). Podemos então escrever "$s \triangleq r$" e fórmulas si-

(1) Como exemplos de acontecimentos de modelos psicológicos, veja S. STERNBERG, "Stochastic Learning Theory", em R. D. LUCE, R. R. BUSCH, E. GALANTER (Eds.), *Handbook of Mathematical Psychology* (New York, Wiley, 1963) v. II.

(2) Veja M. BUNGE, *Foundation of Physics* (Berlim-Heidelberg-New York, Springer-Verlag, 1967).

milares para os predicados. Toda fórmula que contenha o símbolo "$\triangleq$" da relação modelante pode denominar-se *pressuposição semântica*[3]. Se escrita *in-extenso* qualquer afirmação teórica em ciência fatual conterá pelo menos uma dessas pressuposições semânticas. Assim a fórmula para a massa total de uma célula r será: "Se $s \triangleq r$, então $M(r) = = df$., a integral de Lebesgue da densidade de massa sobre o conjunto s". Se não for tomada tal precaução, uma expressão semanticamente mal formulada como "a massa total do conjunto s" pode ser apresentada.

3. Modelos Teóricos

Nem todos os objetos-modelo são conceituais e nenhum modelo conceitual de um objeto concreto é um modelo teórico, embora possa constituir base para este. Um colar de contas multicoloridas pode representar uma cadeia polímera, e um sociograma representa algumas das relações entre os indivíduos em um grupo, mas o primeiro é um modelo físico ou análogo e o outro é apenas uma apresentação de dados. A fim de conseguir um modelo teórico, o objeto-modelo tem de ser expandido e engastado em uma moldura teórica. Ao ser absorvido por uma teoria, o objeto-modelo herda as peculiaridades desta e, em particular, suas leis. Assim uma célula-modelo, se juntada a uma teoria geral da difusão, satisfará a equação de difusão desta última; de outro modo não estará habilitada a refletir um processo intracelular de difusão.

Seja $M = \langle S, P_1, P_2, \ldots, P_{n-1} \rangle$ um modelo de um objeto concreto do tipo R, i. é, seja $M \triangleq R$. Além disso, presuma que as várias coordenadas da n-pla sejam logicamente independentes umas das outras (i. é., não-interdefiníveis). Então, qualquer conjunto coerente de condições (postulados) que especifique a estrutura (natureza matemática) dos n conceitos primitivos, bem como seu significado fatual, será um *modelo teórico* de R. Em outros termos, um modelo teórico de R é uma teoria com base primitiva $M \triangleq R$. (A condição de axiomatização é suficiente mas não é necessária para obter um modelo teórico, mas é necessária para proporcionar uma definição rápida e exata do conceito.)

Um modelo teórico de um objeto concreto certamente não corresponde à complexidade de seu referente, mas em qualquer caso é muito mais rico que o despido objeto-mo-

---

(3) BUNGE, M. Physical axiomatics. *Reviews of Modern Physics*, 39, 463 (1967).

delo, que é apenas uma lista de características do objeto concreto. Assim se um planeta é modelado como uma massa pontual, ou mesmo como uma bola, não se diz muita coisa. Somente pela assunção posterior segundo a qual um tal modelo satisfaz certas leis, em particular leis de movimento, que conseguimos uma porção de conhecimento científico. Examinemos outros exemplos:

Coisa ou fato	Objeto-Modelo	Modelo Teórico
Dêuteron	Poço de potencial próton-nêutron	Mecânica quântica do poço de potencial
Soluto em solulução diluída	Gás perfeito	Teoria cinética dos gases
Tráfego na hora do *rush*	Fluxo contínuo	Teoria matemática do fluxo de tráfego
Organismo de aprendizagem	Caixa negra markoviana	Modelo de operador linear de Bush e Mosteller
O canto das cigarras	Coleção de osciladores acoplados	Mecânica estatística de osciladores acoplados

4. Gerando Modelos Teóricos

Em alguns campos, o modelo teórico é construído em torno do objeto-modelo. Nos campos mais avançados, o objeto-modelo pode amiúde ser vinculado a uma teoria geral existente. Assim, na teoria da aprendizagem dificilmente há uma teoria genérica: cada modelo de aprendizagem é uma esquematização de um certo tipo de experimento, e os modelos adequados nos diferentes casos parecem não adaptar-se a uma única teoria compreensiva. De outro lado, na física atômica e molecular a construção de modelos teóricos consiste usualmente na aplicação de uma teoria genérica (mecânica quântica, na maior parte) aos modelos das coisas em causa. Assim, se quisermos gerar modelos teóricos do átomo de carbono, tentaremos estabelecer modelos simbólicos dele (i. é, operadores hamiltonianos que reúnam propriedades primeiras tais como o número de elétrons e suas interações) e inseri-los na teoria geral.

Qualquer objeto-modelo dado pode, dentro de limites, ser vinculado a certo número de teorias gerais a fim de produzir modelos teóricos diferentes (teorias específicas) do objeto real em causa. Exemplo: o modelo de um gás como uma multidão de partículas ligadas pelas forças de van der Waals pode ser inserido quer na mecânica da partícula clássica quer na mecânica da partícula relativística para fornecer dois diferentes modelos do gás. Inversamente, certo número de objetos-modelo pode associar-se a qualquer teoria geral dada desde que sejam enunciados na linguagem desta última. Exemplo: suponha diferentes formas de partículas e leis de força diferentes, mas mantenha a mecânica clássica do princípio ao fim e obterá diferentes modelos teóricos do gás. Sempre que há teorias gerais disponíveis, os modelos teóricos podem, então, ser gerados de dois modos: quer engastando um dado objeto-modelo em diferentes teorias gerais, quer enxertando objetos-modelo diferentes numa dada moldura genérica. Em qualquer dos casos, o modelo teórico é uma teoria genérica juntamente com um objeto-modelo. Isto não se mantém nas áreas das ciências em desenvolvimento, onde a construção atua centrifugamente, fora dos objetos-modelo, na maior parte do tempo.

5. Modelos e Comprobabilidade

Problemas particulares, i.é, problemas concernentes a situações específicas, podem ser apresentados e resolvidos somente dentro de teorias específicas (ou microteorias). Pela mesma razão, apenas teorias gerais não fornecem conclusões particulares e, portanto, rigorosamente comprováveis. Assim, no caso da mecânica, se quisermos determinar, digamos, os modos de oscilação de uma estrutura particular, por exemplo, uma concha, deveremos especificar as forças externas, a massa e as condições iniciais e de contorno — em resumo, devemos enriquecer a teoria geral com um modelo definido da concha.

Primeira conclusão: tanto a habilidade para resolver problemas particulares, quanto a comprobabilidade empírica de uma teoria, são inversamente proporcionais a sua força lógica. Segunda: a comprovação de teorias gerais demanda a produção de teorias específicas; por si mesmas, as teorias extremamente gerais como a teoria da informação, a teoria geral das máquinas, a mecânica clássica e a mecânica quântica são incomprováveis; o que se pode testar é uma teoria geral equipada de um objeto-modelo — em suma, um modelo teórico. Terceira: ao comprovar uma teoria específica (modelo teórico) em um campo avançado, nem sempre é claro o que se deve culpar em caso de malogro: a teoria geral, o objeto-modelo, ou ambos — mesmo na hipótese que os próprios dados sejam isentos de culpa[4]. Em qualquer evento, sem modelo, não há prova empírica.

6. Modelos, Mecanismos, Análogos, Quadros

Todo mecanismo hipotético de um processo é um objeto-modelo, mas o inverso não é verdadeiro: nem todo modelo conceitual delineia um mecanismo. Assim, uma caixa negra é um modelo que ignora o mecanismo interno da coisa envolvida. Além disso, os modelos de mecanismo não precisam ser mecânicos, ou mecanicistas. Assim, os mecanismos da propagação eletromagnética das reações químicas complexas, e da evolução biológica são não-mecânicos, i. é, são modelados em modos estranhos à mecânica. Seja como for, a identificação freqüente do objeto-modelo com mecanismo — uma identificação herdada do período mecanicista da física — está errada.

Tampouco os objetos-modelo necessitam ser determinísticos: podem ser probabilísticos. Em outros termos, alguns ou mesmo todos os predicados que ocorrem em um objeto-modelo podem ser variáveis casuais. Destarte, cada modelo específico de aprendizagem estocástica está centrado em alguma fórmula que dá a probabilidade de resposta na n-ésima tentativa como função do(s) evento(s) que precede(m) a tentativa. E qualquer fórmula semelhante pode ser tomada como seu valor nominal ou como representante de um processo casual definido. No último caso, dir-se-á que incorpora um modelo estocástico, ou um mecanismo provável do processo.

Igualmente, enquanto alguns modelos são literais e não-familiares, outros são analógicos ou concebidos em imitação de situações familiares. Assim, uma pessoa que não merece confiança pode ser encarada como uma máquina para venda automática, quebrada, que libera as mercadorias apenas em uma fração do tempo que gasta para engolir uma moeda. Este é um exemplo de um análogo ou simulacro: a coisa real (o indivíduo indigno de confiança) é modelada segundo um sistema de uma espécie conhecida (uma máquina quebrada) e o objeto-modelo resultante pode ser engastado numa teoria genérica, ou seja, a teoria markoviana das máquinas. Os análogos conceituais podem, fora de dúvida, ser tão respeitáveis quanto os simulacros ou análogos materiais, mas constituem somente

---

(4) BUNGE, M. "Theory meets experience". In: MUNITZ, M. K. e KIEFER, H. (Eds.), *The Uses of Philosophy* (Albany, New York, NYSU Press, no prelo).

um subconjunto do conjunto de objetos-modelo. Numerosos, talvez a maior parte dos objetos-modelo, são literais e mais ou menos misteriosos mais do que analógicos e familiares. Assim, não há modelos analógicos adequados de elétrons, de sistemas de eco e de mercados. Além disso, a insistência sobre modelos analógicos, e principalmente as analogias de partículas e de ondas, são responsáveis por um bocado de confusão na física quântica[5]. Seja como for, a caracterização de objeto-modelo como uma metáfora, recentemente revivida[6] é errônea.

Vale o mesmo, *a fortiori*, para diagramas, os quais — exceto em alguns ramos da matemática pura — podem ser encarados como uma espécie de análogo. Na ciência fatual, um diagrama é uma representação visual e esboçada de um objeto-modelo: retrata o último, não o substitui. Sendo mais ou menos convencional, não é uma representação única e é, por conseguinte, ininteligível a menos que venha acompanhado de algum código de interpretação. Os vários retratos de um objeto-modelo não necessitam ser isomorfos entre si e conseqüentemente não podem substituir o objeto que retratam, embora possam ajudar a entendê-lo. Por exemplo, as representações do movimento de um conjunto de osciladores acoplados, em coordenadas usuais e em coordenadas (livres de interação) "normais", são teoricamente equivalentes, embora os diagramas simbólicos correspondentes não o sejam: enquanto que no primeiro caso os vários pontos estão ligados por molas, no segundo, se apresentam desvinculados. De qualquer maneira, diagramas não são partes e parcelas de teorias fatuais, embora possam ilustrar partes delas de maneira inequívoca.

Em resumo, há muitas espécies de objetos-modelo: mecânicos e não-mecânicos, determinísticos e estocásticos, literais e analógicos, figurativos e simbólicos e assim por diante. Nenhuma destas propriedades é desejável em si, pois o que fez um objeto-modelo funcionar é algo diferente, i. é, o fato de ser uma idéia concernente a uma coisa ou a um fato e, como tal, algo que pode ser incrustado num sistema hipotético-dedutivo.

7. *Modelos Teóricos e Modelos Semânticos*

Na semântica e, particularmente na teoria do modelo,

(5) BUNGE, M. Analogy in quantum theory: from insight to nonsense. *British Journal for the Philosophy of Science*, 18, 265 (1967).

(6) HUTTEN, E. *The Language of Modern Physics*. (Londres, Allen & Unwin, 1956); BLACK, M. *Models and Metaphors*. (Ithaca, New York, Cornell University Press, 1962); HESSE, M. *Models and Analogies in Science* (Notre-Dame, Ind. University of Notre-Dame Press, 1966).

"modelo" significa uma interpretação de uma teoria abstrata sob a qual (interpretação) todas as afirmações da teoria são satisfeitas (verdade). Qual é a relação entre este conceito semântico de modelo e o conceito metacientífico de modelo teórico? Evidentemente, toda teoria científica, seja genérica ou específica, é uma teoria interpretada no sentido de que, se devidamente formulada, contém regras e suposições que dotam o formalismo de um significado fatual. Além disso, se uma teoria assim interpretada revelar-se inteiramente verdadeira, seria um modelo, no sentido semântico, do formalismo abstrato subjacente. Mas as coisas não são positivamente tão simples.

Em primeiro lugar, nem todos os modelos teóricos foram submetidos a provas de veracidade: conseqüentemente, não se lhes podem atribuir um valor de verdade. Em segundo lugar, todo modelo testado é, no melhor dos casos, parcialmente verdadeiro no sentido de que, com sorte, algumas de suas conseqüências comprováveis se mostram aproximadamente verdadeiras. Portanto, nenhum modelo teórico é, falando estritamente, um modelo no sentido semântico, pois isto exige que todas as fórmulas da teoria sejam exatamente satisfeitas. Tampouco é verdade que todos os modelos semânticos sejam modelos teóricos no sentido metacientífico. Assim, modelos *ad hoc* e modelos matemáticos (interpretações dentro da matemática) não refletem sistemas reais. Como a flecha não aponta nenhuma das duas direções, os conceitos de modelo semântico e metacientífico não coincidem[8]. O que se poderia dizer é que um modelo teórico que recebeu um passe constitui um *quase-modelo* de seu formalismo subjacente. Mas este conceito semântico de quase-modelo ainda está para ser elucidado.

8. *Período de Perguntas*

P: A discussão precedente não segue de perto o uso do termo "modelo". Pois, os físicos dificilmente empregam-no. Por que hão de se preocupar com esta análise? *R*: Os filósofos preocupam-se mais com idéias do que com palavras. O que importa é que os conceitos de objeto-modelo e modelo teórico são empregados em toda ciência digna do nome.

P: Não deverá o modelo apresentar uma semelhança formal com o seu referente? *R*: Não, se não por outro mo-

---

(8) Para a tese contrária, veja P. SUPPES, "A comparison of the meaning and uses of models in mathematics and the empirical sciences", em H. FREUDENTHAL, (Ed.), *The Concept and the Role of the Model in Mathematics and Natural and Social Sciences* (Dordrecht, Reidel, 1961).

tivo, pelo menos devido ao fato de que um e mesmo objeto concreto pode ser representado por um certo número de objetos-modelo e modelos teóricos que deixam de ser isomorfos um em relação ao outro.

P: De que serve construir idealizações extremas de coisas tais como um modelo unidimensional de líquidos? *R*: Não há teorização sem modelagem e um primeiro modelo está condenado a ser ingênuo, i. é, ignorante. Depois que nos familiarizamos com uma representação grosseira e observamos o seu fracasso, podemos alimentar a esperança de complicá-lo em nossa busca de crescente adequação[7].

P: Se os modelos são inevitavelmente vagos esboços, por que não abandoná-los de vez e recorrer a dispositivos com dados já acondicionados, tais como tabelas e curvas empíricas? *R*: Porque desejamos leis e explicações em termos de leis e nenhum depósito de dados, por enorme que seja, constitui um pacote de leis e um dispositivo explanatório. E porque a própria busca de informação interessante é guiada teoricamente. Por estas razões preocupamo-nos com objetos-modelo e modelos teóricos. Por estas razões o cientista moderno é essencialmente um animal construtor e testador de modelos.

P: Aceitando que os modelos são inevitáveis, por que pretender que representam a realidade? Sendo idealizações, não constituem recuos da realidade? *R*: Objetos-modelo e modelos teóricos versam supostamente sobre objetos reais. Cabe ao experimento comprovar semelhante suposição de realidade. De qualquer modo, nenhum outro método, exceto o de modelagem e comprovação, mostrou-se bem sucedido na apreensão da realidade.

P: Uma vez que tantas explicações corriqueiras são feitas em termos de analogias, modelos pictóricos e análogos tangíveis, por que não admitir que a genuína explanação é metafórica? *R*: Só confundindo o conceito psicológico de entendimento e o conceito heurístico de construção de teoria com o conceito metacientífico de explanação é que se pode argumentar que as analogias são explanatórias e, inversamente, que a explanação é analógica.

P: Visto que nas ciências avançadas qualquer deficiência de um modelo teórico pode ser atribuída tanto ao objeto-modelo quanto à teoria compreensiva que o abriga, como há de ser detectado o culpado? *R*: Esta é uma excelente pergunta.

P: Seria possível subsumir o conceito qualitativo de quase-modelo a um conceito comparativo ou até quantitativo? *R*: Este também é um ótimo problema em aberto.

(7) BUNGE, M. Les concepts de modèle. *L'âge de la science*, *1*, 165 (1968).

3. MODELOS EM SOCIOLOGIA

1. *Transpondo o Abismo entre as "Naturwissenschaften" e as "Geistewissenschaften"*

Até há poucas décadas, as estruturas e os processos sociais eram em geral considerados inexpressáveis em termos matemáticos. Esta atitude negativa em relação à possibilidade da sociologia matemática traía um entendimento deficiente, quer da matemática, quer da sociologia. De fato, pressupunha que a matemática, quando aplicada, se aplica aos objetos ou referentes do discurso, e pressupunha que o método da ciência consiste no conjunto de técnicas empre-

41

gadas nas ciências físicas. Assim, a famosa, ou antes infame, dicotomia entre as *Naturwissenschaften* (ciências da natureza) e as *Geistewissenschaften* (ciências do espírito) era reforçada por uma filosofia errônea da matemática e da ciência.

Agora, sabemos melhor. Aprendemos que a matemática pura é neutra e, quando aplicada, é aplicada às nossas idéias sobre juízos acerca de fato e não sobre os próprios fatos: o que é matematizado não é um naco de realidade mas algumas de nossas idéias a seu respeito. Esta mudança na filosofia da matemática teve um impacto revolucionário sobre a metodologia da ciência e, ultimamente, sobre a própria ciência. Na verdade, abriu a possibilidade de abordar fenômenos não-físicos com os mesmos instrumentos conceituais (lógicos e matemáticos) e o mesmo método geral (o método científico) que obteve tanto êxito nas ciências físicas. Em particular, os sociólogos começaram a aprender a linguagem da matemática, não apenas como um dispositivo útil para comprimir e agitar dados empíricos, mas como ferramenta para a construção teórica.

Sejam ou não acolhidas as considerações filosóficas anteriores, devemos enfrentar um novo fato que arruína o princípio segundo o qual não pode haver outra ciência matemática (empírica) exceto a física e a química: de fato, a biologia matemática, a psicologia matemática e a sociologia matemática são hoje empreitadas florescentes. (A história está a ponto de seguir o mesmo caminho.) Em todos estes campos as teorias se expressam em certo número de linguagens matemáticas. E algumas de suas afirmações em nível inferior estão sujeitas a provas empíricas. A biologia, a psicologia e a sociologia cessaram de ser metodologicamente diferentes da física e da química: na verdade, seus objetos são diferentes e como conseqüência estas disciplinas precisam inventar técnicas (métodos especiais) próprias, mas sua meta é a mesma, isto é, descobrir leis (naturais ou sociais) objetivas e sistematizar tais leis em teorias (sistemas hipotético-dedutivos).

Por esta razão, nos países anglo-saxônicos, a palavra "ciência" designa agora a família inteira das ciências fatuais, sejam elas naturais ou culturais. Por esta mesma razão, a filosofia geral da ciência — i. é, a filosofia preocupada com tudo o que é comum a todas as ciências especiais — é agora tão respeitável quanto as filosofias regionais da ciência. Os debates para saber se são possíveis empresas tais como a sociologia matemática e a filosofia geral da ciência estão agora tão mortos quanto a controvérsia sobre a possibilidade do movimento.

2. O Problema

A fim de verificar como a gente se movimenta no reino da sociologia matemática, selecionaremos um processo social bem conhecido, relativamente simples e, no entanto, pouco estudado: a migração humana. Nosso problema consistirá em explicar, não apenas descrever, as correntes de migração humana observadas. Em outras palavras, desejamos conhecer o que impele as pessoas a abandonarem suas casas e que padrões globais de migração daí decorrem.

Começaremos por apresentar modelos não-teóricos das atuais tendências migratórias. Isto servirá ao propósito metodológico de enfatizar as características de modelos incrustados em teorias, i.é, de modelos teóricos. A seguir, exploraremos a possibilidade de construir teorias não-quantitativas de migração humano. Verificar-se-á que elas são triviais porque restritas mais aos dados atuais do que abrangendo possíveis processos de migração. Proporemos, então, uma hipótese relativa à dinâmica da migração humana que pode ser formulada em termos quantitativos e desenvolvida em várias teorias matemáticas. Duas delas são determinísticas enquanto as outras duas são estocásticas, i.é, implicam o conceito de probabilidade. Finalmente, tentaremos extrair algumas lições metodológicas gerais de nosso exercício.

Manteremos um nível muito modesto de refinamento matemático. E não tentaremos confrontar os nossos modelos com dados empíricos, pois a motivação para o nosso estudo é explorar o lado conceitual mais do que o empírico da sociologia contemporânea. Contentar-nos-emos em verificar que os nossos modelos são suscetíveis de prova empírica.

3. Modelos Não-teóricos de Migração Humana

Qualquer representação dos traços salientes de um processo pode denominar-se *modelo* do processo. Qualquer representação gráfica dos principais traços de um processo é um modelo *visual* deste. Diagramas de fluxos e retratos analógicos são duas espécies de modelos visuais ou gráficos. A Fig. 1 exibe dois modelos gráficos de migração. Enquanto (*a*) representa as características qualitativas das principais correntes de escoamento de cérebros no presente momento, (*b*) pinta o transporte humano através de uma fronteira em analogia com a difusão de um líquido através de membrana semipermeável.

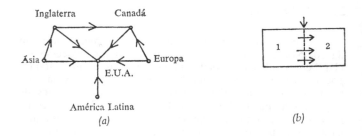

Fig. 1. (a) Diagrama do fluxo da migração de cérebros. (b) Análogo físico da migração. Transporte de moléculas da região 1 para a região 2 através de uma membrana semipermeável.

O análogo físico (b) da migração humana é inútil, exceto talvez como chave heurística para a construção de teorias matemáticas da migração. Sem dúvida, a analogia membrana-fronteira é tentadora, mas qualquer explicação da migração em termos de uma diferença de concentração, ou pressão osmótica é metafórica e superficial: o que demanda uma explicação é precisamente a existência de uma pressão de migração.

Por contraste, o diagrama de fluxo (a) na Fig. 1 é útil como apresentação visual de uma massa de dados. Mas nenhum dos dois modelos constitui uma teoria ou sistema hipotético-dedutivo; logo, nenhum dos dois proporciona explicações e previsões dos fluxos migratórios. Se quisermos deduzir fatos possíveis ou reais devemos construir teorias, i. é, sistemas de afirmações a partir das quais poderemos inferir afirmações ulteriores com a ajuda da lógica e da matemática. Estas teorias, preocupadas com um objeto específico — i. é, a migração humana — hão de conter idealizações ou *modelos teóricos* do processo de migração. (Somente as teorias genéricas que não especificam quaisquer detalhes deixarão de conter modelos teóricos.)

4. Teorias Qualitativas da Migração Humana

Poder-se-ia pensar que as características qualitativas das correntes migratórias são descritíveis em termos exatos e, no entanto, qualitativos. Em outras palavras, é como se fossem possíveis teorias relacionais, algébricas e topológicas de migração, que pudessem explicar os fluxos migratórios. Esta esperança é, infelizmente, irrealizada: apenas teorias triviais deste tipo parecem surgir, como será mostrado agora.

Partamos de uma abordagem relacional. Ao nível individual, o conceito de migração é uma relação ternária: uma pessoa x emigra de uma região y para outra região z — em suma, $Exyz$. (Se o tempo for introduzido, resulta uma relação quaternária.) Evidentemente, a relação E é irreflexiva, anti-simétrica e transitiva, nas duas últimas variáveis. Conseqüentemente, o conjunto G das regiões geográficas é ordenado por E para cada indivíduo fixado. Mas isto não nos diz nada acerca das correntes de migração. Pois se nos alçarmos acima do nível dos indivíduos, o conjunto G de regiões geográficas deixa de ser ordenado pela relação E de emigração de pessoas. Com efeito, temos agora a relação diádica do fluxo de migração, isto é, a migração (de pessoas) da região x para a região y — em suma Fxy. E esta relação não é anti-simétrica, pois muitas vezes acontece que um país perde emigrantes ao mesmo tempo que ganha imigrantes. Por F não ser anti-simétrica, deixa de ordenar o conjunto G. E se G não é sequer um conjunto parcialmente ordenado, então ele é, do ponto de vista algébrico, carente.

Sem dúvida, poderíamos facilmente manufaturar um conjunto ordenado a partir de G, i. é, tomando qualquer família de subconjuntos de G: qualquer coletânea assim será ordenada pela relação de inclusão. Além disso, se se toma a coleção de todos estes subconjuntos, então resulta nada menos do que uma treliça (*Verband, treillis*). Mas por si só não sugere agrupamento natural: não há *fundamentum divisionis* sociológico para obter uma tal subdivisão. Em outras palavras, a família de subconjuntos de G não parece refletir qualquer fato social. Ou ainda: não parece haver em nosso caso uma relação de equivalência com um significado sociológico — e a menos que uma relação desse tipo seja encontrada com um produto do pensamento acerca do fenômeno empírico em questão, nenhuma partição natural de G estará disponível. Todas elas confirmam, diga-se de passagem, que em ciência fatual estamos interessados em classes naturais mais do que em conjuntos arbitrários. De qualquer modo, o resultado das considerações acima é o seguinte: embora qualquer pessoa possa ficar brincando com as estruturas algébricas, ninguém pode provar que elas são, no caso, reconstruções conceituais fiéis (ou mesmo grosseiras) dos fatos em questão.

Tendo, em nosso caso, falhado em levar a cabo ambos os programas, o relacional e o algébrico, voltamos ao topológico. A primeira coisa a fazer é construir um espaço topológico desde que seja definida uma vizinhança para cada elemento do conjunto. Uma definição possível é a seguinte: a vizinhança $U(x)$ de uma região x em G é constituída pelo próprio x e por todas as regiões y em G que enviam emigrantes para x — i. é, por todos os F-parentes de x. Assim, na Fig. 1 (a) a vizinhança do Canadá consistirá do Canadá, da Inglaterra e da Europa.

O que mais? Aparentemente não muito mais, porque estamos incapacitados a fazer algo interessante do ponto de vista sociológico com este espaço topológico. Em particular, parece não haver sentido em introduzir mapeamentos que são o cerne da topologia. Certamente podemos achar subconjuntos de G entre os quais se obteriam certos mapeamentos, mesmo contínuos. (Por exemplo, tanto o Canadá, quanto a Alemanha Ocidental encontram-se no centro de gráficos topologicamente idênticos, — i. é, estrelas de cinco pontas.) Mas isto, na melhor das hipóteses, constitui um exercício de topologia elementar: não teria qualquer conseqüência sociológica. Poderia ajudar a arrumar os dados, mas não proporciona qualquer compreensão deles. E o objetivo da ciência teórica é precisamente o de conseguir compreensão dos fatos — uma compreensão negada àqueles que se recusam a ir além da intuição.

Em conclusão, a abordagem qualitativa que exploramos — e que deveria sempre ser tentada antes — parece falhar neste caso. A razão da falha parece dever-se ao fato de a abordagem acima estar amarrada à realidade; é apenas uma tentativa de ordenar um conjunto de itens de informação: procura descrever qual é o caso, não o que pode ser, e é por conseguinte incapaz de explicar o que é e prever o que será. Em compensação, uma teoria científica lida com possibilidades (mesmo que não faça uso de cálculo de probabilidades) e é portanto geral e possui algum poder de previsão.

Mostraremos mais adiante que a abordagem qualitativa do nosso problema torna possíveis teorias científicas da migração humana. E, como cada ramo da matemática quantitativa pressupõe teorias qualitativas (mas exatas), como a teoria dos conjuntos, a álgebra e a topologia, obteremos características qualitativas na troca. Então, a moral não é que a abordagem qualitativa é sempre estéril na ciência fatual e por isso deveria ser afastada, mas antes que é algumas vezes insuficiente para gerar teorias e não deveria pois ser superestimada. De qualquer forma, se queremos uma teoria devemos partir de alguma hipótese explanatória.

5. Uma Hipótese Explanatória

Começaremos com a hipótese segundo a qual o que impele as pessoas para longe de suas casas são diferenças nas oportunidades ou possibilidades de alcançar certos objetivos básicos pessoais. A força deste impulso será denominada *pressão migratória*. Em outras palavras, admitimos (*a*) que há uma função, pressão migratória, sobre o conjunto *G* de regiões geográficas e (*b*) que o valor desta pressão de uma região a outra depende da atração proporcionada pela consecução mais fácil de certos objetivos situados além da fronteira. A fim de ampliar esta hipótese, em uma ou mais teorias, devemos refiná-la: uma afirmação verbal é demasiado vaga para constituir um postulado, embora possa ser um efetivo detonador da teoria.

Pois bem, o refinamento de uma hipótese científica não é apenas uma questão de análise lingüística: uma afirmação científica torna-se acurada quando engastada em uma teoria e não quando reformulada com ajuda de um dicionário. Uma vez que há muitas teorias que poderiam compreensivelmente abrigar nossa hipótese, haverá inúmeras versões refinadas dela. Tentaremos quatro teorias, tendo tal hipótese como centro. Em todas elas o mundo será encarado como dividido em regiões, e nossa atenção será focalizada em pares de regiões que não importa quão distantes possam ser, são *socialmente adjacentes*, no sentido de que pessoas podem ir em busca de alimento de uma região a outra. As nossas teorias não serão limitadas ao nosso planeta nem à nossa época. Apenas os valores numéricos dos coeficientes que aparecem nas equações serão limitados pela terra e pelo período.

Partiremos, esboçando duas teorias determinísticas: logo depois, delinearemos dois modelos estocásticos. Deixaremos ao leitor interessado a total formulação destas teorias.

6. Primeiro Modelo Determinístico

Seja P_{ij} a pressão migratória da região i para a região j e suponha que um único fator — digamos a diferença de padrões de vida entre i e j — esclarece a variável P_{ij}. Isto é, admitamos que P_{ij} seja uma função apenas da diferença $E_j - E_i$, onde E_k é o *fator atração* oferecido pela região k. Mais especificamente, admitamos que P_{ij} seja uma função linear desta diferença. A fim de superar o problema de definir uma unidade comum para todos os fatores de atração relevantes, dividiremos a diferença pela soma: isto nos dará uma expressão livre de unidade.

Em resumo, nossa hipótese explanatória assume a forma

$$P_{ij} = K_1 \frac{E_j - E_i}{E_j + E_i} + K_2 \quad (1)$$

onde K_1 e K_2 são números reais a serem calculados a partir dos dados relativos ao par (i,j). Uma possível interpretação destes coeficientes é: enquanto K_1 representa a permissibilidade ou a permeabilidade da fronteira (na direção $i \to j$), K_2 é uma representação global de todas as restantes variáveis de atração. Se uma ou outra das regiões envolvidas proíbe trocas pessoais, $K_1 = 0$ para este par; se a migração não for irrestrita entre as regiões em questão, tomamos $K_1=1$; na realidade K_1 será alguma fração entre 0 e 1. No tocante a K_2, será nulo, se E for o único fator a operar para o dado par (i,j); será positivo se houver outros fatores favorecendo a passagem de i para j e será negativo se estes outros fatores operarem em sentido inverso, i. é, mantendo as pessoas dentro dos limites da região i.

Vamos aditar agora uma segunda pressuposição, ou seja, que o fluxo migratório em qualquer instante dado t é proporcional tanto à pressão migratória P_{ij} como à densidade δ_i de população da região expedidora naquele instante, relativa à densidade de população δ_j da região receptora no mesmo instante. Em símbolos

$$\Phi_{ij}(t) = P_{ij} \cdot \delta_i(t)/\delta_j(t) \quad (2)$$

É claro que o fluxo migratório total para a região j equaliza a soma de (2) sobre todas as regiões socialmente adjacentes, i. é,

$$\Phi_j = \sum_{i=j} \Phi_{ij} \quad (3)$$

A expressão explícita para o fluxo migratório total é obtida introduzindo em (1), (2) e (3):

$$\Phi_j(t) = \sum_{i \neq j} K_1 \frac{\delta_i(t)(E_j - E_i)}{\delta_i(t)(E_j + E_i)} + K_2 \quad (4)$$

Este é, em poucas palavras, nosso primeiro modelo matemático. Trata-se de um simples exercício de axiomática para provar que (4) é apenas a afirmação-núcleo de um sistema inteiro hipotético-dedutivo, sendo as remanescentes assunções iniciais (*a*) um maço de hipóteses relativas à natureza matemática dos vários conceitos envolvidos e (*b*) um conjunto de pressuposições semânticas e esboços de regras, em um modo mais preciso do que fizemos, apresentando-se o sentido sociológico dos símbolos nas afirmações básicas da teoria. A mesma observação vale para os modelos que serão apresentados nas secções subseqüentes. Voltar-nos-emos agora para um reparo metodológico.

As variáveis mensuráveis em nossa teoria são as densidades de população δ_i e δ_j e os fluxos migratórios parciais Φ_{ij}. Por outro lado, as pressões migratórias P_{ij} são constructos hipotéticos cujos valores devem ser inferidos das densidades e dos fluxos, na fórmula (2). Uma vez disponível P_{ij}, voltaremos ao fator atração E, variável supostamente mensurável, a fim de determinar, com a ajuda de (1) tanto a permissividade K_1 quanto o efeito total K_2 dos fatores de atração desprezados. Mas estas observações dizem respeito ao teste e ao uso da teoria: elas não pertencem à teoria.

7. Segundo Modelo Determinístico

A fim de explicar o parâmetro K_2 nas fórmulas (1) e (4), devemos engodar todos os fatores de atração desprezados no modelo anterior. Chamemos E_i^a o valor do *a*-ésimo fator de atração na região *i* e, similarmente, para a região contígua. Postulamos que

$$P_{ij} = \sum_{a \in A} K_a (E_j^a - E_i^a)/(E_j^a + E_i^a) \quad (5)$$

onde a somatória se estende sobre todo o conjunto A de fatores de atração (conhecidos).

Esta fórmula é evidentemente mais geral e mais flexível do que a (1). Primeiro, inclui (1), o que se vê ao se chamar K_2 a soma de todos os termos exceto o primeiro. Em segundo lugar, as várias diferenças podem compreensivelmente cancelar-se uma a outra de modo a não produzir uma pressão migratória nítida. (De outro modo raramente haveria dúvidas nas mentes dos candidatos à migração.) Haverá emigração de *i* para *j* apenas no caso $P_{ij} > 0$, e a corrente fluirá na direção oposta se valer a desigualdade inversa. No primeiro caso, dir-se-á que a região *j* "atrai" imigrantes de *i*; no último caso, trocam-se os papéis das duas regiões. Em terceiro lugar, o coeficiente K_a pode agora ser interpretado quer como propriedades da região *j* — *e.g.*, a liberalidade ou o oposto das leis de imigração de j — quer como relativas tanto a j quanto aos vários fatores de atração. A escolha da interpretação não é caso de convenção mas de experiência: se se obtém a melhor adequação equacionando todos os K_a (i. é, tomando $K_a = K$ para todo a em A), então adotar-se-á a primeira interpretação; do contrário a segunda. Moral metodológica: forma e conteúdo não são submetidos separadamente ao teste empírico.

As fórmulas (2) e (3) são mantidas no modelo presente. Deixaremos para o leitor as sínteses de (2), (3) e (5). Como antes, esta síntese é apenas o núcleo da teoria.

Na presente teoria as constantes K_a permanecem inexplicáveis, embora sejam interpretadas e, felizmente, podem também ser estimadas a partir dos dados empíricos. É preferível sempre construir teorias com um mínimo de constantes fenomenológicas ou inexplicadas como os K_a, se não, por outro motivo, ao menos pelo fato de que quanto maior o número de tais parâmetros, tanto mais fácil será ajustar os dados, i. é, tanto mais fácil se torna o jogo e tanto menos compreensão proporciona. Em nosso caso, como em inúmeros outros, os parâmetros poderiam ser explicados pela construção de uma teoria mais profunda, uma teoria preocupada com traços psíquicos (*e.g.*, imaginação, dinamismo e audácia) e com o *status* social dos sujeitos. Uma tal teoria mais aprofundada poderia ser quer determinística quer estocástica. Por razões didáticas e estéticas, escolhemos para desenvolver duas teorias estocásticas que ultrapassam de leve aquela exposta nesta secção.

8. *Primeiro Modelo Estocástico*

Passemos agora ao nível do individual, introduzindo o conceito psicológico de utilidade ou valor subjetivo. Esperamos deste modo explicar macrovariáveis em termos de microvariáveis, resolvendo assim um dos problemas de "agregação" colocado pelo problema da migração humana.

Admitiremos que o n-ésimo indivíduo atribua um valor V_{an} ao a-ésimo fator de atração, e mais, que cada indivíduo possua uma propensão ou disposição migratória — que na maior parte dos casos pode ser nula. Comumente, quantificamos esta propensão como uma probabilidade. E, na linha de nossos modelos anteriores, assumimos que a probabilidade de que o n-ésimo indivíduo saltará a fronteira i-j é:

$$p_{ijn} = \sum_{a \in A} V_{an} \cdot (E_j^a - E_i^a) / (E_j^a + E_i^a) \qquad (6)$$

A nossa segunda hipótese é que as várias probabilidades individuais são mutuamente independentes — o que é verdade apenas em primeira aproximação, pois ela deixa de lado família, laços de amizade e profissionais. Sob esta hipótese simplificadora, o fluxo parcial líquido através da fronteira (i,j) torna-se

$$\Phi_{ij} = N_i \sum_n p_{ijn} \qquad (7)$$

onde N_i é a população total da região i.

Não restará nenhuma constante fenomenológica se as utilidades V_{an} forem consideradas sem dimensão. Contudo, este ganho metodológico é efetivamente equilibrado pela grande dificuldade em estimar, de uma maneira objetiva, as utilidades subjetivas. Nossa vitória pode, sem dúvida, ser de Pirro. Mas esta não é absolutamente, em ciência, uma situação excepcional: dificilmente há casos nos quais escolhas claramente definidas podem ser feitas entre teorias concorrentes. Em particular, uma teoria fenomenológica em sociologia — uma que não envolva variáveis psicológicas — talvez deva ser conservada juntamente com todo um maço de teorias mais penetrantes, i. é, de teorias que visam explicar macrovariáveis em termos de variáveis psíquicas. Em resumo, a macrossociologia e a microssociologia (ou sociologia psicológica, a ser distinguida da psicologia social) não necessitam ser mutuamente exclusivas mas podem amiúde completar uma a outra.

9. Segundo Modelo Estocástico

O nosso primeiro modelo estocástico não dá conta dos diferentes graus de consecução dos vários objetivos a em A. Por outro lado, o segundo modelo determinístico pode ser adaptado, a fim de dar conta destas diferenças, interpretando K_a como a facilidade com que o a-ésimo objetivo pode ser alcançado na região j. Esta facilidade de desempenho deve ser concebida de uma maneira objetiva. Isto não será fácil — mas se revelará possível.

Uma maneira óbvia de refinar o conceito de facilidade de consecução de um objetivo é a de elucidá-lo como a probabilidade objetiva de atingir o fim em questão. (Probabilidades objetivas podem amiúde ser estimadas pelas correspondentes freqüências observadas, o que não significa que probabilidades sejam freqüências.) Entretanto, como esta probabilidade difere segundo a região e o sujeito, não estaremos habilitados a fatorá-las: teremos de substituir $E_j^a - E_i^a$ por $p_{jn}^a E_j^a - p_{in}^a E_i^a$. Deste modo, uma alta probabilidade pode compensar um baixo resultado e, inversamente. Assim, para um dado fator *a* e um dado indivíduo *n*, poderíamos ter:

$$p^a_{in} = 1, \quad E^a_i = 1/10, \quad p^a_{jn} = 1/10, \quad E^a_j = 1$$

donde resulta uma contribuição nula deste fator particular *E* para o empuxo migratório sobre este indivíduo particular *n*.

De qualquer maneira, nossa primeira hipótese torna-se:

$$p_{ijn} = \sum_{a \in A} V_{an}(p^a_{jn}E^a_j - p^a_{in}E^a_i) \tag{8}$$

mantém-se as fórmulas (2) e (5) para os fluxos. Deixamos ao leitor a tarefa de encontrar o fluxo migratório total líquido na região *j*.

10. Observações Finais

Esboçamos quatro teorias diferentes acerca de um único processo social. Essas não são, de maneira nenhuma, as únicas possíveis: mesmo conservando nossa hipótese explanatória básica, poderíamos apresentar muitas outras teorias, tomando simplesmente funções não-lineares das diferenças nos valores dos fatores de atração considerados.

Sem dúvida, incumbe aos dados empíricos efetuar uma escolha entre as várias teorias concorrentes. Entretanto, esta escolha está longe de ser trivial, se as teorias em causa contiverem diferentes espécies de variáveis, em particular microvariáveis e macrovariáveis, pois um ganho em profundidade e clareza pode perder-se por um prejuízo em exatidão e até em comprobabilidade objetiva. Aqui, assim como nas ciências físicas, devemos começar declarando que nosso propósito primário é: se for apenas poder de previsão, então uma macroteoria poderá bastar; mas se quisermos adentrar nosso entendimento dos fatos, precisaremos estar preparados, pelo menos no começo, para ceder alguma precisão, pelo menos até que conheçamos mais o funcionamento das microvariáveis. No fim de contas, é o que aconteceu na física: as primeiras teorias microfísicas eram menos exatas que certas teorias macrofísicas, mas a profundidade levou eventualmente a padrões mais elevados de precisão.

Uma vez mais, o sociólogo que desespera de jamais conseguir apresentar teorias comparáveis em exatidão com as teorias físicas, receberá consolo e estímulo se pensar que no tempo de Galileu, a física era tão imprecisa quanto possível — apenas estava na trilha certa: ela construíra para si mesma o método correto. Este método, que se tornou eventualmente o método da ciência, é o adotado pela sociologia matemática contemporânea: mistura a audácia especulativa com a exigente comprovação empírica.

A seguinte lista bibliográfica pode ser útil:

ALKER JR., H. R. *Mathematics and Politics*. New York, Macmillan, 1965.

BERGER, J.; COHEN, B. P.; SNELL, J. L. *Types of Formalization*. Boston, Houghton Mifflin, 1962.

BUNGE, M. *Scientific Research*. Berlim-Heidelberg-New York, Springer-Verlag, 1967, 2 v.

CHARLESWORTH, J. C. (Ed.). *Mathematics and the Social Sciences*. Filadélfia, American Academy of Political and Social Sciences, s.d.

COLEMAN, J. S. *Introduction to Mathematical Sociology*. New York, Free Press, 1964.

DOMINGO, C. *Building Dynamic Models from Historical Data*. Cambridge, Mass., M.I.T., 1968.

GRANGER, G. *Pensée formelle et sciences de l'homme*. Paris, Aubier-Montaigne, 1967.

RASHEVSKY, N. *Mathematical Biology of Social Behavior*. Ed. rev., Chicago, The University Chicago Press, 1959.

SIMON, H. A. *Models of Man*. New York, Wiley, 1957.

SOLOMON, H. (Ed.). *Mathematical Thinking in the Measurement of Behavior*. Glencoe, Ill., The Free Press, 1960.

4. COMO E POR QUE DEVERIAM SER AXIOMATIZADAS AS TEORIAS CIENTÍFICAS?

Creio que tudo quanto pode ser objeto do pensamento científico, em geral, está destinado a cair tão logo esteja maduro para a constituição de uma teoria, no método axiomático, e com isto indiretamente, na matemática. Penetrando em camadas cada vez mais profundas de axiomas... ganhamos também compreensões cada vez mais profundas da essência do pensamento científico, tornando-nos cada vez mais cônscios da unidade de nosso saber. HILBERT, David. *Mathematische Annalen*, v. 78, pp. 405-415 (1918).

A melhor maneira de apresentar uma teoria científica é formulá-la axiomaticamente, i. é, especificando explicitamente todas as assunções e distinguindo claramente os conceitos básicos e hipóteses dos que são seus derivados. Isto foi compreendido desde que Euclides axiomatizou a geometria elementar. Entretanto, isto não foi universalmente percebido; inúmeros mal-entendidos ainda bloqueiam o avanço da axiomática na ciência fatual — não, todavia na matemática, onde constitui o formato paradigmático de teorias.

Um primeiro erro popular é o de equiparar "axiomático" com "auto-evidente". Isto é evidentemente errado para os princípios sofisticados da ciência teórica, poucos dos quais são fáceis de entender e indubitáveis. Um segundo erro é crer que apenas a lógica e a matemática podem ter axiomas, porque um axioma deve ser formal, i. é, despreocupado com o mundo externo. Mas isto contradiz o uso técnico moderno, segundo o qual "axioma" significa justamente uma assunção inicial ou uma proposição não-demonstrada de uma teoria. Se uma tal hipótese inicial é abstrata, como no caso das teorias algébricas, ou possui um conteúdo fatual, definido como no caso de teorias biológicas, não afetará seu *status* lógico. Nem o fato de ser provável, mais do que verdadeira, a transforma em um não-axioma. Igualmente, um teorema em psicologia matemática não deixa de ser um teorema se for considerado inadequado para retratar fatos psicológicos. A distinção entre axiomas e teoremas é simplesmente a seguinte: os primeiros têm como conseqüência os segundos, mas não inversamente — e não importa que sejam abstratos ou concretos, verdadeiros ou falsos, simples ou complexos.

Qualquer teoria científica pode, em princípio, ser formulada de forma axiomática, e nenhuma teoria axiomatizada deve ser encarada como final ou perfeita. Foi isto que o grande matemático, lógico e físico teórico David Hilbert nos ensinou há meio século. Todavia, a lição de Hilbert não foi aprendida por todos: alguns desgostam da axiomática, porque pouco se importam com a clareza e a coerência; outros, porque ela parece difícil; e outros, finalmente, porque temem que ela possa sustar o progresso. Não tentarei converter os amigos das sombras, mas procurarei provar que a axiomática não é nem abstrusa, nem rígida mas, ao contrário, mais simples do que o caos e favorável ao progresso. Para este fim, devemos começar por descobrir as características gerais da axiomática.

A idéia da axiomática é bastante simples: axiomatizar um corpo de conhecimentos (um conjunto de afirmações) é apenas *exibir suas idéias principais de uma maneira ordenada*. Ora, uma idéia pode ser quer um conceito, como "mutação", quer uma afirmação (uma fórmula falsa ou verdadeira), como "a radiação cósmica produz mutações". Portanto, a axiomatização de uma teoria consiste em uma apresentação ordenada tanto dos conceitos principais como das afirmações principais desta. Mas o que se pretende dizer com idéia "principal" ou "fundamental"? Simplesmente, uma idéia que serve para construir outras idéias: um conceito usado para definir outros conceitos, ou uma afirmação empregada para derivar outras afirmações. Os conceitos básicos de uma teoria são chamados seus conceitos *primitivos* ou não-definidos, enquanto as proposições básicas de uma teoria são chamadas *axiomas* ou postulados da teoria.

Assim, o conceito de força é um conceito primitivo em mecânica e o conceito de reação o é, em psicologia. E a Lei de Newton, do movimento, é um axioma da mecânica clássica, enquanto a lei psicofísica (na sua versão moderna) é um axioma da psicofísica. Entretanto, o *status* de básico (primitivo ou axioma) não é absoluto: em teorias alternativas podemos escolher diferentes pedras para construir e derivar (definir ou deduzir) as idéias básicas da teoria dada. Assim, na mecânica hamiltoniana, o conceito de força pode ser definido em termos do conceito de potencial e a lei newtoniana, do movimento, fica subsumida às equações canônicas. Do mesmo modo, no futuro, a neurofisiologia poderia deduzir a lei psicofísica de leis neurofisiológicas mais básicas e definir o conceito de reação em termos neurofisiológicos. Em suma, as distinções entre indefinido e definido, entre postulado e provado são relativas à teoria: em ciência não há indefiníveis mas indefinido; não há não-prováveis mas não-provado. Mas em cada teoria a lógica recomenda a adoção de um conjunto de conceitos primitivos e axiomas, se quisermos evitar as circularidades. Pois bem, toda teoria científica é erigida com a ajuda de outras teorias: somente a lógica parte do princípio, i. é, sem pressupor outras teorias. Assim, as teorias físicas utilizam a lógica e a matemática e as teorias biológicas pressupõem a física e, portanto, também a lógica e a matemática. A lógica e a matemática são, em geral, admitidas como certas, mas na axiomática é preciso pelo menos arrolar as teorias lógicas e matemáticas pressupostas, pois do contrário podem ser cometidos erros elementares. Destarte, a assim chamada lógica quântica brota parcialmente do malogro em compreender que a teoria quântica possui um formalismo matemático ordinário o qual contém lógica comum.

A lógica e a matemática não são as únicas pressuposições de uma teoria científica. Há também pressuposições filosóficas e é melhor compreender isto do que se indignar com o fato. Para começar, toda teoria científica inclui os conceitos de referência e representação. Por exemplo, na mecânica do ponto material se admite que, para cada partícula (uma coisa real) há um ponto mássico (uma idéia) que *representa* a partícula. Em psicologia admite-se amiúde que um organismo é *representado* por, ou *modelado* como, uma caixa negra dotada de terminais de entrada e de saída. Desse modo, ligamos idéias e coisas, e nos prevenimos contra sua identificação. Sem dúvida, as assunções semânticas numa teoria tanto contribuem para consignar-lhe um conteúdo, quanto para nos lembrar que as teorias científicas são representações esquemáticas de coisas mais do que sistemas abstratos ou retratos fidedignos. Em qualquer caso, uma vez que o conceito de representação é uma noção semântica, e como a semântica é um capítulo da filosofia contemporânea, vemos que há um bocado de filosofia sob toda teoria científica.

Realmente, há mais do que um bocadinho de filosofia na base das teorias científicas: na análise pode-se descobrir grande número de pressuposições filosóficas. Talvez as mais importantes sejam que existe um mundo externo, que este mundo é regido por leis e que o homem pode conhecer estas leis. Tampouco tais hipóteses metafísicas e epistemológicas (*erkenntnistheoretische*) são as únicas pressupostas pelas teorias científicas. Há todo um conjunto de teorias compartilhado tanto pela filosofia como pela ciência, que lida com conceitos muito gerais, tal como a relação parte-todo. Quer o todo seja um átomo, um organismo, ou uma comunidade, a relação para com suas partes possui certas propriedades gerais estudadas pela mereologia, um ramo da metafísica que se presta ao tratamento matemático. Do mesmo modo as teorias de tempo e de probabilidade física (enquanto distinta tanto da probabilidade matemática como da probabilidade psicológica) constituem os pressupostos de um certo número de teorias científicas e elas são tão gerais que nenhum ramo da ciência pode reivindicar sua posse exclusiva.

Em suma, cada teoria científica possui um número de *pressuposições genéricas*. Algumas são formais (lógica e matemática), outras são filosóficas (semântica, epistemológica ou metafísica) e outras, afinal, são meio-metafísicas, meio-científicas (*e.g.*, a teoria da parte-todo e a teoria do tempo).

Em aditamento a tais pressuposições genéricas, pode haver outras específicas. Assim a mecânica estatística pressupõe a dinâmica, mas não inversamente, enquanto a termodinâmica não pressupõe nenhuma outra teoria física. É verdade que, a fim de pôr qualquer teoria à prova da experiência, empregamos muitas vezes diversas outras teorias;

assim, para projetar um teste de qualquer teoria mecânica, usamos a óptica. Mas isto é outra história: estamos preocupados aqui com as relações lógicas entre teorias.

Uma vez delineado o *background* de uma teoria ou ao menos mencionado, pode-se assentar seus fundamentos axiomáticos. A gente começa por apanhar os conceitos básicos ou indefinidos de uma teoria e prossegue colando-os uns aos outros (com a ajuda de conceitos lógicos e matemáticos) nas proposições básicas da teoria. Isto é tudo com que a axiomática se ocupa. Um exemplo esclarecerá o assunto.

Axiomatizemos uma das mais simples teorias físicas, ou seja, a teoria de Kirchhoff das redes elétricas. As pressuposições genéricas desta teoria são as seguintes: lógica elementar (a teoria da inferência); semântica elementar (a teoria dos conceitos de denotação, referência, representação e verdade); teoria elementar dos conjuntos (a teoria matemática básica); álgebra abstrata elementar e topologia elementar (incluindo a teoria dos gráficos); teoria dos números reais e a teoria elementar das funções reais (incluindo o cálculo infinitesimal). As pressuposições genéricas não-formais são, sem dúvida, a mereologia e a teoria do tempo. Esta última pode ser dispensada se apenas forem considerados circuitos de corrente contínua.

Os conceitos técnicos ou específicos básicos (primitivos) desta teoria são as oito noções arroladas na Tab. 1. Notar-se-á que o conceito de gerador (*e.g.*, bateria) não aparece em nossa lista: a teoria das redes toma como dado que há fontes externas de diferença de potencial e não está interessada em sua estrutura, que é o tema de outras teorias (eletrodinâmica e eletroquímica). Tampouco conceitos métricos ocorrem entre nossos conceitos primitivos: sem dúvida, nem mesmo devemos postular que os nossos circuitos estão no espaço comum. Será necessária uma métrica apenas para a introdução de equações constitutivas como a que relaciona a resistência ôhmica total ao comprimento da secção transversal do cabo.

Tab. 1. *Conceitos Primitivos*

Símbolo	Natureza Matemática	Significado físico
T	Segmento da reta real	Duração
N	Rede topológica	Circuito elétrico
V	Função de valor real	Potencial elétrico
i	Função de valor real	Intensidade de corrente
R	Função de valor real	Resistência ôhmica
C	Função de valor real	Capacitância
L	Função de valor real	Auto-indutância
M	Função de valor real	Indutância Mútua

Por meio destes conceitos, podemos definir vários outros, por exemplo, o de força eletromotriz.

Definição: Se a e b são vértices de uma rede topológica, então $e =_{df} V(a) - V(b)$.

De um ponto de vista matemático, isto constitui apenas uma abreviação cômoda. Sentimo-nos inclinados a introduzi-la não só porque nos economiza tinta, mas também porque o conceito definido possui um significado fatual claro e entra em uma das leis incluídas na teoria.

Passemos agora a expor os axiomas da teoria. Incluiremos alguns axiomas para T (tempo) porque é um conceito específico (físico, neste caso); estes axiomas bastarão para dotar o símbolo "T" tanto de uma estrutura matemática, quanto de um significado físico, mas são muito mais pobres do que os axiomas das teorias disponíveis do tempo. O conjunto inteiro de axiomas aparece na Tab. 2. Não aparecem aí com todos os detalhes, mas estão esboçados. E o modelo que incluem surge na Fig. 1.

Fig. 1

Diagrama simbólico Modelo gráfico-teórico
de um circuito RLC de um circuito

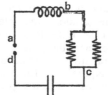

Tab. 2. *Axiomas da Teoria das Redes*

1. *Tempo*

1a. T é um intervalo de números reais. [*AM*]

1b. Cada instante de tempo é representado por um membro t de T, e a relação $\leq$ que ordena T representa a relação de ser anterior a ou simultânea a. [*AS*].

2. *Rede*

2a. $\{N\}$ é uma família não-vazia de gráficos orientados. [*AM*]

2b. Para cada circuito elétrico, há um membro N de $\{N\}$ que representa o primeiro, de tal modo que a cada terminal ou junção está referido um vértice, e a cada elemento está referido um bordo do gráfico. [*AS*]

3. *Potencial e Corrente*

3a. V e i têm valores reais e são funções limitadas sobre o conjunto de pares (bordo, t) e são contínuas com respeito a t. [*AM*]

3b. Se n for um bordo de um gráfico N que representa um circuito, então $V_n(t)$ representa o potencial elétrico, enquanto $i_n(t)$ representa a intensidade da corrente elétrica no n-ésimo ramo do circuito. [*AS*]

4. *Parâmetros*

4a. R, C e L têm valores reais e são funções limitadas em N, e M é uma matriz quadrada simétrica, sendo cada elemento dela uma função de valor real e limitada sobre o conjunto de pares (bordo, bordo). [*AM*]

4b. Se m e n forem os bordos de um gráfico N que representa um circuito elétrico, então R_n representa a resistência, C_n, a capacitância e L_n, a auto-indutância do n-ésimo ramo do circuito, enquanto M_{np} representa a indutância mútua entre o n-ésimo e o p-ésimo ramos dele. [*AS*]

5. *Juízos de Lei*

Se o circuito representado pelo gráfico N estiver em equilíbrio (estado estacionário), então:

5.1. A cada vértice de N, a soma das intensidades de corrente ao longo dos ramos representados pelos bordos que se cortam em cada vértice é zero. [*AP*]

5.2. Para qualquer caminho fechado em N, a soma dos potenciais dos ramos representados por este caminho se anula. [*AP*]

5.3. Para um bordo arbitrário n de N entre dois vértices quaisquer a e b

$$L_n \frac{di}{dt} n + R_n i_n + \frac{1}{C_n} \int dt\, i_n + \sum_p M_{np} \frac{di}{dt} p = V(a) - V(b) . [AP]$$

Tab. 3. *Código de interpretação*

Idéias Físicas	Idéias Matemáticas
Rede	Gráfico dirigido
Elemento	Bordo
Junção ou terminal	Vértice
Propriedade	Função
Lei	Fórmula

Distintamente das formulações da teoria de Kirchhoff, correntes nos compêndios onde aparecem apenas os Axiomas de 5.1 até Axioma 5.3 (i. é, as três célebres leis de circuito), o nosso sistema possui oito axiomas adicionais. A função destes axiomas adicionais é, sem dúvida, preparar o palco para os juízos de lei, os quais não teriam sentido, a menos que algo fosse dito acerca dos símbolos que neles aparecem. Em outras palavras, os Axiomas de 1 até 4 *especificam a natureza dos conceitos básicos* arrolados na Tab. 1. Tal especificação é tanto formal como fatual. As assunções matemáticas, chamadas AM na Tab. 2, determinam a natureza matemática dos conceitos primitivos; dizem de cada conceito primitivo se é um conjunto, ou uma função, ou outra coisa. E as assunções semânticas esboçam o sentido fatual dos mesmos símbolos; são chamadas AS na Tab. 2. A Tab. 3 resume o código de interpretação dado pelos axiomas semânticos.

O que dissemos acima ilustra uma característica de todas as teorias axiomáticas na ciência fatual; todas elas consistem de axiomas de três espécies: *matemáticos, fatuais* e *semânticos*. Nos contextos não-axiomáticos, usualmente é mencionado apenas o segundo grupo de axiomas. Obviamente, porém, isto é insuficiente: uma fórmula não tem sentido matemático a não ser que esteja delineada a natureza de seus símbolos, e não apresenta sentido fatual a não ser que esteja explicitamente declarado o que se supõe que os vários símbolos representam.

Embora poucos cientistas hão de discutir a necessidade de especificar a natureza matemática dos conceitos básicos, poucos estarão dispostos a fazê-lo de maneira explícita e com emprego de adequadas ferramentas contemporâneas. Destarte, muitos físicos não dirão que R C L e M são funções, como estabelecemos, mas as caracterizarão frouxamente, quer como variáveis, quer como números.

Esse descuido pode obscurecer a interpretação fatual dos símbolos envolvidos, ao passo que se alguém declarar explicitamente que R, digamos, é uma função sobre o conjunto de gráficos que representam circuitos, então ficará claro que R não é apenas um número mas um representante de uma propriedade concreta de circuitos elétricos. Não resultaria erro sério no caso presente, mas em outros poderiam surgir graves confusões. Por exemplo, nas teorias relativísticas, as coordenadas geométricas (os índices dos pontos na variedade espaço-tempo) estão muitas vezes misturadas com as coordenadas físicas, ou coordenadas de pontos em um sistema físico, e esta confusão resulta da falta de atenção à semântica das teorias. E nas apresentações não-axiomáticas das teorias quânticas, raramente estamos seguros de que o autor serviu-se da teoria para aludir a um único sistema quantomecânico ou a uma assembléia inteira de tais entidades. Outras vezes, dificilmente ficamos sabendo se as fórmulas dizem respeito a entidades microfísicas, ou outros observadores, ou finalmente entidades microfísicas acopladas a instrumentos de medida. Uma afirmação cuidadosa das assunções semânticas evitaria tais confusões.

Como atribuir significados fatuais aos símbolos de uma teoria científica? Antes de tudo, é óbvio que somente aos símbolos primitivos é preciso atribuir um significado fatual, pois as definições hão de cuidar da transfusão de significado dos símbolos primitivos para os definidos. Em segundo lugar, se o nosso sistema axiomático é adequado, então não deixará a interpretação à fantasia do leitor, mas incluirá um código. Este código, como vimos, consiste de um conjunto de assunções semânticas. Cada assunção semântica atribui uma coisa ou uma propriedade de uma coisa a um símbolo. Pouco importa se a coisa ou a propriedade resulte ser não-existente, como tão freqüentemente tem sido o caso na ciência: tanto pior, então, para toda a teoria. Em outras palavras, as entidades e propriedades referidas pelos axiomas semânticos podem ser hipotéticas. Se acontecer de serem reais, tanto melhor.

Que lugar ocupam as definições operacionais nas axiomáticas científicas? Lugar algum, porque não há *definições* operacionais: o que temos são proposições que unem símbolos a coisas ou propriedades de coisas, mas nem as coisas nem as propriedades necessitam estar sob controle experimental direto. Assim, no caso da teoria do circuito elétrico, não introduzimos amperímetros e voltímetros, embora tais instrumentos sejam necessários para testar a teoria. Teria sido erro grosseiro definir correntes como aquilo que os amperímetros medem, porque (a) as intensidades podem ser igualmente mensuradas por outros instrumentos (b) a teoria é tomada como válida mesmo na ausência de mensuração (e.g., para correntes nas estrelas), e (c) a própria medida de correntes utiliza a teoria. A dependência da medida em relação às teorias, tanto clássica quanto quântica, é ainda mais pronunciada na física nuclear e atômica, onde as tentativas de interpretar teorias quânticas em termos operacionais são mesmo mais inadequadas do que o esforço de consignar uma interpretação operacional a teoria de Kirchhoff. As medidas são realizadas com o fito de alimentar e provar teorias, não com o fito de descobrir seu significado: uma teoria tem que ser antes interpretada, pelo menos em esboço, para ser aplicada e testada, pois a interpretação diz precisamente a que tipo de coisas ela se refere.

Passemos agora em revista algumas das vantagens do método axiomático por contraste com o método heurístico, em geral, empregado no ensino elementar. As vantagens estão sumariadas na Tab. 4. Em primeiro lugar, mantemos em mente as pressuposições. Isto é particularmente importante quando algumas delas são errôneas, ou no mínimo duvidosas. Uma condição para o sadio desenvolvimento da ciência é reexaminar as pressuposições de vez em quando, para assegurar que são verdadeiras ou, pelo menos, não-perniciosas. Segunda vantagem: em um contexto axiomático, a gente sabe sobre o que está falando. Destarte, uma mecânica estatística devidamente axiomatizada mostrará claramente que os aumentos da entropia não são idênticos às perdas de informação acerca do sistema físico, e isto simplesmente porque o homem não é um referente da teoria. Terceira vantagem: os significados não são atribuídos errônea mas sistematicamente, e as metáforas são evitadas. Quarta vantagem: provas inválidas são minimizadas, porque as premissas são sempre mantidas em mira. Quinta vantagem: é possível descobrir um número maior de teoremas quando as premissas estão ordenadamente dispostas. Sexta vantagem: evitam-se as incoerências e as provas de coerência (bem como de independência) tornam-se amiúde possíveis, ao passo que é impossível provar a coerência nos contextos heurísticos usuais.

Tab. 4. *Dez vantagens do Método Axiomático*

1. As *pressuposições* são reconhecidas, mantidas na mente e mantidas sob controle.
2. Os *referentes* são fixados e nenhum pseudo-referente (*e.g.*, o sujeito em física) entra de contrabando.
3. Os *significados* são atribuídos mais numa forma sistemática e literal do que errática e metafórica.
4. Os *raciocínios* nulos são reduzidos ao mínimo.
5. Os *teoremas* genuínos são multiplicados.
6. A *coerência* é facilitada.
7. Os demônios do *definicionismo* ("Tudo tem de ser definido") e do *demonstracionismo* ("Tudo tem de ser demonstrado") são mantidos em xeque.
8. O *isomorfismo* entre teorias de conteúdos diferentes é melhor reconhecido.
9. A *análise* e a *comparação* de teorias é grandemente facilitada.
10. A *renovação* de teorias é facilitada.

Sétima vantagem: torna-se manifesto que nem todo conceito pode ser definido e nem toda afirmação provada. Questões de definibilidade e comprobabilidade tornam-se significativas, ao passo que em um contexto aberto dificilmente é possível estabelecer o que pode ser definido e o que pode ser provado. Oitava vantagem: a apresentação explícita e plena da estrutura matemática torna mais fácil encontrar similaridades formais entre teorias com conteúdos fatuais diferentes. Isto nos permite exportar a nossa experiência de um campo a outro. Nona vantagem: o exame crítico de teorias é facilitado porque focaliza elementos essenciais (conceitos primitivos e axiomas). Décima vantagem: a *reforma* de teorias fica facilitada, porque a gente sabe melhor onde o sapato aperta e a gente se torna mais crítico.

Podemos agora avaliar as objeções usuais à axiomática. Primeira objeção: a rigidez de um sistema de axiomas torna impossível aperfeiçoá-lo; portanto, a axiomática é hostil ao progresso da ciência. Réplica: a proposta de um sistema de axiomas não exclui outros; antes de uma teoria ser substituída por outra melhor ela deve ser criticada e a axiomatização facilita a crítica, logo promove o progresso científico. Segunda objeção: uma vez que os conceitos básicos de um sistema de axiomas não são definidos, eles permanecem obscuros. Réplica: esta crítica baseia-se na falsa suposição segundo a qual a definição constitui a única espécie de análise; mas a definição leva-nos sempre de volta a termos não-definidos, e o único modo de esclarecê-los é exibir as condições (axiomas) que devem satisfazer. Terceira objeção: a axiomatização é um procedimento puramente formal, incapaz de dar conta do sentido fatual da teoria. Réplica: esta objeção pode ser aplicada à axiomática matemática e não à física (ou biológica, ou psicológica); de fato, nas axiomáticas do último tipo há axiomas que esboçam o significado fatual dos termos básicos. Em resumo, as objeções usuais às axiomáticas derivam da insuficiente familiaridade com elas. São meros preconceitos e, como qualquer outro preconceito em ciência, dificultam o esclarecimento e o desenvolvimento dos princípios da ciência.

É óbvio que a axiomática não substitui a invenção, mas nos capacita a fazer o máximo fora da criação original. Tampouco há sistemas perfeitos de axiomas — nem mesmo na matemática. Mas as imperfeições são melhor percebidas em um sistema ordenado do que em um amontoado caótico. Se, como pensava Francis Bacon, é mais provável que a verdade surja do erro do que da confusão, então a axiomática é uma parteira eficiente da verdade científica, pois um sistema de axiomas é uma gaiola de cristal onde cada componente é claramente exibido e pode, portanto, ser corrigido ou substituído. Os matemáticos sabem disso há mais de 2 000 anos. Os cientistas sociais e da natureza deveriam levar menos que outros 2 000 anos para compreender que a axiomática, ao introduzir a clareza, facilita a obtenção de maior profundidade e portanto de maturidade.

5. TEORIAS FENOMENOLÓGICAS

Sempre que a necessidade de uma nova teoria é sentida em algum campo da ciência fatual, tanto o construtor de teoria quanto o metacientista se defrontam com o problema de escolher a *espécie* de teoria a ser tentada em seguida. Deverá o próximo esforço efetuar-se na direção do crescente detalhe e profundidade (aumento da população das entidades teoréticas)? Ou deverá evitar especulação sobre o que acontece no recesso mais íntimo da realidade e focalizar, por outro lado, o ajustamento dos dados, apenas com a ajuda de variáveis observáveis de maneira razoavelmente direta? Em outras palavras, deverá a teoria futura ser representacional ou fenomenológica, deverá ser concebida como um quadro fiel da realidade ou apenas como uma ferramenta mais efetiva para sumariar e prever observações? Ambas as tendências a representacional e a realista de um lado, a fenomenológica e a instrumentalista de outro — tiveram sempre seus defensores desde Demócrito e Platão.

Teorias fenomenológicas — como a termodinâmica e a psicologia E-R — são, amiúde, elogiadas devido à sua conhecida generalidade, e em outras épocas devido à sua pretensa virtude filosófica de não ultrapassar a descrição dos fenômenos, abstendo-se de introduzir entidades ocultas dúbias, tais como os átomos ou a vontade. Infelizmente, a recomendação não é necessariamente sábia, e mesmo que fosse seria difícil na prática, devido à ambigüidade do termo "fenomenológico". No que segue, as características distintivas de teorias fenomenológicas (ou da caixa negra ou behaviorista) serão investigadas, e seus méritos e deméritos serão apontados. O resultado líquido será que caixas negras são necessárias, mas não suficientes, e o caixa-negrismo tende a impedir o progresso do conhecimento.

1. *Teorias Científicas enquanto Caixas*

Com freqüência, tanto as teorias científicas, como seus referentes têm sido comparados a dispositivos em forma de caixas com mostradores externos manipuláveis[1]. Os mostradores correspondem a variáveis "externas" que representam propriedades observáveis, tais como o tamanho e a direção do movimento de corpos visíveis; as peças no interior da caixa correspondem a variáveis "internas" ou hipotéticas, tais como a tensão elástica e o peso atômico. Se, a fim de pôr a caixa em funcionamento, devemos manipular apenas os mostradores, temos uma teoria da *caixa negra* — um nome cômodo cunhado por engenheiros eletricistas para descrever o manejo de certos sistemas, tais como transformadores ou cavidades de ressonância, *como se* fossem unidades destituídas de estrutura. Se, além do manejo dos mostradores que representam as variáveis externas, tivermos de nos ocupar com um hipotético mecanismo interno descrito por meio de variáveis "internas" (constructos hipotéticos) estamos diante do que se pode chamar uma teoria da *caixa translúcida*. As teorias da caixa

---

(1) Veja, *e. g.*, J. L. SYNGE, *Science: Sense and Nonsense* (Londres, Cap. 1, 1951), Cap. 2, e WARREN WEAVER, "The Imperfections of Science" in: *Proc. Amer. Philosophical Soc.*, v. 104 (1960), p. 419.

negra são também chamadas *fenomenológicas;* e as teorias da caixa translúcida podem denominar-se *representacionais.*

São representantes eminentes da classe das teorias da caixa negra:

(I) *Cinemática,* ou estudo do movimento sem levar em conta as forças envolvidas — estudo que fica a cargo da dinâmica, uma teoria típica da caixa translúcida.

(II) *Óptica Geométrica,* ou a teoria dos raios luminosos, que não faz suposição acerca da natureza e estrutura da luz, um problema abordado pela óptica física, uma teoria representacional.

(III) *Termodinâmica,* que não faz suposição sobre a natureza e o movimento dos constituintes do sistema, um problema tratado pela Mecânica Estatística, que é uma teoria da caixa translúcida.

(IV) *Teoria do Circuito Elétrico,* na qual cada elemento em um circuito é tratado como unidade despida de estrutura interna; tal estrutura é o objeto da teoria dos campos e da teoria do elétron.

(V) *Teoria da Matriz de Espalhamento,* na física nuclear e atômica que enfoca as características mensuráveis dos fluxos de partículas que entram e que saem; a correspondente teoria da caixa translúcida é a usual teoria quântica hamiltoniana, cujos postulados definem as interações entre as partículas.

(VI) *Cinética Química Clássica,* que lida com velocidades de reação e evita a questão dos mecanismos de reação.

(VII) *Teoria da Informação,* que ignora a espécie e a estrutura dos elementos implicados (transmissor, canal etc.), bem como o significado das mensagens transmitidas.

(VIII) *Teoria da Aprendizagem* na psicologia behaviorista que evita qualquer referência a mecanismos fisiológicos e estados mentais.

As teorias da caixa negra são, portanto, aquelas cujas variáveis são todas externas e globais, quer diretamente observáveis (como a forma e a cor de corpos perceptíveis) quer indiretamente mensuráveis (como a diferença de potencial e temperatura). As teorias da caixa translúcida, de outro lado, contêm além do mais, referências a processos internos descritos por meio de variáveis indiretamente controláveis, que não ocorrem na descrição da experiência comum: exemplos de semelhantes constructos hipotéticos são a posição do elétron, a onda, a fase, o gene e a utilidade subjetiva. Nenhum destes conceitos pode ser manipulado da mesma maneira que as variáveis externas, embora sejam freqüentemente objetiváveis de uma maneira mais ou menos tortuosa que, em geral, implica alguma teoria sofisticada. Em suma, as teorias da caixa negra enfocam o *comportamento* dos sistemas e, em particular, suas entradas e saídas observáveis. As teorias da caixa translúcida não consideram o comportamento como fim último, mas tentam explicá-lo em termos da *constituição e estrutura* dos sistemas concretos envolvidos; para tal fim introduzem constructos hipotéticos que estabelecem liames detalhados entre as entradas e saídas observáveis.

2. *Alguns Mal-entendidos*

Os termos "caixa negra", "externo" e "não-representacional", que são todos equivalentes, parecem preferíveis à palavra "fenomenológico", qualificador altamente equívoco. De fato, "fenomenológico" sugere descrição de fenômenos (fatos da experiência) mais do que de *fatos objetivos;* sugere mesmo uma teoria moldada em linguagem fenomenalista — a linguagem não-existente dos *sensa* imaginada por alguns filósofos. Mas nenhuma teoria científica é simplesmente um sumário de fenômenos, ou mesmo de fatos objetivos; e nenhuma teoria científica dispensa completamente termos diafenomenais ou transcendentes, i. é, termos tais como "massa" e "nação", que representam entidades e propriedades não dadas na experiência comum. A termodinâmica, destarte, — o paradigma da teoria fenomenológica — não está preocupada em descrever fenômenos de calor, mas propriedades muito gerais e leis, com a ajuda de constructos de alto nível, tais como energia e entropia. *A fortiori,* nenhuma teoria científica nunca foi lançada em termos puramente fenomenais tais como qualidades secundárias (sensíveis): dificilmente alguém está interessado em minhas sensações particulares. Esta tarefa é antes de tudo uma explicação do mundo — incluindo aquela parte do mundo que denominamos nossas experiências particulares — por meio de teorias objetivas.

Outros possíveis mal-entendidos ligados às teorias da caixa negra serão esclarecidos antes de entrarmos em uma análise mais detalhada. Primeiro, "caixa negra" se refere a uma espécie de *abordagem* mais do que a um tema; sugere que a gente está lidando mais com o comportamento global do que com a estrutura interna — sem implicações relativas à não-existência de uma estrutura. Portanto, abordagens do tipo "caixa negra" ou "fenomenológica" não deveriam ser igualadas a, digamos, "macroscópica"[2]. Pode-se

(2) Consulte, por outro lado, a clássica explicação de A. d'ABRO, no *The Decline of Mechanism* (New York, Van Nostrand, 1939), p. 91: "Nas teorias fenomenológicas, nossa atenção se restringe às propriedades macroscópicas que aparecem no nível lugar-comum da experiência".

abordar uma e a mesma entidade macroscópica alternadamente como unidade ou um sistema de partes independentes ou interdependentes; enquanto sistemas microscópicos, como partículas nucleares, podem ser tratados quer como caixas negras ou como sistemas complexos.

Segundo, teorias de caixas negras não contêm todas apenas variáveis "externas" ou observáveis. Corrente e voltagem, as variáveis principais da teoria do circuito elétrico, não são diretamente observáveis; seus valores são inferidos das leituras de ponteiros com a ajuda da teoria. Tampouco o movimento de uma partícula ou a função de estado — as variáveis principais da teoria da matriz S — são diretamente observáveis. O que é essencial na abordagem da caixa negra não é tanto a restrição a observáveis — uma restrição que tornaria impossível a teorização — como a *interpretação* de todas as variáveis não-observáveis, quer como auxiliares meramente computacionais despidas de referência concreta[3], quer como característica do sistema como um todo. Assim, a entropia, que na mecânica estatística é na maioria dos casos uma medida de desordem microscópica, é tratada pela termodinâmica como uma abreviatura conveniente para certa relação entre o conteúdo de calor e a temperatura do sistema. Utilizando uma terminologia familiar aos psicólogos[4], podemos afirmar que as teorias das caixas negras não podem deixar de conter *variáveis intervenientes*, i. é, variáveis que medeiam entre a entrada e a saída; teorias da caixa translúcida, por outro lado, contêm a mais *constructos hipotéticos,* i. é, variáveis que se referem a entidades não-observadas, eventos e propriedades.

Uma terceira asserção comumente enganadora é que todas as teorias fenomenológicas são não-fundamentais ou derivativas. É verdade que teorias macroscópicas da caixa negra não apelam às propriedades dos constituintes "fundamentais". Destarte, a teoria clássica da elasticidade aborda os sólidos como meio contínuo, sem considerar sua estrutura atômica. Mas teorias fenomenológicas de partículas "fundamentais" tal como aquela do parâmetro de "estranheza" desempenham um papel-chave — são contra-exemplos da equação.

---

(3) Assim, *e. g.*, ERNEST W. ADAMS, "Survey of Bernoullian Utility Theory", em HERBERT SOLOMON, (Ed.), *Mathematical Thinking in the Measurement of Behavior* (Glencoe, Ill., The Free Press, 1960), p. 158: "Do ponto de vista behaviorista, a análise dos processos mentais envolve funções simples como um guia heurístico para a construção de teorias cujos significados científicos jazem inteiramente nas suas conseqüências observáveis".

(4) MC CORQUODALE, Kenneth & MEEHL, Paul E., Hypothetical Constructs and Intervening Variables, *Psychological Review*, v. 55 (1948), p. 95.

Fenomenológico = Não-fundamental, que deve portanto ser rejeitada.

Quarto, as teorias da caixa negra não são puros dispositivos descritivos. Nenhuma construção centífica é legitimamente denominada teoria se não proporciona explicações no sentido lógico da palavra, i. é, subsunções de afirmações singulares a afirmações gerais. O que é verdade é que as teorias da caixa negra fornecem apenas explanações *superficiais,* no sentido de que proporcionam interpretações em termos de eventos e processos dentro do sistema envolvido. (Retornaremos ao assunto no § 9.)

Quinto e último, as teorias da caixa negra não são incompatíveis com a causalidade. Assim, a teoria que encara organismos como unidades impelidas de um lado para outro por estímulos externos é tanto causal como fenomenológica[5]. Além disso, que estas teorias behavioristas devam ter um ingrediente causal decorre da definição de causa eficiente e da definição de comportamento como o conjunto de respostas às mudanças no ambiente. Que um conhecimento das causas não supre o mecanismo é ilustrado dramaticamente pela patologia presente, uma etiologia razoavelmente avançada do câncer é coerente com uma ignorância pertinaz dos mecanismos desencadeados pelas causas agentes. Conseqüentemente, caixa negra $\neq$ não-causal.

Um olhar mais acurado sobre o papel das variáveis "internas" deveria corroborar as alegações acima.

3. *Estrutura das Teorias da Caixa Negra*

Qualquer teoria científica quantitativa que envolva as transições de um sistema com o seu ambiente pode ser englobada na seguinte relação simbólica:

(1) $\qquad\qquad O = M\, I$

onde "*I*" designa quer o estado inicial do sistema em causa ou o conjunto de estímulos (entrada), "*O*" significa o estado final ou o conjunto de respostas (saída) e "*M*" resume as propriedades da caixa. Nas teorias da caixa negra o "mecanismo" que liga *I* e *O* permanecerá não-especificado; i. é, "*M*" será apenas um símbolo (*e.g.*, um operador) que realiza a ligação sintática entre os dados de entrada *I* e os dados de saída *O*. Nas teorias da caixa translúcida, por outro lado, "*M*" dirá respeito à constituição e estrutura

(5) Ver MARIO BUNGE, Chance, Cause, and Law, *American Scientists,* v. 49 (1961), p. 432 e *The Myth of Simplicity,* (Englewood Cliffs. N. J., Prentice-Hall 1953) Cap. 11.

da caixa — em suma, "*M*" representará o mecanismo responsável pelo comportamento aberto da caixa.

Pode-se levantar três classes de questões em relação à equação (1):

(*I*) *O problema da previsão*: dada a entrada *I* e a espécie de caixa (i. é, *M*) determine a saída *O*.

(*II*) *O problema inverso da previsão*: dada a saída *O*, o tipo de caixa (i. é, *M*), determine a entrada *I*.

(*III*) *O problema da explanação*: dada a entrada *I* e a saída *O*, determine o tipo de caixa, i. é, determine *M*.

O contraste entre teorias representacionais e não-representacionais não ocorre tão agudamente com os dois primeiros problemas quanto com o terceiro. Se for disponível ou necessária apenas uma teoria da caixa negra, o problema de explanação (*III*) ficará resolvido pelo cálculo do inverso, I^{-1}, da entrada desde que, de acordo com (1), tenhamos:

(2) $$M = O I^{-1}$$

A conclusão desta tarefa coincidirá com a construção da teoria da caixa negra; ora, se a última está à mão, então a questão particular será respondida. Mas isto constitui apenas o *primeiro estágio* na construção da teoria, e nas aplicações da teoria se for adotada a aproximação caixa translúcida, na qual se quer a *interpretação* de *M* em termos descritivos. Tal interpretação envolve a hipotetização de entidades que perfazem *M*, e a consignação de significados específicos (físicos, biológicos etc.) para todos os parâmetros, de outro modo não-interpretados, que usualmente flagelam as teorias fenomenológicas.

Em outras palavras, procura-se um "mecanismo" que ligue *I* a *O* na abordagem da caixa translúcida. Pois bem, nenhuma dupla coluna de dados de entrada e dados de saída jamais aponta de maneira inambígua para o mecanismo simbolizado por "*M*". Se estiver além de nossos sentidos, que não é o caso de nosso relógio, mas que é certamente o do nosso equipamento genético, tal mecanismo terá de ser inventado e semelhante invento não requer mais ou menos melhor observação, porém um esforço da imaginação[6] — e esta foi muitas vezes a fonte da desconfiança para com as teorias representacionais. Uma vez inventado o mecanismo, testado e julgado satisfatório (i. é, por ora não refutado), a teoria da caixa translúcida é considerada como "estabelecida" — até nova informação. É inútil dizer que o "mecanismo" *M* não precisa ser mecânico ou

---

(6) Veja KARL R. POPPER, *The Logic of Scientific Discovery* (1935; Londres, Hutchinson, 1959), pp. 31-32 e BUNGE, *Intuition and Science* (Englewood Cliffs. N. J., Prentice-Hall, 1962, Cap. 3.

visualizável; pode ser um campo ou uma cadeia de reações químicas ou um sistema de relações sociais. O que caracteriza as teorias representacionais não são os modelos visualizáveis, mas a pressuposição de que a própria teoria é um modelo do sistema todo, referido pela teoria, inclusive os conteúdos do sistema.

4. *Algumas Limitações das Teorias da Caixa Negra*

A tarefa de analisar e interpretar o símbolo M que medeia entre as entradas e saídas, nem sempre é completada. A forma da relação (1) pode ser amiúde verificada, mas a natureza do mecanismo pode permanecer desconhecida; dizemos então que podemos explicar o comportamento mas não a estrutura de nossa caixa. Quando nos detemos a meio caminho, deixando M não-especificado em termos descritivos (*e.g.*, físicos) temos uma teoria da caixa negra.

De acordo com a explicação acima, então, as teorias fenomenológicas ocorrem primordial, embora não exclusivamente, nos *primeiros* estágios da construção da teoria científica, ou seja, na realização da tarefa da *adequação dos fatos*. Um entendimento mais completo entre I e O será conseguido tão-somente pelo preenchimento do esqueleto "$O = MI$" com um "mecanismo" definido. Isto não é apenas um requisito psicológico, uma necessidade de satisfazer a exigência de entender o que foi acuradamente descrito. É um requisito científico: as teorias da caixa negra são *incompletas,* uma vez que deixam os conteúdos da caixa no escuro. Um desiderato da abordagem representacional (realista, não-convencionalista) é *derivar* M das assunções relativas à constituição e estrutura da caixa e tal derivação leva costumeiramente à compreensão de inadequações ou pelo menos de limitações, na abordagem fenomenológica — como no caso da descoberta das flutuações estatísticas da termodinâmica e das variáveis dos circuitos elétricos.

A derivação de M de leis fundamentais e, particularmente, a expressão dos coeficientes que ocorrem em M, em termos de constantes fundamentais, implica a introdução de variáveis "internas" e às vezes até "ocultas". De fato, de um ponto de vista lógico o "mecanismo" apresentado por M consiste de uma rede de relações entre variáveis intervenientes e ostensivas. Pois bem, segundo o positivismo, o operacionalismo, o fenomenalismo e o convencionalismo, variáveis "internas", são parasitas e devem, conseqüentemente, ser eliminadas. Ainda, até onde a análise acima se adequa, as variáveis internas não são apenas instrumental psicológico e heurístico, mas sua introdução aumenta a profundidade e a extensão de teorias, enquanto ao mesmo tempo aumenta o risco de refutação — o qual, segundo Popper[7], equivale a realçar seu conteúdo e a testabilidade.

A história da ciência fatual pode ser construída como uma seqüência de transições de teorias da caixa negra para caixa translúcida, não obstante algumas inversões ocasionais da tendência principal. A revolução copernicana equivale à introdução de variáveis "internas" que descrevem, não o movimento aparente, mas a trajetória real dos corpos celestes. A física dos campos que substitui teorias de ação à distância envolve tensões de campo inobserváveis e, o que é pior de um ponto de vista fenomenalista, envolve potenciais de campo. A mecânica estatística, que expõe leis fenomenológicas como a de Boyle, emprega alguns dos predicados transcendentes, característicos da física atômica. A teoria quântica lida com não-observáveis tais como posição e momento da partícula (encarados originalmente na mecânica matricial como meros auxiliares computacionais), em adição às propriedades essencialmente não-mensuráveis como fases de onda e estados virtuais. E tentativas recentes relativas a um nível mecânico-subquântico envolvem a introdução de variáveis em nível mais profundo, no momento ocultas, que explicam o comportamento fortuito de sistemas microscópicos[8]. Finalmente, a genética nos capacita a deduzir as leis fenomenológicas de Mendel, tanto como a neurologia tenta prover o mecanismo que liga estímulo e resposta. Tanto a epistemologia quanto a história refutam, pois, a pretensão de que as teorias fenomenológicas constituem o mais alto tipo de sistematização científica.

Até agora lidamos com caixas negras, caixas translúcidas e a transição entre as duas. Não há espécies intermediárias — teorias da caixa semitranslúcida? As três secções seguintes provarão que há lugar para um conceito comparativo da negritude das teorias, i. é, que se podem ordenar teorias, por assim dizer, de acordo com o grau de luz que derramam sobre a estrutura de seus referentes.

5. *Teorias Semifenomenológicas no Eletromagnetismo*

A teoria de Maxwell do campo eletromagnético foi muitas vezes denominada de fenomenológica[9], presumivelmente com base no fato de que, interpretada propriamen-

(7) Veja POPPER, *op. cit.*, Cap. IV.
(8) Veja DAVID BOHM, *Causality and Chance in Modern Physics* (Londres, Routledge and Kegan Paul, 1957).
(9) *E.g.*, GIAN ANTONIO MAGGI, *Theoria fenomenologica del campo eletromagnetico* (Milão, Hoepli, 1931).

te, dispensa modelos *mecânicos* do campo. Neste caso, o termo "fenomenológico" foi utilizado com o sentido de "não-mecânico". E, uma vez que no tempo de Kelvin era amplamente aceito que apenas modelos mecânicos poderiam produzir explanações satisfatórias, concluiu-se que a teoria de Maxwell era antes descritiva do que explanatória — por isso constituiu um triunfo da linha descritiva, antiexplanatória do positivismo[10].

Pois bem, é verdade que a teoria de Maxwell é não-mecânica. Não lida primariamente com o movimento de partículas mas com a estrutura e o movimento de uma espécie de matéria não-observável e imponderável, i. é, o campo eletromagnético. Mas tal teoria está longe de explicar o campo *ab extrinseco*, encarando-o como uma caixa negra onde apenas os terminais são observáveis. Longe disso, as equações de Maxwell são as leis clássicas da *estrutura* do campo eletromagnético (tal como é determinada pelo rotacional e divergência das intensidades do campo em cada ponto). Cada evento relativo a campos macroscópicos no vácuo — exceto efeitos tipicamente quânticos como a "criação" de pares de partículas fora do campo — pode ser explicado com base na estrutura de campo. O *comportamento* do campo, como se manifesta através do movimento de corpos carregados e magnetizados, é determinado pela *estrutura* do campo, e não é isto precisamente o que caracteriza teorias *behavioristas* ou teorias de caixa negra.

Demais, embora as equações de Maxwell não exijam nenhuma das complicadas maquinarias do éter que foram imaginadas pelo próprio Maxwell e por outros físicos ingleses, por volta do fim do século passado, elas nos proporcionam um *modelo não-mecânico*, ou seja, os padrões de linhas de força que cercam e interconectam corpos carregados e magnetizados. Assim, podemos figurar ou visualizar o campo eletrostático entre as placas de um condensador, ou o campo de radiação em torno de uma antena, em termos de linhas orientadas. Em resumo, a teoria de Maxwell lida com a estrutura de seus objetos e fornece uma interpretação dos processos eletromagnéticos. Por que, então, deveriam ser denominados fenomenológicos?

Compare agora a teoria do campo de Maxwell com as teorias de ação à distância. Tanto as teorias eletrodinâmicas pré-Maxwell isentas de campo (Ampère, Gauss e Weber) como as teorias pós-Maxwell de ação direta entre

---

(10) Incidentalmente, o trabalho de KELVIN sobre circuitos ressonantes, dentro do quadro da teoria fenomenológica dos circuitos, constituiu o liame histórico entre a previsão de MAXWELL da existência de ondas eletromagnéticas e a confirmação empírica destas por HERTZ. Isto é o que há de mais interessante na oposição de KELVIN à teoria dos campos.

partículas (Tetrode, Fokker, e Wheeler e Feynman) são teorias da caixa negra, na medida em que não pesquisam o "mecanismo" da interação eletrodinâmica. Não postulam variáveis intervenientes (intensidades de campo e potenciais) ligando, digamos, o movimento observável de dois corpos carregados. O que elas visam é ao cômputo dos efeitos líquidos observáveis de um corpo sobre outro. Comparado com este conjunto de teorias no espírito newtoniano (ou antes, amperiano) a de Maxwell é um paradigma de teoria de caixa translúcida.

E quanto à figuração do campo eletromagnético proposta pela teoria quântica dos campos? Em um sentido trata-se de uma teoria da caixa translúcida, também, e mesmo mais translúcida do que a teoria clássica, já que explica a estrutura de granulação fina do campo. Uma consideração do campo eletrostático bastará para mostrar as diferenças entre as três abordagens em foco. A clássica teoria de ação-à-distância descreve este campo com ajuda exclusiva da Lei de Coulomb. A teoria clássica do campo o explica com a ajuda da Equação de Poisson, a qual subsume a Lei de Coulomb e nos capacita a desenhar o quadro das linhas de força e das superfícies eqüipotenciais. Finalmente, a eletrostática quântica sugere o seguinte quadro: as partículas carregadas estão cercadas por fótons virtuais não-observáveis e a interação eletrostática é o resultado da emissão e da reabsorção destes quanta virtuais do campo[11]. Qualquer que seja a nossa crença na realidade dos fótons virtuais, o problema é que, quando comparada à figuração dinâmica da interação eletrostática, a explicação estática de Maxwell parece semifenomenológica ainda que, como vimos, lide com a estrutura de campo e proporcione uma figuração de espécies. Em troca, a teoria eletromagnética quântica não focaliza a produção e propagação de campos de onda. Sua questão central não é "Como se originam e se propagam este e aquele campo?" mas antes "Quantos quanta de campo com um dado momento e direção de polarização há em um dado volume do espaço-tempo?" A este respeito, a corrente teoria quântica dos campos aproxima-se da visão explicativa da natureza, prevalecente na termodinâmica. De qualquer modo, a moral parece ser a seguinte: algumas caixas são mais translúcidas do que outras quando olhadas a partir de certos ângulos. Ou, antes, o grau de "fenomenologicidade" ou negritude de teorias varia segundo

---

(11) Estes quanta virtuais não são livres; estão ligados aos corpos carregados "nus". Quando um elétron é detido, ele "livra-se" de alguns dos quanta virtuais que o cercam — é uma descrição muito mais pictórica do *Bremsstrahlung* do que a explanação clássica. Veja, *e.g.*, W. HEITLER, *The Quantum Theory of Radiation*, 3. ed. (Oxford, Clarendon Press, 1954), p. 146.

o aspecto que está sendo considerado. Conseqüentemente, ninguém poderia dizer "x é mais fenomenológico que y" mas, antes, "x é mais fenomenológico que y com respeito a z".

6. Teorias Semifenomenológicas na Mecânica Quântica

Sustenta-se muitas vezes que a mecânica quântica é uma teoria fenomenológica, embora não fique claro por que se pretenda isto. A contenda parece falsa: a mecânica quântica não contém apenas variáveis intervenientes mas, exatamente como no caso da teoria de Maxwell, *todas* as suas variáveis básicas são intervenientes no sentido de que apenas quantidades derivativas (tais como autovalores e médias) podem ser contrastados com os resultados das experiências atuais; ao mesmo tempo, são constructos hipotéticos no sentido de que seus referentes são entidades e propriedades hipotetizadas. Assim, se desejarmos obter as freqüências da luz emitida por certos átomos, ou a probabilidade de colisão de duas partículas de uma certa espécie, não as obteremos por processamento de informação acerca de leituras de instrumentos, mas partiremos propondo um modelo microscópico descrito por fórmulas básicas, tais como as hamiltonianas, as equações de onda, as relações de comutação, as "condições de causalidade" e assim por diante. Tais equações ligam variáveis muito afastadas dos dados empíricos relativos aos fenômenos para serem em última instância responsáveis por eles. Na realidade, contém, digamos, o número, a carga, a massa, o comprimento de onda e a fase das partículas que colidem — e tais dados nunca são coletados por mera observação mas devem ser, quer inferidos, quer hipotetizados. Todavia, há casos onde uma abordagem fenomenológica pode ser *enxertada* nesta teoria da caixa essencialmente translúcida; desta união nasceram teorias microfísicas *semi*fenomenológicas. Lembremos alguns casos recentes importantes.

O problema das forças nucleares pode ser abordado quer por via da teoria dos campos (teoria mesônica de forças nucleares) ou pela hipotetização direta de potenciais núcleon-núcleon que se adequam à evidência — que é o ponto essencial da assim chamada teoria empírica ou fenomenológica de forças nucleares. Este nome se justifica na medida em que a teoria mantém silêncio acerca da natureza dos campos que se supõem descritos pelas respectivas funções de força; em outras palavras, nenhuma equação de campo é postulada nesta abordagem, mas o que seria normalmente encarado como as soluções das equações de campo são tentadas ao acaso. Em resumo, o objetivo todo desta abordagem é encontrar funções de força adequadas aos dados empíricos — um alvo que pode sempre ser atingido pela manipulação de um número suficientemente grande de parâmetros.

Mas a fim de comparar as assunções com a evidência empírica, devemos introduzir os potenciais hipotetizados numa equação de onda; i. é, cumpre enxertar as assunções fenomenológicas numa teoria basicamente não-fenomenológica, tal como a mecânica quântica ordinária. É por isso que esta teoria das forças nucleares merece mais ser chamada *semi*fenomenológica do que fenomenológica. Somente as hipóteses singulares, relativas às várias forças de lei possíveis, merecem a denominação de fenomenológicas. Incidentalmente, a comprobabilidade da teoria *semi*fenomenológica da ligação nuclear é lamentavelmente baixa, uma vez que suas conseqüências testáveis são, na prática, insensíveis a amplas variações nestas hipóteses, tanto na forma das funções de força como nos valores numéricos dos parâmetros. Este baixo poder crítico é característico da abordagem da caixa negra.

Um segundo exemplo de uma abordagem fenomenológica dentro do esquema representacional (mas apenas parcialmente figurado) da mecânica quântica é a teoria da matriz de espalhamento. Tal abordagem foi originalmente proposta em 1943, sob o fundamento filosófico de que a mecânica quântica é superdescritiva, pois afirma mais do que é possível verificar experimentalmente (*e. g.*, fala acerca da velocidade média de um único elétron dentro de um átomo)[12]. No quadro da abordagem da matriz S, o problema da interação entre partículas, tal como uma reação nuclear, não se soluciona hipotetizando interações e postulando movimentos detalhados de partículas, mas encarando a região de espalhamento como uma caixa negra, dentro da qual certas partículas colidem ao longo de certos canais e fora dos quais as mesmas ou outras partículas emergem de modo indeterminado, mas segundo uma lei[13]. O problema da força (ou, antes, da interação) é superado nesta abordagem porque se reformulou o problema original do seguinte modo: um conjunto de partículas amplamente separadas (portanto, praticamente livres) é dado no início do processo (esquematicamente, num passado infinitamente remoto), e um outro conjunto de partículas igualmente separadas (logo, praticamente livres) é

(12) HEISENBERG, Werner, *Zeits. f. Physik.* v. 120 (1943), pp. 513, 673; *Zeits. f. Naturforchung.* V. I (1946), p. 608.
(13) Veja JOHN M. BLATT e VICTOR F. WEISSKOPF, *Theoretical Nuclear Physics* (New York, Wiley, 1952), pp. 313, 517 e ss.

dado no final do processo (num futuro infinitamente distante). Nada se pergunta acerca do movimento da partícula e do mecanismo de interação. Apenas os fluxos incidentes e emergentes estão envolvidos neste tratamento, juntamente com requisitos muito gerais tais como a conservação do fluxo e a prioridade no tempo da entrada sobre a saída[14] — um postulado em geral e erroneamente chamado condição de causalidade.

A abordagem pela matriz S é fenomenológica e, à primeira vista, aquiesce com o requisito positivista de conformar-se ao que pode ser medido. Mas isto é uma ilusão. A teoria da matriz S (e a técnica associada das relações de dispersão) não é uma teoria *independente*; não substitui a mecânica quântica, mas antes a suplementa. Ainda que, após ter sido formulada a teoria, fossem delineadas técnicas independentes para *computar* a matriz de espalhamento[15], os conceitos básicos de *momentum* angular e linear, de função de estado, que ocorrem na teoria são insignificantes ante o contexto mais largo da própria teoria quântica. A teoria da matriz S, então, é um sistema *semi*fenomenológico, ainda que a intenção original, i. é, a abordagem, fosse completamente fenomenológica.

Do mesmo modo, podemos aplicar o método da matriz de espalhamento aos circuitos de guias de onda[16], um procedimento que para o engenheiro eletricista (não tanto para o físico) tem a vantagem de poupá-lo do cálculo efetivo do campo com cavidades. Todavia, esta abordagem emprega a estrutura conceitual da teoria de Maxwell, se não por outra razão apenas porque são exigidas as expressões gerais (não especificadas) para o campo nas junções das guias de ondas. De passagem, a abordagem pela matriz S pode ser generalizada de modo a aplicar-se a sistemas de qualquer espécie[17], que prova mais uma vez que teorias fenomenológicas não são caracterizadas por um tema mas por uma abordagem.

(14) A equação central da teoria da matriz S é $\psi(\infty) = S\psi(-\infty)$, onde '$\psi(-\infty)$' designa a amplitude do estado inicial do sistema e '$\psi(\infty)$' a amplitude do seu estado final, enquanto "S" designa o operador de espalhamento. A matriz S correspondente fornece as amplitudes prováveis dos possíveis transições.

(15) Originalmente, o cálculo da matriz S era baseado no formalismo quantomecânico (hamiltoniano) usual, razão pela qual consistia exatamente na recusa de informações acerca de processos intermediários. Levou seis anos para que um método para o cálculo da matriz S fosse elaborado sem utilizar este formalismo. Ver, *e.g.*, N. N. BOGOLIUBOV e D. V. SHIRKOV, *Introduction to the Theory of Quantized Fields* (New York, Interscience, 1959), pp. 198 e ss. e J. HILGEVOORD, *Dispersion Relations and Causal Description* (Amsterdã, North-Holland, 1960).

(16) PANNENBORG, A. E. *Philips Research Reports* (1952), v. 7, pp. 131, 169, 270.

(17) BUNGE, Mario. A general Black Box Theory. *Philosophy of Science*, v. 30 (1963) p. 343.

7. Uma Teoria Semifenomenológica no Domínio das Partículas Elementares

Nosso terceiro e último exemplo de teoria *semi*fenomenológica será o esquema de Gell-Mann e Nishijima para partículas "elementares" (1953-54). Esta teoria caracteriza-se pela hipótese *ad hoc* mas surpreendentemente fértil, de que certas partículas, tais como os mésons K e híperons, possuem uma propriedade nova e não-visualizável chamada "estranheza". A hipótese é *ad hoc*, pois o parâmetro de estranheza não possui interpretação física e ocorre em um juízo de lei singular, i. é, a hipótese posterior *ad hoc* da conservação de estranheza nas interações que, segundo se supõem, geraram certas metamorfoses, como a transformação de um híperon lambda-zero em um próton e um méson-pi. Por outro lado, as propriedades familiares das partículas "elementares", se entendidas, o são apenas parcialmente. A massa relaciona-se com a inércia e a quantidade de substância, a carga ao acoplamento com o campo eletromagnético, o *spin* a uma certa espécie de rotação interna e o *spin* isobárico (ou isotópico) ao tipo de núcleo. Nenhuma destas variáveis ocorre casualmente ou em separado. Todas elas aparecem em mais de um juízo de lei relativo à estrutura da matéria, de modo que se encontram assaz firmemente entrincheiradas na teoria física. A hipótese de estranheza, de outro lado, é, por ora, apenas uma assunção adequada aos fatos que explicam a existência e o comportamento — não a estrutura — de partículas "elementares".

Seria, todavia, falso afirmar que a teoria de Gell-Mann e Nishijima é *inteiramente* fenomenológica. No fim de contas, relaciona o novo parâmetro ao antigo, i. é, na expressão da lei de conservação da estranheza; e nesta medida faz sentido, se é que o faz, em relação à teoria geral da mecânica quântica. Poder-se-ia de outro modo dizer que a hipótese da estranheza é uma assunção fenomenológica, e que a teoria como um todo é *semi*fenomenológica. E alguém pode esperar (ou temer, segundo a sua própria filosofia) que a teoria estará eventualmente submetida a uma teoria mais profunda da caixa translúcida, que derivará todas as características do atual esquema de Gell-Mann e Nishijima das suposições básicas relativas à estrutura complexa dos campos e partículas em causa[18]. Uma tal

---

(18) Uma tentativa deste tipo é a teoria extremamente abstrata de P. HILLION e J. P. VIGIER, New Isotopic Spin Space and Classification of Elementary Particles, *Nuovo Cimento*, v. 18 (1960), p. 209. São introduzidos vetores de estado interno correspondente à estrutura interna de partículas elementares de diferentes espécies; estranheza, *spin* isotópico e *spin* ordinário são todos explicados por certos movimentos no espaço-tempo ordinário.

teoria *interpretará* presumivelmente o parâmetro da estranheza, ou o seu sucessor, em termos descritivos, exatamente como a hipótese do *spin* proporciona uma interpretação do novo número quântico que originalmente fora introduzido em um caminho *ad hoc* ou fenomenológico para explicar a divisão "anômala" das linhas espectrais de Zeeman.

A nossa alegação de que existem teorias *semi*fenomenológicas ou da caixa semitranslúcida entre os extremos ideais das teorias da caixa negra e da caixa translúcida parece confirmada. Examinaremos agora o escopo da abordagem pela caixa negra.

8. Escopo da Abordagem pela Caixa Negra

A abordagem pela caixa negra tem os seguintes traços peculiares:

(I) *Alto grau de generalidade*. Cada teoria de caixa negra é coerente com um número ilimitado de mecanismos concebíveis. A generalidade das teorias da caixa negra pode ser levada ao extremo de teorias quase *abstratas*, i. é, sistemas que quase não continham variáveis específicas (interpretadas), podendo, portando ser aplicadas a uma ampla classe de sistemas.

(II) *Global* ou caráter total. As teorias da caixa negra são no mínimo parcialmente não-locais no sentido de que encaram os sistemas mais como unidades do que como complexos de partes interatuantes localizadas.

(III) *Simplicidade*. Abandonando pormenores de estrutura que requereriam a introdução de constructos hipotéticos e deixando sem interpretar a maioria dos parâmetros, as teorias da caixa negra são as mais simples possíveis do ponto de vista formal, semântico e epistemológico[19]. A simplicidade torna mais fácil construir e aplicar teorias fenomenológicas.

(IV) *Precisão*. Podemos construir teorias fenomenológicas para satisfazer qualquer conjunto de dados por um aumento adequado ou pela manipulação de um certo número de parâmetros.

(V) *Segurança*. As teorias da caixa negra são as mais firmemente ancoradas na experiência, portanto, as melhores protegidas contra refutação. Assim, a teoria do circuito

---

(19) Estes tipos de simplicidade (economia de formas, economia de pressuposições e economia de conceitos transcendentes), bem como a simplicidade pragmática, são examinadas na seguinte obra do autor: *The Myth of Simplicity* (Englewood Cliffs, N. J., Prentice-Hall, 1963), Caps. 4 e 5.

permanece verdadeira, dentro de seu domínio, a despeito das várias mudanças na teoria do elétron.

Os traços acima constituem, ao mesmo tempo, vantagens e debilidades da abordagem pela caixa negra. De fato, um alto grau de generalidade, ou falta de especificidade, revela que a espécie do sistema não é levada em conta; o caráter não-local prova que a provável estrutura complexa do sistema foi relanceada, ou no mínimo integrada; a simplicidade é marca da superficialidade[20]; finalmente, a excelência na adequação desacompanhada de profundidade, de segurança e de certeza, aproximam perigosamente as teorias fenomenológicas da irrefutabilidade — que, segundo Popper, é o selo da não-ciência[21].

Todas estas virtudes condenáveis das teorias da caixa negra, sem dúvida, derivam da tentativa de evitar a postulação de variáveis "internas". Como conseqüência de uma tal restrição, certas perguntas não podem ser respondidas porque propositadamente não foram feitas. Perguntas tais como "Como são o campo e as partículas no interior de uma esfera de ferro?" "Qual é o circuito nervo-e-músculo responsável por um arco-reflexo?" e "Quais as forças sociais que estão por trás da última revolução latino-americana?" simplesmente não ocorrem dentro da moldura de teorias da caixa negra. Tais questões exigem teorias representacionais mais profundas, capazes de fornecer *interpretações* adequadas de fatos.

9. *Explanação e Interpretação*

O fato de certos problemas não poderem ser enunciados no quadro das teorias fenomenológicas não significa que teorias da caixa negra não forneçam explanação, como se diz amiúde. Sempre que uma proposição é deduzida de proposições sobre leis e circunstâncias, há explanação científica. As teorias fenomenológicas proporcionam, então, explicações científicas (veja § II). Mas as explanações podem ser mais ou menos profundas. Se as leis invocadas na explicação são apenas leis de coexistência e sucessão, a explicação será superficial. É o caso da explanação quanto ao feito de um indivíduo sob o fundamento de que ele sempre faz tais coisas, ou a explicação da compressão de um gás devido a um aumento da pressão em termos da

---

[20] Ver MÁRIO BUNGE, The Weight of Simplicity in the Construction and Assaying of Scientific Theories, *Philosophy of Science*, v. 28 (1961), p. 120, e *The Myth of Simplicity* (Englewood Cliffs, N. J., Prentice-Hall, 1963), Cap. 7.

[21] Ver nota 5 *supra*.

Lei de Boyle. Necessitamos muitas vezes de tais explanações superficiais, mas necessitamos também de outras mais profundas, tais como as imaginadas em termos da constituição interna e estrutura do sistema em causa — a estrutura dinâmica de um gás, os traços de personalidade de um indivíduo e assim por diante.

Uma teoria da caixa negra pode proporcionar uma explanação e uma previsão logicamente satisfatórias de um conjunto de dados, no sentido de sua *derivação* da teoria e informação específica. Mas deixará de prover o que o cientista em geral denomina de *interpretação* dos mesmos dados. Uma tal interpretação em termos descritivos é obtida quando um "mecanismo" é postulado e todos os parâmetros são atribuídos a propriedades do "mecanismo" (veja §§ III e IV acima). O "mecanismo" será o incessante mover e colidir de moléculas no caso da termodinâmica, as ondas que interferem, no caso da óptica, a rede cristalina e o gás de elétrons no caso da física do estado sólido, os circuitos nervosos e as associações no caso da teoria do comportamento, a ação recíproca de grupos sociais e interesses no caso da sociologia e da história e assim por diante.

Observe-se, no entanto, que embora as teorias da caixa negra não pretendam *proporcionar* interpretações, elas não as excluem; i. é, teorias da caixa negra podem ser suplementadas por hipóteses representacionais. Isto foi compreendido já nos inícios do século XIX, com respeito às disputas entre os defensores da teoria do calórico e os da teoria atômica. Destarte, Fourier derivou sua equação da transmissão do calor empregando a hipótese molecular com uma ferramenta heurística, mas ele viu que "A verdade destas equações [que eram fenomenológicas] não se baseia numa explanação física [interpretação] dos efeitos do calor. Qualquer que seja o caminho em que alguém deseja conceber a natureza deste elemento, quer o encare como uma coisa material definida que passa de uma parte a outra do espaço [i. é, como o fluido calórico], ou como apenas uma transmissão de movimento, chegará sempre às mesmas equações, porque as hipóteses que formamos devem representar os fatos gerais e simples a partir dos quais as leis matemáticas são derivadas"[22]. Falando em geral, cada teoria fenomenológica é coerente com um número de hipóteses alternativas concernentes ao "mecanismo" em causa. Em outros termos, um certo número de

---

(22) FOURIER, Charles. *"Théorie analytique de la chaleur"*, (1822). In: *Oeuvres*, Ed. por G. Darboux (Paris, Gauthier-Villars, 1888), I, p. 538. Veja também M. BUNGE, *Causality: The Place of the Causal Principle in Modern Science*, 2. ed. (New York, Meridian Books, 1963), pp. 77 e ss.

teorias representacionais mais profundas é coerente com qualquer teoria fenomenológica dada.

O contraste entre teorias cinemáticas e dinâmicas ilustra de modo claro os conceitos de profundeza teórica e nível explanatório. Qualquer conjunto dado de mudanças pode ser estudado, quer de um ponto de vista cinemático, quer dinâmico, segundo seja possível ou exigida uma explanação superficial ou profunda. Assim, por exemplo, as reações químicas podem ser estudadas com respeito às velocidades da reação (química cinética) ou com respeito aos mecanismos de reação (i. é, os processos pelos quais um dado sistema fica transformado em outro sistema). Exatamente como no caso da mecânica, a segunda abordagem subsume a primeira; se o mecanismo de reação for conhecido ou pressuposto, então se pode deduzir a cinética do processo. Mas esta maior profundidade das teorias dinâmicas quando comparadas às teorias cinemáticas não torna supérflua a abordagem cinemática. É somente com base em algum conhecimento prévio de certos tipos de movimento que foi possível tomar por hipótese certas leis de força e só um conhecimento pormenorizado da cinética química possibilitou sugerir mecanismos compatíveis com este. Ou seja, ainda que a teoria dinâmica não-fenomenológica envolva em geral a correspondente teoria cinemática, esta última é sempre útil como acesso à primeira. Além disso, teorias da caixa negra são amiúde suficientes para certos fins; assim, a maioria dos trabalhos de engenharia, por exemplo, podem desenvolver-se sem a mecânica estatística.

Em suma, as teorias da caixa negra, embora superficiais, são necessárias. Satisfazem a um genuíno *desideratum científico*, ou seja, o de serem retratos gerais e globais de sistemas reais. Além do mais, as teorias fenomenológicas são úteis porque constituem uma ponte entre as teorias representacionais mais profundas e os dados empíricos. Infelizmente, há outra e ilegítima motivação da construção da teoria fenomenológica, i. é, a exigência *filosófica* de renunciar a conceitos transobservacionais ou diafenomenais, ou seja, não apenas o abandono *metodológico* das entranhas do sistema, mas a recusa *ontológica* de reconhecer a existência de tais entranhas. Volto-me, agora, para esta filosofia obscurantista.

10. *Caixa-negrismo*

Chamemos de *caixa-negrismo* a concepção em que a conversão de caixas negras em translúcidas, pelo preenchimento da primeira com "mecanismos" definidos, não é necessária nem desejável. Não seria necessário, nesta concepção, porque teorias da caixa negra nos fornecem tudo que poderíamos exigir legitimamente, ou seja, ferramentas para transformar conjuntos de juízos de observações reais (evidências) em conjuntos de juízos de observações potenciais (predições); e não seria desejável ir além das teorias fenomenológicas, pois a introdução de entidades ocultas e propriedades é injustificada pela experiência sensorial, que é a mais alta corte da verdade. Como é bem conhecido, esta deliberada recusa de especular sobre o "mecanismo" escondido na caixa, ou mesmo em conceder a sua existência, tem sido expressa por eminentes filósofos da tradição positivista, bem como por eminentes cientistas. Alguns deles são famosos por sua contribuição às teorias da caixa translúcida[23]. Que a concepção é inadequada, e mesmo perigosa para o progresso do conhecimento, ficará claro a partir das seguintes considerações:

(I) Historicamente, teorias da caixa negra apareceram em geral como *primeiros passos* na construção da teoria; via de regra, foram relegadas ou suplementadas por teorias representacionais que subsumiam a primeira e nos capacitavam a responder por mais fatos do que a primeira.

(II) Epistemologicamente, as teorias da caixa negra são *menos completas* do que as correspondentes teorias da caixa translúcida, se não por outro motivo pelo menos por enfatizar o comportamento às custas da estrutura. (Com freqüência, as teorias fenomenológicas focalizam o curso temporal do processo, i. é, são cinemáticas e não consideram as características espaciais do sistema, que são necessárias, embora não suficientes, para explicar o mecanismo.) As teorias representacionais têm um conteúdo mais rico e se prestam, como consequência, a uma grande variedade e qualidade de teste empírico.

(III) Logicamente, as teorias da caixa negra *permanecem algo à parte do resto da ciência;* em conseqüência, não gozam do apoio de áreas contíguas, mas quase exclusivamente com amparo "indutivo" (i. é, o amparo da evidência empírica). Pois bem, a teoria ganha em confirmação se se comprovar que é não apenas compatível com

---

(23) A história da guerra ao caixa-negrismo (particularmente, energeticismo) contra o caixa-translucidismo (particularmente, mecanicismo e atomismo) já foi várias vezes relatada. Veja PIERRE DUHEM, *La Théorie physique*, 2. ed. (Paris, Rivière, 1914); ABEL REY, *La théorie de la physique chez les physiciens contemporains*, 2. ed. (Paris, Alcan, 1923) e ERNST CASSIRER, *Substance and Function* (1910; New York, Dover, 1953). Para manifestações mais recentes do ponto de vista de caixa-negrismo, veja P. A. M. DIRAC, *Proc. Royal Society* (A), v. 180, (1942), p. 1, e HEISENBERG, *op. cit.*

outras teorias, mas de certo modo logicamente exigida por elas.

(IV) Falando em termos pragmáticos, embora as teorias da caixa negra tenham uma larga cobertura, possuem *baixa fertilidade,* no sentido de que não nos ajudam a explorar os aspectos ainda ocultos da realidade. É tão-somente suspeitando primeiro e depois pressupondo de que *possa* haver algo além dos fenômenos, que logramos eventualmente descobrir de fato este algo invisível. A hipotetização de entidades e propriedades ocultas não é má em si mesma, uma vez que a maior parte da realidade *está* oculta à percepção sensorial direta. Como Hertz verificou, é precisamente o êxito limitado da tentativa de estabelecer relacionamentos diretos entre fenômenos observáveis que nos conduz a compreender "que a multiplicidade do universo real deve ser maior que a multiplicidade do universo que nos é revelado diretamente por nossos sentidos"[24]. O que é pernicioso à ciência é tanto a postulação de entidades inerentemente inescrutáveis como a condenação da especulação controlada.

Do ponto de vista lógico, o caixa-negrismo é afim ao totalismo e ao gestaltismo, na medida em que estas escolas também desejam deter a análise, i. é, limitar a razão. Epistemologicamente, pode-se considerar o caixa-negrismo como uma forma suave do fenomenalismo, a filosofia que tenta reduzir tudo a elementos experienciais, tais como as sensações. Mas o parentesco não deve ser exagerado. O caixa-negrismo se limita a pedir-nos, por exemplo, não postular movimentos de partículas dentro dos núcleos atômicos para explicar reações nucleares e recomenda-nos fazê-lo exclusivamente com informações concernentes à entrada e saída de fluxos de partículas. O fenomenalismo radical, de outro lado, gostaria que abandonássemos de vez os núcleos atômicos, sob a alegação de que são essencialmente ficções não-sensíveis. Para o fenomenalismo, o conjunto da microfísica é um conto de fadas.

Contrariamente ao caixa-negrismo, o fenomenalismo radical nunca atraiu cientistas teóricos, porque nem mesmo a mais simples das teorias da caixa negra é expressa em termos de dados sensoriais. Todas as teorias científicas, fenomenológicas ou representacionais, são sistemas de afirmações de objetos físicos (proposições fisicalistas). Todas tratam com o que o cientista entende por "fenômenos", não com os fenômenos do filósofo, i. é, aquilo que se apresenta imediatamente ao sujeito. Além disso, as teorias da caixa negra não implicam necessariamente a negação

(24) HERTZ, Heinrich. *The Principles of Mechanics* (1894; New York, Dover, 1956), p. 25.

da existência, independente das caixas que descrevem e não encerram qualquer referência ao sujeito cognitivo. Muito ao contrário, uma das motivações do behaviorismo consiste em evitar variáveis internas, tais como sensações ou sentimentos particulares.

Em suma, nem as teorias fenomenológicas, nem o caixa-negrismo apóiam a epistemologia fenomenalista. O fato de o fenomenalismo, como filosofia, ter historicamente gerado alguns desenvolvimentos nas teorias da caixa negra (sobretudo na termodinâmica) e de o fenomenalismo ter muitas vezes recomendado teorias fenomenológicas, o fato pode talvez explicar-se pelo malogro na compreensão de que nem sequer o tempo, a menos comprometida de todas as variáveis, é diretamente observável, e de que a mais epidérmica das teorias é composta de constructos e não de perceptos.

Conclusão

A construção de caixas negras prosseguirá, presumivelmente, enquanto teorias gerais e globais forem apreciadas e enquanto teorias representacionais disponíveis forem reconhecidas como inadequadas. E teorias da caixa translúcida serão construídas enquanto houver necessidade de explicar caixas negras e enquanto se julgar que as caixas possuem interiores dignos de serem observados. Banir as caixas translúcidas como exigia o positivismo tradicional é encarar o comportamento como limite inexplicável, renunciar a sua explanação em termos de constituição e estrutura e substituir a metafísica da substância inalterável por uma metafísica de função sem nada funcionando. Em particular, o caixa-negrismo proíbe a construção de modelos visualizáveis — exceto a própria caixa negra, o mais pobre dos modelos. Pois bem, se modelos manejados como representações (signos icônicos) ou como análogos (signos alegóricos) forem rejeitados, estaremos impedidos de explorar seu poder heurístico. Estaremos, ademais, impedidos de ter um vislumbre — literal ou simbólico — dos funcionamentos do mundo. Uma metaciência bem fundada exigirá que não seja evitada qualquer espécie de modelo mas tão-somente modelos inteiramente infundados e incomprováveis.

O fim último da teorização científica é edificar teorias representacionais que abarquem e expliquem as correspondentes teorias fenomenológicas. O caixa-negrismo, de outro lado, faz a falsa suposição de que a única meta da teorização científica é sistematizar diretamente fenômenos observáveis. A história da ciência sugere que se trata apenas de um desiderato imediato.

O objetivo a longo prazo da teorização científica não é sumariar a experiência, mas *interpretar a realidade* e, em particular, explicar a parte da realidade acoplada ao conhecedor, i. é, o campo dos fenômenos (no sentido do filósofo). A teorização científica pode ser *inicialmente* motivada pelo desejo de entender o que é observado e é, por certo, *comprovada* por fatos desta espécie; mas não logra realizar a sua tarefa a menos que leve em conta fatos inobserváveis (mas inferíveis). O programa mais ambicioso e compensador da ciência fatual, desde que formulada por Demócrito, tem sido não a vinculação direta entre aspectos observáveis, mas uma explicação do inobservável e uma interpretação do observável em termos do inobservável. A compreensão deste fato histórico ajuda a abandonar a busca da certeza final — uma das motivações do caixa-negrismo — e esposa uma variedade crítica de realismo.

Todavia, abominar o caixa-negrismo não envolve necessariamente a supressão de caixas negras. Pelo contrário, um crítico realista há de conceder que o mundo ainda está e continuará sempre cheio de caixas negras e que a pesquisa jamais conseguirá converter a todas, inteiramente, em translúcidas. Banir as caixas negras seria tão obscurantista quanto condenar as caixas translúcidas. Pois, em primeiro lugar, as caixas negras são inevitáveis nos primeiros estágios da teorização e úteis sempre que se possam negligenciar detalhes ou quando somente efeitos globais são estudados; assim, qualquer que seja o tipo de radiação (fótons, elétrons, nêutrons etc.) e o mecanismo de absorção, a lei da absorção de radiação será exponencial porque em todos os casos o que importa é a quantidade de radiação remanescente em dada profundidade. Em segundo lugar, cumpre sempre experimentar teorias de caixa negra quando falha o sortimento disponível de teorias da caixa translúcida — como foi o caso da psicologia behaviorista ao confrontar-se com a esterilidade do introspeccionismo e das relações de dispersão e teorias aliadas ao confrontarem-se com os malogros das teorias hamiltonianas. Em terceiro lugar, as teorias da caixa negra proporcionam explicações globais e gerais e, como tais, são úteis, ainda muito tempo depois de submetidas a teorias representacionais. Em quarto lugar, as teorias da caixa negra proporcionam um teste para as correspondentes teorias da caixa translúcida; assim, uma psicologia "profunda" a tratar com processos psíquicos subliminares e motivações interiores não pode estabelecer-se como ciência, a não ser que satisfaça a condição-limite de explicar tudo que a abordagem behaviorista explica.

O que atrapalha o progresso do conhecimento não é a multiplicação das teorias da caixa negra, mas a filosofia que enaltece a teoria fenomenológica como o mais alto tipo de sistematização científica e injuria a teoria representacional. O mal causado por esta filosofia à física e à psicologia é demasiado grande para que seja permitido permanecer indiferente com respeito a ele. O que se deve tolerar ou, melhor ainda, encorajar, é a proliferação de teorias comprováveis de toda espécie, fenomenológicas ou representacionais, cinemáticas ou dinâmicas, precavidas ou atrevidas — mas sempre conservando em mente que as teorias não-fenomenológicas e a epistemologia realista que estimula a sua construção devem ser, em última análise, preferidas, pois apresentam maior conteúdo, assumem o maior risco e são as mais férteis: em suma, as teorias representacionais satisfazem melhor os cânones de Popper quanto à boa ciência[25].

(25) Sou grato à discussão que tive com o Prof. JUAN JOSÉ GIAMBIAGI, (Departamento de Física, Universidade de Buenos Aires), sobre o escopo da teoria das relações de dispersão (uma teoria fenomenológica).

6. MATURAÇÃO DA CIÊNCIA

1. *Crescimento*: *Newtoniano e Baconiano*

O conhecimento científico pode crescer em superfície ou em profundidade, i. é, pode expandir-se por acumulação, generalização e sistematização da informação, ou pela introdução de modo radical de novas idéias que recobrem a informação disponível e a interpretam. O primeiro tipo de crescimento, característico tanto da pesquisa inicial como da rotina da pesquisa, pode ser denominado de baconiano porque foi advogado pelos dois Bacons, embora o crescimento em profundidade possa ser chamado de newtoniano, porque Newton inventou o primeiro sistema científico profundo e em larga escala. Crescimento em volume requer tanto crescimento em superfície como em profundidade; crescimento apenas em superfície é cego e obrigado a parar por falta de idéias, enquanto crescimento exclusivo em profundidade corre o risco de terminar em especulação não-controlada.

Contudo, certos períodos na história de cada disciplina são caracterizados pelo predomínio de uma das duas espécies de crescimento: rupturas são usualmente precedidas e seguidas por estágios de crescimento vegetativo. O desenvolvimento mais freqüente é, sem dúvida, crescimento em superfície, alcançado quando a atenção focaliza a descrição, a sistematização e a predição à custa da teorização ousada. Este é ainda o caso da maioria das ciências não-físicas e de amplos setores da física, *e. g.*, a física das partículas elementares. Ainda que haja atividade teórica nestes campos, ela é, principalmente, do tipo fenomenológico ou sistematizador de fatos, quer porque se sabe ainda demasiado pouco para se conjeturarem mecanismos pormenorizados ou porque a própria hipotetização dos mecanismos é desencorajada por uma filosofia superficial.

O crescimento em superfície é necessário, mas insuficiente para alcançar maturidade, e a ciência madura deve ser a meta de nosso esforço, mesmo se a maturidade completa for (promissoramente) inatingível. Pode-se esperar que a ciência amadureça quando a amplitude, a profundidade e a irrefutabilidade são procuradas, i. é, quando a pesquisa não apenas alarga o campo mas a torna mais profunda e melhor organizada. Todo mundo sabe o que se quer dizer com "organização lógica", mas o que significa "profundidade"? A profundidade é mais fácil de reconhecer do que de elucidar; todavia, não é inanalisável. Pode ser realçada essencialmente de duas maneiras: 1) pela introdução de hipóteses que envolvam não-observáveis, em contraste com suposições relativas a características observáveis ou de superfície, e 2) pela invenção de mecanismos supostamente responsáveis pelos fatos em consideração. Em ambos os casos, espera-se que a profundidade epistemológica espelhe profundidade ontológica: pretende-se que as idéias mais profundas refiram níveis de realidades situados mais profundamente — mas esta esperança pode naturalmente não vir a realizar-se.

A profundidade é melhor explorada quando acompanhada pela organização lógica. A razão pela qual a melhoria na organização deveria contribuir para a maturidade é clara: ao formalizar ou apenas ao axiomatizar um corpo de idéias, reconhecemos suas componentes essenciais (indispensáveis e tipo-fonte). E estas são as idéias mais profundas no sistema: apenas idéias logicamente fortes podem explicar, e fenômenos (eventos perceptíveis) podem ser explicados tão-somente colocando hipóteses imperceptíveis, como são ilustradas pelas teorias atômicas.

O processo de maturação ideal é o que envolve todos os três movimentos em direção aos fundamentos acima referidos, i. é, a invenção de teorias que 1) empregam não-observáveis, que 2) amarram na forma de mecanismo hipóteses que, por sua vez, 3) são organizadas axiomaticamente. Examinemos tais movimentos.

2. *Conceitos*: *Empíricos e Transempíricos*

Um conceito pode ser chamado de teórico se pertence a alguma teoria científica; fatual teórico, se ocorre numa teoria científica fatual. Exemplos de conceitos fatuais teóricos: "energia" (física) e "utilidade subjetiva" (teoria da utilidade). Conceitos teóricos fatuais podem ser genéricos. Os específicos: os primeiros ocorrem em certo número de disciplinas científicas, enquanto os últimos são típicos de teorias individuais. Os conceitos genéricos, tais como "lei" e "teorema" não nos concernem no momento: eles podem ocorrer em qualquer corpo de idéias científicas, quer superficiais, quer profundas. Os traços típicos de uma teoria, em particular a profundidade, são determinados pelos seus conceitos específicos.

Conceitos teóricos específicos na ciência fatual podem ser observacionais ou não-observacionais, segundo se refiram a objetos observáveis ou deixem de se referir a eles. Os não-observáveis podem ser denominados constructos; são típicos da ciência em oposição ao conhecimento comum. Exemplos de conceitos teóricos observacionais: "corpo", "movimento" e "número de reforços"; exemplos de constructos (conceitos teóricos não-observacionais): "momento", "mutação" e "aprendizagem". Cabe observar que a dicotomia observacional/não-observacional não é estrita, mas dá lugar a espécies de transição, e que não coincide com a partição comum/científica. Além do mais, na ciência avançada, os relatórios de observação contêm constructos.

Toda teoria contém constructos mesmo se seus referentes são tidos como sendo no mínimo parcialmente observáveis, como no caso de corpos sólidos e líquidos, os referentes da mecânica do contínuo. Na realidade, os conceitos de massa, tensão e viscosidade que ocorrem neste conjunto de teorias, são todos não-observacionais: representam propriedades que não podem ser apontadas com o dedo. Tal fato não torna estas teorias empiricamente não-testáveis: leva os testes empíricos mais longe do que o tocar e o cheirar.

Algumas teorias não têm absolutamente conceitos observacionais; e.g., todas as teorias de campos puros e teorias de entes atômicos e subatômicos. De fato, as variáveis que representam, digamos, a posição de um elétron e a intensidade de um campo eletromagnético, são algumas vezes denominados *observáveis*: mas isto é uma piada, e nem mesmo boa. Sem dúvida, nenhum dos referentes de tais variáveis pode ser observado no sentido epistemológico do termo: a medida de tais variáveis requer não apenas complexos acessórios de laboratório, mas também teorias adicionais (macrofísicas) para projetar as peças dos aparatos e interpretar suas leituras. As variáveis que ocorrem nestas teorias podem ou não ser todas objetivamente significativas: se as teorias em conjunto forem inteiramente falsas, tais variáveis podem deixar de ter um referente objetivo embora houvesse a pretensão de que fossem fatualmente significativas. Mas em qualquer caso, quer se refiram a entidades reais ou a objetos imaginários, não têm conteúdo empírico: não se referem a nenhuma experiência efetiva como uma percepção ou uma ação e elas nem mesmo se referem à experiência científica (medida ou experimento), se não por outro motivo pelo menos porque eventos experienciais são multilaterais e devem portanto ser explicados por todo um aglomerado de teorias.

Tomemos, por exemplo, a sentença "O valor da energia do elétron a na posição b no instante c é E". Esta frase é (fatualmente) significativa o tempo todo, quer expresse uma declaração verdadeira ou não, quer seja feita ou não uma tentativa para averiguar por meios empíricos qual é o seu verdadeiro valor. É moda declarar, no entanto, que uma sentença como esta é isenta de sentido enquanto tal operação empírica não for feita; mas, sem dúvida, algum conceito não-técnico de significado deve estar envolvido nesta condenação. E em qualquer caso, mesmo quando é realizada uma seqüência de operações empíricas (iluminadas por um conjunto de teorias) que emprestam suporte à frase, isto continua empiricamente sem sentido, embora fatualmente com significado. Uma medida da energia do elétron permitir-nos-á atribuir-lhe um valor numérico, ou antes um intervalo numérico: não se destina a dotar a expressão de significado. E uma tal medida, repitamos, está longe de ser direta: exige a colaboração de teorias ulteriores, algumas das quais (como a mecânica clássica) são logicamente incompatíveis com a teoria na qual a declaração dada faz sentido.

Ver-se-á, mais adiante, a partir de suas definições usuais que os "observáveis" das teorias quânticas não representam traços diretamente observáveis. Elas rezam: "Uma variável dinâmica é um observável se seus autovalores forem reais e suas autofunções formarem um conjunto completo". Algumas propriedades matemáticas, não a observabilidade, constituem a diferença específica que separa os "observáveis" quantomecânicos das outras variáveis dinâmicas. Similarmente, na relatividade geral, os "observáveis" não são definidos em termos de operações empíricas mas como as grandezas que permanecem invariantes para transformações arbitrárias de coordenadas. Em qualquer dos casos, a noção de "observável" é hipotética e o nome é um nome inadequado cujo efeito é criar a ilusão de que as teorias quânticas e a relatividade geral possuem um conteúdo empírico direto. Os "observáveis" destas teorias supõem-se, representam, na realidade, de um modo simbólico, propriedades objetivas (operador independente) de sistemas físicos; são conceitos não-observacionais mas constructos de alto nível, representando alguns deles indiretamente traços mensuráveis. Um observável característico — um conceito que participa, digamos, da descrição de um lampejo em um contador de cintilação — é uma função mais ou menos complicada (ou antes, funcional) de dois conjuntos de variáveis: "observáveis" que se referem a microssistemas e macrovariáveis que se referem a peças do aparelho.

Em qualquer caso, as teorias mais profundas caracterizam-se por conceitos não-observacionais ou constructos, sejam eles microvariáveis ou macrovariáveis. Os conceitos observacionais vão aparecer nas aplicações de teorias básicas a situações empíricas — embora não a exclusão dos constructos.

Duas espécies de constructos distinguem-se usualmente na filosofia das ciências comportamentais: variáveis intervenientes e constructos hipotéticos. As primeiras mediam ou intervêm entre conceitos observacionais enquanto os últimos são hipotetizados para se referirem a entidades não-observáveis e propriedades, tais como níveis de energia de átomos. "O centro de massa" na macrofísica e a "força de hábito" na psicologia behaviorista seriam variáveis intervenientes, enquanto a "intensidade do campo gravitacional" e o "custo de produção" seriam constructos hipotéticos.

A diferença fundamental entre variáveis intervenientes e constructos hipotéticos parece residir no referente a eles atribuído e é, por conseguinte, determinada pelos postulados de interpretação da teoria na qual aparecem — postulados que até certo ponto podem ser mudados sem modificar o formalismo. Assim, um e o mesmo constructo, como a "intensidade do campo" ou o "impulso" será encarado como um constructo hipotético numa interpretação de uma teoria e como uma variável interveniente noutra. A distinção pode, portanto, ser estabelecida em termos semânticos, independentemente de considerações metodológicas: as variáveis intervenientes referem-se às partes ou traços de objetos individuais supostamente reais. Em outros termos, os predicados intervenientes são totalistas enquanto os constructos hipotéticos são atomísticos. Assim, na teoria do campo eletromagnético, os potenciais e a energia total podem ser considerados como variáveis intervenientes, enquanto as intensidades de campo e as várias densidades são constructos hipotéticos. E visto sob esta luz, o behaviorismo está semântica, embora não metodologicamente, na mesma categoria que o gestaltismo.

É claro, constructos hipotéticos ou atomísticos são mais profundos que variáveis intervenientes ou totalistas. Veremos agora que os primeiros nos permitem construir hipóteses mais profundas.

3. *Dos Pacotes de Informações às Hipóteses*

Uma fórmula denominar-se-á hipótese fatual se 1) se referir a fatos por ora não-experienciados ou não-experienciáveis em princípio e 2) se for corrigível em vista de conhecimentos novos. Do ponto de vista de sua ostensividade ou imediatidade empírica, as hipóteses podem classificar-se em observacionais ou não-observacionais, segundo contenham apenas conceitos observacionais ou no mínimo um conceito não-observacional. "As crianças afeiçoam-se aos seus pais" é uma hipótese observacional, porque se refere em termos observacionais a uma classe que inunda o conjunto acessível à experiência individual. De outro lado, "O momento angular de uma massa pontual em um campo central é conservado" é claramente uma hipótese não-observável. Não importa o quanto a primeira é extensamente hipotética, a última é tanto extensa como intensivamente hipotética.

O que acontece com os conceitos, acontece com as hipóteses: quanto mais profundo um corpo do conhecimento, mais idéias não-observacionais ele conterá. Um ser onisciente não teria, provavelmente, o que fazer com conceitos não-observáveis e hipóteses; mas para o homem, a maior parte da realidade está oculta e deve, por isso, ser conjeturada. Não é de se admirar, portanto, que as assunções iniciais (axiomas) das teorias científicas sejam todas hipóteses não-observacionais e, em particular, operacionalmente sem sentido (embora testáveis). Ainda que se refiram, em última análise, a objetos empiricamente acessíveis, tais como corpos do tamanho do homem, lidam imediatamente com esquematizações ideais de tais objetos e prestam pouca ou nenhuma atenção às propriedades fenomenais. Assim, na mecânica do corpo sólido são estudadas de preferência distribuições de massa e movimentos possíveis a aparições. Aparições, como as apresentadas ao astrônomo observacional, são objetos completos não-explicáveis apenas pela física mas pela óptica fisiológica e pela psicologia fisiológica, todas elas baseadas em hipóteses não-observacionais.

Ora, hipóteses não-observacionais podem ser modestas ou ambiciosas: podem restringir-se a descrever um sistema do lado de fora, como um todo, ou podem esconder-se nos detalhes de composição e nos funcionamentos internos do sistema ao qual se referem. As primeiras podem ser chamadas fenomenológicas ou hipóteses da caixa negra. As últimas, hipóteses de mecanismo, embora não no sentido estrito de recorrer a um jogo de partes mecânicas. As hipóteses fenomenológicas podem conter variáveis intervenientes mas não constructos hipotéticos, enquanto as hipóteses de mecanismo contêm constructos hipotéticos (e eventualmente também predicados intervenientes); e ambas podem ser estocásticas ou não-estocásticas.

As hipóteses fenomenológicas são bem mais profundas que os juízos dos pacotes de informação, mas não tão profundas quanto as hipóteses de mecanismo. Tome-se, por exemplo, a ecologia populacional. Podemos discernir aqui três tipos de hipóteses: 1) as relações funcionais (ou curvas) que sumariam e generalizam os dados que relacionam os parâmetros observáveis, 2) as equações diferenciais que expressam a taxa de mudança da população, e 3) os juízos mais complexos que explicam o tamanho da população em termos genéticos e ecológicos. Se estamos interessados em condensar, extrapolar e interpolar dados empíricos, ficaremos satisfeitos com o ajustamento de curvas. Só quando nutrimos a ambição de explicar em vez de sumariar e generalizar, procuramos colocar hipóteses de nível mais alto, *e.g.*, equações diferenciais cuja integração deveria fornecer curvas empíricas ou hipóteses observacionais.

Assim, o crescimento de uma população de uma espécie pode ser representado por qualquer conjunto infinito de curvas, enquanto se mantiverem razoavelmente próximas dos dados empíricos. Mas há os que preferem o assim chamado modelo logístico, i. é, $dN/dT = rN(K - N)$ ainda que não possa conter possivelmente cada *bit* de informação relevante, pois informa algo sobre o processo de crescimento — ou seja, que a mudança de população é proporcional ao tamanho N da própria população e à diferença entre o valor de saturação K e o valor instantâneo N. Mas mesmo esta hipótese, embora logicamente mais forte e semanticamente mais profunda do que qualquer das curvas empíricas, é insuficiente: sabemos que o crescimento da população é controlado por variáveis adicionais, algumas internas, como a freqüência de mutação e outras externas, como a intensidade de competição com espécies interatuantes. O ecologista tentará conseqüentemente inventar hipóteses mais profundas que abranjam estes fatores e eventualmente analisem a variável fenomenológica (ou interveniente) r (a taxa de crescimento): elas serão hipóteses de mecanismos.

É possível discernir uma tendência similar em qualquer ciência fatual: do empacotamento de dados até hipóteses fenomenológicas e até hipóteses de mecanismo. À medida que a ciência amadurece, torna-se mais profunda, i. é, introduz cada vez mais hipóteses de mecanismo — sob a única condição de que não sejam nem disparatadas, nem inteiramente incomprováveis. As razões para tanto são múltiplas: 1) as hipóteses mais profundas podem alcançar níveis mais profundos de realidade (significação ontológica); 2) as hipóteses mais profundas são logicamente mais fortes desde que impliquem (eventualmente em conjunção com hipóteses posteriores) hipóteses de empacotamento de informações (significação lógica); 3) as hipóteses de mecanismo são melhor testáveis do que as de caixa negra — embora menos diretamente comprováveis — pois são mais sensíveis a mais pormenores imediatos e a mais evidência variada: sendo mais fortes, dizem mais, e portanto empenham-se e se expõem muito mais do que as hipóteses fenomenológicas mais simples e mais seguras (significação metodológica). Não é de admirar que cada brecha teórica seja um ganho em profundidade e seja seguida de um crescimento em superfície sem precedente.

4. Da Caixa Negra ao Mecanismo

Recordemos que uma teoria propriamente dita é um conjunto infinito de fórmulas, fechado por deduções. Se tais fórmulas têm um referente real intencional, a teoria pode denominar-se fatual. Neste caso, algumas das fórmulas iniciais serão puramente formais (*e.g.*, a determinação da estrutura matemática de um conceito), outras serão semânticas — hão de representar símbolos em seus referentes intencionais — outras serão hipóteses fatuais propriamente e, outras, por fim, serão suposições subsidiárias, tais como aproximações ou mesmo dados.

Por exemplo, na teoria clássica da gravitação, a suposição de que o potencial é um campo escalar real é formal; a suposição de que este campo matemático representa ou se refere a um meio extenso, o campo físico, é semântica; a equação do campo e as equações de movimento são hipóteses propriamente e, na verdade, as suposições principais da teoria; e a expressão do valor numérico da constante gravitacional, bem como qualquer suposição especial tal como a de que o campo em causa está acoplado a uma esfera material, são suposições subsidiárias. Outras partes da teoria são, quer definições: (*e.g.*, a definição de densidade) ou teoremas (*e.g.*, uma fórmula que represente a trajetória de uma partícula de teste no campo). É inútil dizer que a teoria não contém "definição" operacional, embora seja fisicamente significativa e comprovável.

As teorias fatuais configuram, supõe-se, sistemas reais: campos, corpos, organismos, sociedades. A configuração pode ser global ou pormenorizada: pode modelar o sistema e seu meio como blocos ou analisá-los em vários níveis. Em ambos os casos, o sistema de interesse (o referente) pode ser encarado como uma caixa; só na abordagem externa ou global não será decomposta em unidades menores enquanto que na abordagem interna ou atomística será analisada com respeito a seus componentes e trabalho interno. A primeira abordagem pode receber o nome de fenomenológica ou global e a segunda, de mecanista ou atomística.

Em ambos os casos, a vizinhança do sistema é passível de esquematização, numa primeira aproximação, de um modo global por um conjunto de variáveis de entrada e outro conjunto de variáveis de saída, que podem mas não precisam ser todas acessíveis empiricamente. Qualquer teoria cuja hipótese fundamental é uma relação fixa (lei) entre entradas e saídas é uma teoria fenomenológica, e qualquer teoria que assume o risco de hipotetizar algo que medeia entre entradas e saídas, i. é, um mecanismo disparado pelas entradas e que dispõe das saídas necessárias, é uma teoria mecanista. Nos dois casos, pode-se simbolizar a hipótese central da seguinte maneira: $O = MI$, onde M pode ser considerado um operador que converte entradas em saídas. Se M for uma variável interveniente, então a teoria é fenomenológica ou de caixa negra; mas se for pressuposto que M representa um mecanismo não-visto, responsável pela transformação das entradas em saídas, neste caso a teoria é mecanista ou representacional. Assim, enquanto a termo-elasticidade clássica relaciona parâmetros globais como condutividade e módulos de elasticidade, a teoria quântica dos sólidos analisa tais parâmetros em termos atômicos. Sem dúvida, embora ambas as teorias sejam necessárias, a quântica é mais profunda: penetra mais na estrutura da matéria e, ao menos em princípio, explica a teoria fenomenológica.

Veremos agora o que torna as teorias profundas: 1) a ocorrência de constructos de alto nível, 2) as assunções de mecanismo, e 3) um alto poder explanatório. A relação entre estas três propriedades de uma teoria profunda é clara: conceitos transempíricos (constructos) são necessários para descrever mecanismos hipotéticos, que por sua vez são necessários para explicar o comportamento do sistema e, eventualmente, o aspecto que apresenta para o observador.

Podemos dar um passo mais e introduzir a seguinte definição do conceito relacional de profundidade de teoria: Se T e T' são teorias fatuais, então T é mais profunda que T' se 1) T inclui mais níveis ou níveis mais altos de constructos (não-observáveis) do que T' (aspecto epistemológico); 2) tais constructos ocorrem na descrição de mecanismos hipotéticos subjacentes aos fatos referidos por T' (aspecto ontológico ou semântico); 3) T implica uma grande parte de T', mas não inversamente (aspecto lógico). Em particular, se T implica a totalidade de T', então pode-se dizer que T' está reduzido a T. A física do estado sólido proporciona vários exemplos de redução de teoria. Mas mesmo se, como no caso da relação da mecânica estatística com a termodinâmica, a redução ainda é incompleta (i.é, a intersecção das duas teorias é não-vazia), a teoria mais profunda é a mais apurada, e a menos profunda, a mais grosseira.

As vantagens das teorias mais profundas ou da caixa translúcida sobre teorias mais superficiais ou da caixa negra deveriam ser óbvias. A compreensão de tais vantagens deveria ter importantes conseqüências tanto na ciência quanto na filosofia: deveria estimular cientistas a inventar mais teorias do tipo profundo e ousado mesmo que fosse mais provável que falhassem, e deveria persuadir filósofos de que uma aderência dogmática e teorias mais grosseiras ou de caixa negra — favorecidas pelo empirismo e convencionalismo — constitui puro obscurantismo. Por exemplo, as teorias disponíveis para partículas instáveis, capazes de calcular a probabilidade de decaimento sem explicar em pormenor por que o processo deveria ocorrer, poderiam ser incluídas numa teoria mais profunda que hipotetizasse alguns mecanismos de decaimento, mesmo se esta teoria continuasse a ser estocástica e, portanto, incapaz de prever o tempo exato de decaimento de uma partícula individual. Mas tais mecanismos ou teorias de caixa translúcida não serão sequer tentadas a menos que filosofias que as desaprovam sejam abandonadas: a pesquisa científica não cresce em profundidade se necessita prestar atenção a uma filosofia superficialista.

5. Da Subsunção à Explicação Interpretativa

A explicação também pode ser superficial ou profunda. Logicamente falando, cada explicação é uma subordinação a um conjunto de premissas; no caso da ciência teórica, algumas destas premissas são fórmulas teóricas (em particular alguns juízos de lei), outras são assunções especiais que permitem a aplicação da teoria ao estado de coisas dado. Se, além de ser uma implicação desta espécie, uma explanação mostrar como algo acontece, i. é, se ao menos uma das premissas for uma hipótese de mecanismo, teremos então aquilo que algumas vezes é chamado uma interpretação do fato em causa e que será denominado explanação interpretativa. Reconhecemos, então, duas espécies de explanação científica: a subsumida e a interpretativa.

Quando o desvio de um raio luminoso é explicado em termos da Lei de Snell e do valor particular do índice de refração do meio, estamos em face de uma explanação subsumida. Quando o processo é explicado com a ajuda de ondas de luz que satisfazem o Princípio de Huygens, ganhamos em profundidade. E quando se admite que a luz é um grupo de ondas eletromagnéticas e se faz uma hipótese sobre a estrutura do meio, temos uma explanação ainda mais profunda do mesmo fato: tanto ao meio, como ao raio de luz, são atribuídos uma estrutura descritível apenas em termos de constructos.

O que sucede aos fatos, sucede às leis. Se um juízo de lei é submetido a hipóteses de nível mais alto, dizemos que explicamos a lei. Mas podemos desejar ir mais longe e inquirir como é o modelo real referido pelo juízo de lei. Isto é, podemos querer descobrir o mecanismo de emergência de uma dada lei fora de outras leis. Estas outras leis pertencem a níveis diferentes (usualmente mais baixos) daquele ao qual pertence a lei. Estes outros níveis podem ser coexistentes ou temporariamente sucessivos. Assim, uma tarefa da química quântica é a de explicar as leis de química em termos de leis quânticas de sistemas de partículas eletricamente carregadas; na medida em que é bem sucedida em realizar esta tarefa, a química quântica fornece uma explanação interpretativa de um sistema de leis em termos de leis que caracterizam um nível coexistente mais baixo de organização. E uma tarefa da psicologia seria a de desvendar como os padrões de aprendizagem emergiram no curso da evolução das leis biológicas — uma explanação interpretativa em termos de leis que caracterizam um nível evolucionário prioritário.

As teorias mais profundas fornecem explanações mais profundas, i. é, explanações de tipo interpretativo ou explanações em profundidade, embora ambas sejam de subordinação ou de cobertura, no sentido de que argumentam a partir de leis gerais. A razão pela qual explanações interpretativas são mais profundas do que as de subordinação é clara: algumas de suas premissas realizam uma análise mais profunda em sentido ontológico: atingem níveis mais profundos da realidade. A explanação profunda, conseqüentemente, corre paralelamente com a profundidade teórica.

O poder explanatório de uma teoria deve então depender não apenas da extensão e da precisão da teoria, mas também de sua profundidade. Os dois primeiros fatores compõem o alcance de uma teoria. O conceito de alcance de uma teoria pode ser elucidado de um modo quantitativo em termos do conceito de verdade parcial. Mas não importa a fórmula que se adote para o alcance $A(T)$ de uma teoria T, fica-se tentado a escrever: $E(T) = A(T) \cdot P(T)$ para o poder explanatório de T, onde $P(T)$ é a profundidade da teoria. Infelizmente, não sabemos como atribuir uma medida apropriada ao conceito de profundidade de uma teoria. Uma sugestão óbvia é atribuir a $P(T)$ uma medida ordinal conforme o número n de níveis (ou de subníveis) atravessados pela teoria — um número que é antes arbitrário. Assim, a uma teoria da aprendizagem que analisa os organismos em termos de variáveis físicas, químicas, biológicas, psicológicas e ecológicas, poder-se-ia atribuir a profundidade $P(T) = 5$. Mas, em virtude da natureza algo arbitrária desta medida da profundidade teórica, o índice n deve ser encarado mais como comparativo do que quantitativo. Todavia, não se conhece a razão por que a profundidade de teoria não possa ser quantificada em um sentido estrito. Em qualquer caso, o índice $E(T)$ pode ser tomado como uma quase-medida do poder explanatório ou volume de teorias: no mínimo sumaria a idéia de que o tamanho de uma teoria é determinado não apenas por sua extensão e precisão mas também por sua profundidade.

Se fosse possível estabelecer uma medida inteiramente quantitativa do volume teórico ou poder explanatório, poderíamos medir o crescimento do conhecimento de um modo muito mais exato do que pela contagem do número de artigos publicados num dado campo. Na verdade, poderíamos seguir a variação de $E(T)$ no tempo, à medida que novos teoremas são derivados e postos à prova e poderíamos mesmo calcular a taxa de crescimento médio de T sobre um intervalo de tempo Δt, definido como $r = \Delta E / \Delta t$. Poderíamos, ademais, determinar o crescimento do conhecimento teórico num campo inteiro, assim, a saber: 1) tome todas as teorias não-rivais T_i em um dado campo e forme sua união lógica $T = \cup\, T_i$; 2) calcule o poder explanatório de T em dois instantes diferentes; 3) calcule a taxa de crescimento r de T. Desta maneira, poderíamos seguir as vicissitudes de teorias e de áreas inteiras de ciência teórica, tornando-nos mais cônscios dos períodos de estagnação, algumas vezes disfarçados sob pilhas de matéria impressa. Mas isto é *Zukunftmusik*. E de qualquer modo, a explicação do crescimento do conhecimento seria puramente do tipo caixa negra: necessitamos, além disso, de uma explanação em profundidade que envolva o problema de situação, as ferramentas conceituais e empíricas disponíveis, e os fatores extracientíficos — em especial os sociais e filosóficos — que codeterminam a evolução do conhecimento. Necessitamos, em suma, de uma explanação interpretativa do crescimento — e da estagnação — do conhecimento.

6. *Do Esboço ao Sistema de Axiomas*

Uma teoria, se discreta ou abelhuda, pode encontrar-se em qualquer dos estágios de desenvolvimento: pode ser embriônico e não-organizado — como é sempre o caso no início — ou razoavelmente elaborada mas ainda não-organizada (como a maioria das teorias em uso), ou não-expandida mas bem organizada (como algumas novas teorias matemáticas) ou quer bem elaborada, quer bem organizada (como algumas teorias lógicas e matemáticas). Se uma teoria é pobre ou no número de teoremas efetivamente provados (em contraste com a infinitude potencial de teoremas desconhecidos) ou na organização lógica, então é imatura, não importa quão profunda possa ser.

Neste último caso, encontra-se a teoria da gravitação de Einstein. Uma das dificuldades com esta teoria, das mais admiráveis e profundas, é que ainda não foi organizada de um modo satisfatório. Como conseqüência, princípios de construção de teoria ou heurísticos como a covariância geral, são amiúde tomados como princípios constitutivos ou axiomas apropriados; algumas vezes, lança-se ao crédito da teoria proposições que ele não pode possivelmente conter, tal como a igualdade da massa inercial e gravitacional — uma igualdade que ela não pode estabelecer porque a distinção entre as duas massas não ocorre na teoria. Portanto, inúmeras discussões sobre o significado físico e o valor da teoria quando comparada com teorias rivais são perturbadas e destorcidas por princípios filosóficos grosseiros tais como o operacionalismo. Felizmente, as idéias principais da teoria lá se encontram e elas são profundas, de modo que sua maturação é problema de trabalho árduo e discussão crítica.

Poucas teorias fatuais são, quer razoavelmente expandidas, quer logicamente organizadas. A mecânica clássica corpuscular e a mecânica do contínuo estão entre as poucas exceções, mas mesmo neste caso, as axiomatizações mais acessíveis — as devidas a McKinsey e Suppes e a Noll — podem ser melhoradas particularmente no aspecto semântico. Neste sentido, todas as outras teorias apresentam-se em forma bem pior. Considerando a organização lógica, então, a ciência fatual está no todo ainda imatura. A intuição do cientista usualmente compensa este defeito; pode em geral reconhecer os pressupostos essenciais ou dominantes da teoria, embora possa até deixar de constatar explicitamente todos os pressupostos que cercam estas hipóteses fundamentais.

De outro lado, a intuição é muito menos eficaz para detectar o essencial ou os conceitos indefinidos de uma teoria fatual. Excluindo Levi Civita que, sem axiomatizar a mecânica newtoniana, concebeu que massa e força são conceitos primitivos da teoria, mutuamente independentes, há milhares de físicos que pretendem haver definido tais conceitos por um ou outro caminho (sem excluir o que passa pela segunda Lei de Newton) apenas porque confundem definições com equações e mesmo com medidas. Os conceitos primitivos ou essenciais de uma teoria não podem ser discernidos com clareza e certeza a menos que a teoria seja axiomatizada, pois esta espécie de formalização (incompleta) consiste precisamente em tomar um conjunto de conceitos primitivos específicos e ligá-los com a ajuda de conceitos emprestados da lógica, da matemática e eventualmente também de outras teorias fatuais, para constituir os pressupostos básicos (axiomas) da teoria. E, na medida em que não há clareza relativa às pedras angulares (conceitos primitivos e axiomas) de uma teoria, as discussões sobre problemas fundamentais são provavelmente confusas, por isso imaturas.

A mecânica quântica fornece um exemplo deste tipo de imaturidade. Sua interpretação antropocêntrica ou subjetivista ter-se-ia tornado impossível se a teoria houvesse sido devidamente axiomatizada, pois desta maneira tornar-se-ia evidente que nem os dispositivos experimentais, nem os observadores desempenham papel na teoria, pois os conceitos correspondentes não podem ocorrer nela quer como conceitos primitivos ou definidos, se não por outro motivo, pelo menos porque ambos, instrumentos de medida e operadores, são macrossistemas a serem eventualmente analisados com a ajuda da mecânica quântica.

Julgou-se algumas vezes que a axiomatização de uma teoria leva a enrijecê-la mortalmente, inibindo a crítica e, portanto, bloqueando o progresso. De um ponto de vista puramente lógico, i. é, falso: a avaliação de uma peça de pesquisa científica é tanto mais fácil quanto mais bem organizada é a peça: a análise conceitual, a crítica e a avaliação são facilitadas por uma clara indicação do que são as principais assunções e as conseqüências fundamentais de uma teoria. Em resumo, a axiomatização pode promover o aumento do conhecimento, embora dificilmente constitua uma ruptura por si mesma. Mas é psicologicamente verdadeiro que sistemas de axiomas produzam ocasionalmente um sentimento de temor que leva ao dogmatismo. Tal foi, ao que parece, o caso da axiomatização de Carathéodory da termostática e da axiomatização de von Neumann da primeira quantização. Este indesejável efeito lateral da reconstrução lógica, deriva de um mal-entendido quanto à natureza da axiomática e é possível evitá-lo familiarizando-se com ele. Desta maneira, pode-se ver que a axiomatização de um corpo de idéias fatuais vem *post faestum* e não é único e que sua virtude fundamental é que, ao assentar os alicerces desguarnecidos, facilita a crítica fundamental e os reparos. Focalizando o essencial, a pesquisa de fundamento contribui para a maturação da ciência.

7. *O Filósofo e a Maturação da Ciência*

A pesquisa científica pode passar por inúmeras fases de maturação, dependendo o grau de maturidade atingido da profundidade e da organização lógica das idéias envolvidas. A computação e as operações empíricas, embora indispensáveis e não importando quão completas e acuradas, são independentes da profundidade e da total força lógica e portanto não são indícios de maturidade. Conseqüentemente, na maioria das peças da pesquisa científica não surgem questões de profundidade e organização lógica. Portanto, os próprios traços de maturidade tendem a ser despercebidos. Mesmo a pesquisa em campos profundos, como a física do estado sólido, a biologia evolucionária ou a teoria da aprendizagem, pode ser superficial se transformada em rotina, i. é, se procura responder questões isoladas e de rotina em vez de problemas fundamentais e interconexos. E a clareza lógica e semântica relativa a fundamentos não é adquirida por saltos de um problema a outro, mas primeiro por análise, depois por crítica e eventualmente por reconstrução de um corpo todo de idéias desenvolvido de um modo espontâneo e usualmente desordenado. De qualquer modo, a maturidade científica é uma questão de qualidade, não de número: é dominada por hipóteses sofisticadas e bem amarradas referentes às raízes das coisas, mais do que enormes pilhas de itens isolados e superficiais e é, portanto, de se esperar que venha mais do trabalho artesanal do que da produção de massa. Em resumo, a diferença entre ciência imatura e madura é como a diferença entre uma esponja e o cérebro.

Suponha que se escolha o cérebro em vez de uma esponja, o que devemos esperar do filósofo com respeito à maturação da ciência? Salvo a disseminada indiferença em relação à ciência, o filósofo pode ou se opor ao processo de maturação ou promovê-la, conforme a maturação de sua própria filosofia. Até agora, os filósofos que têm pensado na ciência não desempenharam papel significativo em sua maturação. No melhor dos casos, têm sido simpáticos para com a melhoria da organização lógica, mas mais recentemente a maioria deles têm sido tímidos para com a profundidade. Todavia, o filósofo pode fazer mais do que aplaudir o incremento na força lógica e na clareza semântica: ele próprio pode contribuir para este aspecto da maturação, desde que domine tanto o assunto como as ferramentas para a reconstrução lógica. Como a maioria das teorias científicas encontram-se, por hora, mais em forma natural do que axiomática, o filósofo possui aqui um amplo campo que deverá mostrar-se mais recompensador do que ladrando para os colegas.

As coisas não parecem tão luminosas no outro lado da maturidade, ou seja, a profundidade. Filósofos de tendência empirista sempre suspeitaram da profundidade em parte porque: a obscuridade e a especulação desordenada têm sido com demasiada freqüência tomadas como profundidade. Eles reagem contra o obscurantismo recomendando máxima superficialidade e simplicidade conceituais e, ocasionalmente, nenhuma teorização. Deixaram de compreender que essa genuína profundidade estava à mão pela primeira vez, ou seja, na moderna teoria científica. Destarte, colocaram-se ao lado dos inimigos da ciência — paradoxalmente, num esforço ingênuo de furtar-se à anticiência. E, quando colocados em face de bem sucedidas e profundas teorias, tentam explicá-las como meras pontes entre supostas observações livres, isentas de teoria, ou como ferramentas não-representacionais para o cálculo de possíveis observações.

Uma tentativa típica desta espécie utiliza o assim chamado teorema de Craig, que é efetivamente uma técnica impossível para a teoria da demolição. De um modo grosseiro, a técnica prescreve derivar e coletar todos os teoremas de nível inferior de uma teoria fatual T, teoremas que contêm, segundo se alega, apenas conceitos observacionais e, finalmente, tomar sua conjunção como a base axiomática de uma teoria filosoficamente expurgada T^*. Este conjunto amorfo que não contém, supostamente, termos teóricos ou "auxiliares", é considerado superior a T, precisamente neste sentido. Mas a técnica não funciona. Primeiro, a própria teoria deve estar lá antes que possa ser demolida. Segundo, é impossível derivar todos os teoremas, que são infinitos: pode-se falar deles antes de derivá-los, mas não se pode manipulá-los efetivamente. Terceiro, e mais importante, a técnica baseia-se na pressuposição de que, levando-se a dedução muito longe, podemos livrar-nos de conceitos não-observacionais, i. é, constructos. Mas isto seria pura mágica: a dedução não pode eliminar conceitos essenciais; e não é possível introduzir validamente conceitos observacionais na teoria, a não ser mediante definições em termos dos conceitos primitivos. Em suma, a "teoria" T^* expurgada não existe, de modo que, não é possível reduzir a ela a genuína teoria T. Assim, pela integração das equações de movimento de uma teoria dinâmica, não eliminamos os próprios referentes de tais juízos, ou seja, um modelo ideal tal como o ponto-partícula. Não há receitas para desteorizar um sistema dedutivo-hipotético, exceto ignorando-o inteiramente e permanecendo aquém do aumento de conhecimento.

A ciência teórica prestou pouca atenção à guerra antiprofundidade travada pelos empiristas radicais e convencionalistas, embora alguns dos melhores teóricos tivessem sido suficientemente incoerentes para esposar uma filosofia antiteórica. O filósofo deve, pois, fazer sua escolha:

ou ele imita os escolásticos que zombavam de Galileu, aferrando-se aos seus dogmas e recusando-se a ver o crescimento na profundidade; ou ele aprende a moderna ciência teórica e modifica, conseqüentemente, sua filosofia e, eventualmente, ajuda o cientista a livrar-se dos alcaides filosóficos subsistentes de um período anterior ao nascimento da moderna ciência teórica.

Se a maturação da ciência for adotada como o *desideratum* definitivo da pesquisa, as baixas filosóficas não deveriam importar, especialmente porque as cargas de profundidade empregadas pelos filósofos eram manufaturadas para combater um inimigo que não mais existe — a escolástica medieval. Se for escolhido o caminho não-dogmático e se for adotada uma atitude antes construtiva do que destrutiva, será preciso construir novas filosofias em lugar da nova escolástica, devotada ao culto dos dados (dataísmo) e ao culto da simplicidade (dadaísmo). Este fato apresenta um segundo desafio ao filósofo: a construção de teorias filosóficas maduras para enfrentar a maturação da ciência. Tais teorias deveriam não somente manter o passo com o processo de maturação da ciência mas também deveriam estimulá-lo: desta maneira, a filosofia auxiliaria o entendimento do crescimento científico, bem como daria conta da explosão da informação. Em ambos os campos, ciência e filosofia, a divisa ainda é: *Rumo aos fundamentos*[1].

Discussão

L. L. WHYTE: *Ciência e filosofia da ciência*

1. As observações do Professor Bunge sobre o Filósofo e a Maturação da Ciência toca um ponto dos mais interessantes e oportunos. Alguns físicos teóricos consideram que a solução de certos problemas pendentes pode levar a uma nova concepção de mundo real, i. é, a uma idéia transformada de existência. Acredito que isto seja correto e, o que é preciso agora, é uma nova visão uni-

(1) Para uma discussão mais detalhada da caixa negra *versus* abordagem representacional, veja do próprio autor A general black box Theory, *Philosophy of Science*, 30 (1963), p. 343 e "Phenomenological Theories" no *The Critical Approach to Science and Philosophy*, ed. M. Bunge in Honor of K. R. Popper, The Free Press, New York, Macmillan, Londres, 1964. Para uma discussão dos conceitos de nível e simplicidade, veja *The Myth of Simplicity*, Prentice-Hall, Englewood Cliffs, N. J., 1963. Para uma discussão da semântica das teorias físicas, veja *Metascientific Queries*, Charles C. Thomas, Springfield Ill., 1959, e Physics and reality, *Dialectica*, 19 (1965), p. 195. Para diversos exemplos de axiomáticas da física, veja *Foundations of Physics*, New York, Springer-Verlag, 1967. Os conceitos de alcance de teoria, poder de previsão e outros relativos são examinados em pormenor no *Scientific Research*, New York, Springer Verlag, 1967, v. I, Caps. 9 e 10.

ficadora que transcenda os ajustamentos da visão clássica do século XIX, produzida pela teoria da relatividade e da mecânica quântica. Assim sendo, temos agora uma oportunidade excepcional para todos os espíritos de orientação filosófica e profundamente interessados na física a partir de 1900 para fazer uma contribuição ao avanço do conhecimento científico. Um reajustamento filosófico de atitude, ou talvez muitas tentativas neste sentido podem tornar-se necessárias como passo preliminar ao próximo avanço autêntico na teoria básica.

2. Se eu o entendi corretamente, Bunge considera que o maior avanço no escopo da teoria fundamental envolve necessariamente um alto grau de abstração nos conceitos básicos, princípios ou métodos matemáticos. Einstein defendeu este ponto de vista e viu-se amparado, certamente, pela história da física a partir de, digamos, 1800. Mas pode nem sempre ser assim. De fato, eu sugeriria que agora não é mais necessário uma abstração ulterior, i. é, fundamentos ainda mais abstratos do que os da teoria da relatividade geral e da mecânica quântica, mas a reinterpretação das relações temporais e espaciais imediatamente dadas dos modelos tridimensionais que variam no curso do tempo. Isto implica remontar os recentes passos de abstração, voltar a simples idéias quase clássicas de espaço e tempo, e reinterpretá-las em termos de algum novo modelo de relações espaciais cambiantes. Isto, como eu o vejo, é bem possível, embora, neste estágio, sem dúvida, seja apenas uma conjetura. Mas se é possível em princípio, é fácil ver quão arriscado é construir uma filosofia da ciência com base na experiência de um período histórico particular. A filosofia da ciência, para que faça jus ao seu pretensioso nome, deve ser tão cautelosa, sutil e imaginativa como a própria ciência.

K. R. POPPER: *Profundidade não-aparente, profundidade e pseudoprofundidade*

Eu sou, sem dúvida, a favor da profundidade e da maturação na ciência e, na medida em que compreendi o que Bunge disse a respeito disso, estou basicamente de acordo com ele. Mas apenas em um ponto não concordo inteiramente. Bunge, como eu próprio, está preocupado com a explosão de publicações. No caso, a profundidade parece estar sacrificada ao volume: uma insistência na profundidade eliminaria a maior parte das publicações, de modo que tal insistência poderia ser usada como uma espécie de anticonceptivo contra publicações não-desejadas. Mas se insistíssemos na profundidade como uma espécie de critério de controle, mataríamos o crescimento da ciência. Pois teorias profundas têm algumas vezes um estágio embriônico no qual sua profundidade está longe de ser aparente. A emergência de uma teoria como profunda é um resultado de muito partejamento socrático, ou seja, discussão crítica entre cientistas. Insistir sobre a profundidade desde o início seria fatal ao desenvolvimento da ciência.

Bunge critica o positivismo porque, ao excluir a metafísica, exclui as teorias mais profundas da ciência em favor de teorias fenomenológicas menos profundas. O interessante é que o próprio positivismo se baseia numa obsoleta tentativa, feita por Mach, para introduzir profundidade efetiva na teoria da matéria. Os positivistas, por exemplo, Philipp Frank, disseram muitas vezes que a metafísica nada mais é do que ciência obsoleta. Mach viveu numa época em que a teoria da matéria estava envolvida naquilo que o Professor Yourgrau pôde chamar paradoxos. Havia, de fato, sérias dificuldades na teoria da matéria, devido ao choque entre a teoria do contínuo e a teoria atômica. Mach fez uma proposta das mais interessantes para introduzir nova profundidade na teoria física da matéria dispensando a matéria. Era uma proposta séria e extremamente audaz. Assim como aprendemos a dispensar a substância calor na teoria do calor, do mesmo modo, dizia Mach, deveríamos dispensar a matéria na teoria da matéria. E esta interessantíssima proposta foi então, quase uma geração depois, incorporada numa teoria filosófica, o positivismo. De modo que, o positivismo não passa, na realidade, de uma obsoleta teoria física.

Em conclusão, eu gostaria de acrescentar apenas uma palavra. O nome de Mário Bunge chegou aos meus ouvidos há alguns anos atrás, quando eu pertencia ao conselho editorial do *British Journal for the Philosophy of Science* e recebi um manuscrito seu chamado "Polêmica acerca da complementaridade". Quando li este original, tive um suspiro de alívio, pois aqui, afinal, estava alguém que ousava dizer algo realmente incisivo e direto contra a irrupção do sujeito na física e contra a complementaridade. Embora isto seja considerado por muita gente uma das mais profundas idéias da física moderna, Bunge e eu talvez possamos concordar que se trata de um paradigma de pseudoprofundidade.

E. H. HUTTEN: *Maturidade, profundidade e objetividade em ciência*

De algum modo, é óbvio que a gente tem de concordar com o Professor Bunge: uma teoria madura é de fato melhor que qualquer outra teoria. Mas depende muito do que entendemos por "maduro". Uma definição puramente lógica de maturidade a qual ele pretende chegar, se é que o entendi corretamente, parece-me inteiramente impossível e mesmo insensata.

Maturidade é um termo que procede originariamente do discurso da psicologia. Há um ponto importante a levantar aqui. É que a análise puramente lógica de uma teoria tem interesse mas valor limitado para a sua compreensão. Temos sempre de introduzir os mais variados raciocínios psicológicos e históricos se é que desejamos julgar corretamente as nossas teorias. O Princípio de Correspondência na física demonstra que a nova e a velha teoria são forçadas a relacionar-se entre si através do acordo assintótico de uma fórmula básica. O Princípio de Correspondência regula o desenvolvimento histórico da ciência (*ex post facto* naturalmente) de duas maneiras. Das inúmeras teorias que podem ser (e muitas vezes foram) imaginadas, o princípio seleciona aquela que se relaciona às teorias mais velhas e firmadas na devida maneira. Além do mais, a nova teoria corrige a velha restringindo seu âmbito de aplicabilidade. A mecânica quântica e a relativística ficam assim relacionadas à mecânica newtoniana, como todo mundo sabe. O Princípio de Correspondência governa o desenvolvimento da ciência e demonstra o método autocorretor e a abertura que caracterizam o raciocínio científico.

A ciência é uma atividade humana e, como tudo que o ser humano faz, deve ser explicada cientificamente por meio de uma teoria adequada.

A ciência ou o conhecimento é um fenômeno natural e portanto sujeito ao processo de evolução como tudo o que ocorre na vida humana. A ciência é o produto da evolução mental-emocional-social da humanidade que é parte e parcela do processo biogenético de evolução. Assim, devemos investigar como os conceitos científicos básicos evolveram. Se é que desejamos entendê-los. Isto me leva ao conceito de "profundidade" que é, de fato, muito importante, como Bunge assinalou.

Entretanto, o que pretendemos dizer quando declaramos que a teoria atômica, por exemplo, é mais profunda que a mecânica? A analogia ingênua que salta à mente, i. é, que cavamos bem abaixo da superfície, e depois encontramos átomos, não é suficiente; pela mesma razão, poderíamos dizer que as concepções da teoria geral da relatividade e da cosmologia são mais profundas, embora nos lancemos nesse caso bem acima da superfície, no céu. Somente a psicologia pode nos ajudar aqui a entender o sentido que damos à palavra "profundo". Cumpre lembrar que todo o conhecimento começa com experiências corpóreas, simples — i. é, amplamente demonstrado pelo desenvolvimento quer do indivíduo, quer da humanidade como um todo. A ciência começa com as especulações jônicas sobre as substâncias simples. Gradualmente, o conhecimento expande-se e cobre uma raia mais ampla do fenômeno; e, correspondentemente, os nossos conceitos têm de tornar-se mais "abstratos", ou seja, afastados das concepções simples e comuns que se podem usar na vida cotidiana. A mecânica quântica e a teoria da relatividade são mais "abstratas" neste sentido. A abstração é o critério para a profundidade de uma teoria; e conquanto acompanhadas pelo crescente poder lógico dos conceitos utilizados em uma teoria mais "abstrata", as explicações psicológicas comparecem necessariamente. Eu desejaria, entretanto, expressar aqui meu acordo com Bunge, quanto ao fato de que as teorias mais profundas se caracterizam pela ocorrência de conceitos ou variáveis que não são diretamente observáveis.

Isto não significa que a objetividade na ciência consiste em banir o ser humano de sua participação no processo de mensuração. Tal coisa me parece ser um padrão completamente falso de objetividade que surgiu apenas através das idealizações acolhidas na física clássica. Dificilmente posso acreditar que Bunge queira tal espécie de objetividade, embora pareça argumentar a favor dela, se eu não o interpreto mal. O observador não desempenha papel essencial na mecânica quântica — uma teoria mais avançada e mais "abstrata" que a mecânica newtoniana — ainda que isto não torne a mecânica quântica "subjetivista". Pelo contrário, ela é mais "objetiva" que a mecânica newtoniana, porque inclui todas as variáveis necessárias a uma descrição completa. É verdade que os detalhes biográficos do observador são irrelevantes: o que importa é o experimentador como criador da informação. Isto introduz o Princípio da Incerteza que, na realidade, fornece uma base mais realista e, portanto, mais objetiva para a nossa informação.

Permitam-me terminar observando o quanto concordo com Bunge quando ele condena a nova escolástica — o culto dos dados e da simplicidade. Eu incluiria o exagerado alcance atribuído pelos filósofos à análise lógica da ciência, ou logicismo, na condenação. Tal escolástica é a principal razão por que as ciências da vida — psicologia — são tão mal julgadas e subestimadas, mesmo por alguns de seus praticantes.

MARIO BUNGE: *Resposta*

1. *Resposta a Whyte*

Eu não poderia deixar de concordar com as sugestões do Dr. Whyte, de que a física teórica básica se encontra atualmente em um beco sem saída e que o próximo avanço genuíno neste campo há de requerer profunda mudança na atitude filosófica. Penso também que é dever do filósofo lembrar ao cientista que a maioria de suas realizações está destinada a ser provisória e que é privilégio do filósofo especular sobre possíveis soluções de problemas que ainda não foram resolvidos de maneira satisfatória ou que não foram sequer percebidos pelos cientistas — na medida em que o especulador procede com conhecimento e imaginação e que está disposto a atentar à crítica científica.

De outro lado, estamos aparentemente em desacordo com respeito ao modo de remediar as nossas atuais inquietações. Não creio que um único remédio há de curá-las porque são muitas e variadas — e precisamente por esta razão sou favorável à livre e arrojada especulação no momento. Em especial, não acredito que a salvação provirá do retorno a relações temporais e espaciais imediatamente dadas e da tentativa de interpretá-las em formas semiclássicas como o Dr. Whyte sugere. Os principais motivos para a minha descrença são os seguintes:

Primeiro, toda brecha na física envolve alguma mudança em nossas idéias de espaço e tempo, e cada uma dessas mudanças distanciou mais, segundo parece, o homem de suas intuições originais. Além disso, todas as tentativas de basear nossas refinadas idéias de relações espaço-temporais no "dado" — *e. g.*, o método de abstração de Whitehead — falharam precisamente porque se aferram às aparências e rejeitam o caminho tradicional da ciência, que implica saltos atrevidos além da intuição. Segundo, há alguns indícios de que, em nosso quadro atual da natureza, o que mais carecemos é da visão clássica do espaço-tempo como um contínuo descritível por variáveis não ao acaso tais como as coordenadas que ocorrem na mecânica ondulatória e na relatividade. De um ponto de vista relacional (não-absoluto), o espaço-tempo não existe por si mesmo, mas é uma rede de relações entre eventos (mudanças de estado e de entes físicos). E, se não houver seqüências contínuas de eventos por toda a parte, o espaço-tempo não será contínuo. De qualquer modo, a continuidade espaço-temporal pressuposta até agora, tem de ser abandonada. As conjeturas ousadas sobre a natureza do espaço-tempo devem ser saudadas, enquanto admitirem como caso-limite a concepção ora dominante.

II. Resposta a Popper

Concordo com Popper em que a profundidade não deve ser usada para refrear o crescimento da ciência. Apenas pretendo que a profundidade é desejável e cumpre pois encorajá-la. Não pretendo tampouco que o desenvolvimento atual do conhecimento venha sempre acompanhado de um aumento em profundidade. Na verdade, após uma teoria profunda mas falsa ou esteril surge a necessidade muitas vezes de outra superficial, porém verdadeira — como fica exemplificado pela voga presente das relações de dispersão e das considerações grupo-teóricas no domínio das altas energias. (Espero que alguma teoria mais profunda — presumivelmente uma teoria de campo — seja eventualmente produzida, mas entrementes os físicos precisam valer-se de uma abordagem fenomenológica, não porque seja melhor, mas porque nada há de melhor no momento.) Pretendo apenas (*a*) que a maturação da ciência envolva tanto aumento em profundidade quanto aumento em constrição lógica, e (*b*) que a profundidade é um *desideratum* enquanto for coerente com a comprobabilidade.

Concordo em que a tentativa de Mach de pôr de lado o conceito de matéria foi arrojada, mas não creio que tenha sido profunda. O intento de explicar a realidade em termos de sensações é tão velho quanto o animismo e é superficial porque deixa a sensação, um processo altamente complexo, como um bloco de construção do universo não-analisado. Se Mach tivesse proposto que se explicasse a matéria por campos ou por alguma outra entidade física, teria sido um revolucionário. Mas Mach mal mencionou física de campo e — como o próprio Popper mostrou — suas concepções eram em grande parte um retrocesso a Berkeley. Contudo, isto é apenas um detalhe: concordo com a tese central de Popper de que o positivismo é uma ciência obsoleta — algo tornado obsoleto pela "descoberta" (conjeturas corroboradas) de entidades não-observáveis tais como campos e átomos. E penso que Popper concordaria em que é uma tarefa urgente descobrir como foi possível para uma ciência antipositivista ser permeada por uma filosofia positivista.

Por fim, subscrevo plenamente as observações de Popper acerca da pseudoprofundidade do "princípio" de complementaridade — não confundir com as relações de dispersão de Heisenberg, tidas como uma exata ilustração do "princípio". É espantoso que cientistas pudessem ter assumido a atitude dos mais confusos filósofos, encarando como profundidade o que é meramente obscuro. Pois a complementaridade, como a dialética, é uma desculpa para a falta de clareza. A tal ponto que, quando perguntado o que é complementar à verdade, dizem que Bohr teria respondido: "A clareza". (De onde se segue que a própria complementaridade é ou verdade mas não clara ou clara mas falsa e, em ambos os casos, inútil.) Não há chave-mestra para todos os problemas: há apenas chaves heurísticas e princípios unificadores — mas a complementaridade não é nem uma coisa nem outra. De fato, não tem valor heurístico: não sugeriu nada de novo, exceto táticas para disfarçar incoerências e calar a crítica. E não é um princípio unificador pois apenas entroniza e generaliza a assim chamada dualidade partícula-campo, que, como se pode mostrar, é uma assombração da física clássica.

III. *Réplica a Hutten*

Concordo com o Dr. Hutten em que um pleno entendimento da ciência é uma questão não apenas de lógica mas também de história, sociologia e psicologia — na medida em que esta última não está misturada com a pseudociência da psicanálise. Todavia, parece inegável que as ciências da ciência são desnecessárias para apreender uma peça de conhecimento científico. Felizmente, o aprendizado individual não é uma sinopse da história do conhecimento. Assim, com o fito de aprender biologia molecular, não precisamos começar por Tales. Uma vez que a maioria das tentativas que conduziram ao conhecimento atual foram fracassos, seria preciso uma pesquisa psico-histórica muito extensa a fim de entender a psicogênese e a sociogênese de qualquer acontecimento maior na ciência. Além disso, a psicologia da ciência praticamente inexiste como ciência e a história da ciência foi com demasiada freqüência destorcida pelo preconceito filosófico — como ilustra a explicação da relatividade e dos quanta como filhos do positivismo. A história e a psicologia da ciência são válidas por si mesmas e como meios para avaliar realizações, deficiências e tendências atuais, mas não substituem o entendimento de um corpo de conhecimento científico.

Não concordo com a pretensão de Hutten de que "maturidade" "profundidade" sejam termos tomados da psicologia e que constitua contra-senso extrapolá-las desta: no fim de contas, houve frutos maduros antes da psicologia e águas profundas antes dos lamaçais de Freud. Não há nada de psicológico na alegação de que a teoria sintética da evolução é mais profunda que a de Darwin e que uma explicação dinâmica (ou melhor, campo-teórico) das vicissitudes das "partículas elementares" seria mais profunda do que a atual explicação puramente estrutural, taxonômica e cinemática. Estes exemplos caem por certo sob a caracterização de profundidade teórica proposta em meu artigo. Reclamo o direito de propor elucidações dos sentidos metacientíficos, não os psicológicos dos termos "profundidade" e "maturidade".

No tocante à participação do observador na mecânica quântica, discordo do ponto de vista de Hutten que é essencialmente a concepção tradicional conhecida como a doutrina de Copenhague. Algumas das razões para discordar de sua interpretação e pensamento de que é necessária uma interpretação alternativa do mesmo formalismo matemático, são as seguintes:

Primeiro, uma teoria física relaciona-se por definição com sistemas e eventos físicos e não com pessoas. Portanto, qualquer apresentação da mecânica quântica que contenha predicados não-físicos, tais como "observador", "observável", "tomar conhecimento da posição do medidor" e coisas semelhantes, não é física. Na verdade, estes termos cabem na física experimental, mas sucede que a mecânica quântica é um ramo da física teórica e o objetivo da física teórica é construir modelos de realidade, independentes-do-observador, livres-do-sujeito.

Segundo, a interpretação das teorias quânticas em termos psicológicos é *ad hoc* como mostra qualquer análise de seus conceitos básicos. Assim, supõe-se que a maioria dos "observáveis" sejam propriedades imperceptíveis de entes físicos e que os operadores a representá-los sejam automorfismos de uma função espacial infinitamente dimensional. Tanto os operadores quanto a função-estado são "definidos" sobre o conjunto de sistemas físicos (ou melhor, sobre o conjunto de pares microssistema-ambiente), não sobre o conjunto dos sujeitos cognitivos. Em parte alguma das fórmulas da mecânica quântica ocorrem coordenadas do observador e nenhum postulado da teoria caracteriza o observador que é apenas um transgressor filosófico da objetividade da ciência.

Terceiro, não se deve usar a teoria quântica da mensuração ao expor as hipóteses básicas das teorias do *quantum* (a) porque até agora não existe nenhuma teoria quântica da medida capaz de produzir previsões definidas a respeito do processo real de mensuração: a teoria ora existente é por demais esquemática e demasiado genérica para tanto; (b) porque uma razoável teoria quântica da medida deveria ser uma aplicação de mecânica quântica básica e não o inverso — se não por outro motivo, pelo menos devido ao fato de serem os arranjos experimentais constituídos por sistemas que satisfazem a mecânica quântica. O papel do observador é observar — planejar e interpretar observações — e não tornar-se o sujeito da teoria física.

Nada disso pretende desprezar a defesa de Hutten com respeito à psicologia da ciência. Mas a física precisa manter-se estritamente física, enquanto a psicologia, tratando como trata de sistemas altamente complexos, que são basicamente físicos, não pode se dar ao luxo de ignorar a física. Além do mais, existe a esperança de que a química quântica ajudará eventualmente a explicar e até a ler algumas funções cerebrais, enquanto a psicologia é incapaz de explicar o comportamento dos átomos pela simples razão de que os cérebros são constituídos de átomos e não o inverso. O fisicalismo é, por certo, exagerado, mas não tanto quanto o psicologismo; e de qualquer maneira, o fisicalismo tem sido fecundo, ao passo que o psicologismo nos leva de volta ao antropomorfismo. Invertendo a recomendação de Hutten, eu diria que a física já teve psique suficiente, enquanto a psicologia nunca teve suficiente *physis*[2].

---

(2) Para uma formulação estritamente física (em particular, não-psicológica) das teorias físicas básicas, inclusive a mecânica quântica, ver M. BUNGE, *Foundations of Physics*, Springer-Verlag, New York, 1967.

7. SIMPLICIDADE NO TRABALHO TEÓRICO

Introdução

Um dos mais difíceis e interessantes problemas da decisão racional é a escolha entre possíveis caminhos divergentes na construção da teoria e entre teorias científicas rivais — i. é, sistemas de hipóteses acuradamente comprováveis. Esta tarefa implica muitas crenças — algumas justificadas e outras não — e assinala encruzilhadas decisivas. Basta lembrar o conflito corrente entre a teoria geral da relatividade e as teorias alternativas da gravitação (*e.g.*, a de Whitehead) que explica a mesma evidência empírica, a rivalidade entre diferentes interpretações da mecânica quântica (*e.g.*, a de Bohr-Heisenberg, a de De Broglie-Bohm, a de Landé) e a variedade de teorias cosmológicas (*e.g.*, modelo cíclico de Tolman e a teoria do estado estacionário). Todas elas explicam os mesmos fatos observados, embora possam predizer diferentes espécies de fatos por ora desconhecidos; são conseqüentemente, até o presente, teorias *equivalentes do ponto de vista empírico,* embora sejam diferentes do ponto de vista conceitual e possam até envolver concepções filosóficas diferentes — i. é, são *não-equivalentes do ponto de vista conceitual.*

Com efeito, as teorias empiricamente equivalentes podem diferir em muitos aspectos, na espécie de entes e propriedades que postulam; na organização lógica, e em seu poder de previsão e de explanação; em sua comprobabilidade empírica, e em sua conformidade com a massa do conhecimento científico e com certos princípios filosóficos. Estas e outras características são tratadas com certos critérios metacientíficos que serão pesquisados no que segue.

O conjunto de critérios metacientíficos que lida com os vários traços das teorias científicas aceitáveis é o que guia a escolha entre rumos concorrentes na construção da teoria e entre os produtos de sua atividade.

Ora, a simplicidade é amiúde arrolada entre as exigências que as teorias científicas devem, supõe-se, satisfazer e é correspondentemente oferecida como um e às vezes como o critério para adotar uma decisão racional de escolha entre teorias empiricamente equivalentes.

Todavia, a simplicidade não é de espécie singular mas, ao contrário, é um composto complexo; ademais, a simplicidade não é uma característica isolada de outras propriedades de sistemas científicos e amiúde compete com desideratos ulteriores, tais como a precisão. Portanto, a fim de avaliar o peso da simplicidade na construção e acolhida da teoria científica, incumbe-nos discutir as espécies de simplicidade e sua relevância para as principais características da teoria científica (sec. 1), bem como, sua importância para a verdade da teoria científica (sec. 2) e a aceitação das teorias científicas na prática real (sec. 3).

1. *Espécies de Simplicidade e sua Relevância para a Sistematicidade, Precisão e Comprobabilidade*

1.1. *Tipos de simplicidade*

Embora a questão de saber se a realidade é, por sua

vez, simples ou não seja genuína na ontologia e na ciência — como pode ser certificado por qualquer pesquisador em microfísica — interessa-nos aqui a simplicidade das teorias acerca de partes da realidade, de modo que podemos não considerar o problema ontológico da complexidade da realidade. Estados de coisa complexos podem ser explicados por teorias com uma base comparativamente simples (*e.g.*, mecânica clássica) e por outro lado haverá sempre lugar para pedantes capazes de exprimir situações simples (ou, antes, situações que exigem descrições simples) de uma forma desnecessariamente complexa: como indica a piada vienense: *"Warum denn einfach, wenn es auch kompliziert geht?"**

Ora, um sistema de signos tal como uma teoria pode ser complexo (ou simples) de várias maneiras[1]: sintática, semântica, epistemológica ou pragmaticamente. Quando falamos da simplicidade dos sistemas de signos devemos, portanto, especificar a espécie de simplicidade que temos em mente. Não bastará — salvo como indicação grosseira — dizer que estamos falando de simplicidade global porquanto, devido à extrema heterogeneidade de seus vários componentes, pode resultar muito bem que os graus de complexidade nos vários aspectos não sejam aditivos; pensem apenas na complexidade sintática de uma proposição que depende, entre outras coisas, do número de lugares dos predicados que nela ocorrem e de sua complexidade epistemológica ou grau de abstração (no sentido epistemológico) que é uma noção tão confusa. Mesmo que houvesse à disposição medidas de simplicidade correta, o problema da metricização de sua simplicidade global teria de ser resolvido. Distinguimos cuidadosamente os vários modos no qual um sistema de signos significativos (tal como uma teoria científica) pode ser considerado simples.

A simplicidade sintática (economia de formas) depende: 1) do número e da estrutura (*e.g.*, do grau) dos conceitos primitivos específicos (predicados básicos extralógicos); 2) do número e estrutura dos postulados independentes e 3) das regras de transformação dos juízos. A simplicidade sintática é desejável porque é um fator de coesão e, em certo sentido (mas não em outro), de comprobabilidade — como será resumidamente verificado. A *simplicidade semântica* (economia de pressuposições) depende do número de especificadores de significado dos predicados básicos. A simplicidade semântica é avaliada dentro de limites porque facilita tanto a interpretação de signos quan-

---

(*) Por que há de ser simples quando também serve o complicado?
(1) Cf. MARIO BUNGE, The Complexity of Simplicity. *Jour. Phil.*, LIX, 113 (1962).

to novos inícios. A *simplicidade epistemológica* (economia de termos transcendentes) depende da proximidade com respeito aos dados dos sentidos. A simplicidade epistemológica não é desejável em e por si mesma, porque conflita com a simplicidade lógica e com a profundidade. Por fim, a *simplicidade pragmática* (economia de trabalho) pode ser analisada em: 1) simplicidade psicológica (inteligibilidade), 2) simplicidade notacional (economia e poder sugestivo dos símbolos), 3) simplicidade algorítmica (facilidade de computação), 4) simplicidade experimental (factibilidade de projeto e interpretação de testes empíricos), e 5) simplicidade técnica (facilidade de aplicação a problemas práticos). A simplicidade pragmática é, por certo, estimada por razões práticas.

Nenhuma medida dependente de qualquer das quatro espécies acima mencionadas, da simplicidade de sistema de signos, é conhecida presentemente. Mesmo os estalões da simplicidade sintática de bases predicativas até agora propostos[2] não fazem justiça aos predicados métricos, tais como "idade" e "distância", que em certo sentido são "infinitamente" mais complexos que conceitos classificatórios (predicados presença-ausência) tais como "líquido". E a proposta de mensurar a complexidade estrutural das equações pelo número de parâmetros ajustáveis que contenham[3] é insuficiente, uma vez que outras propriedades formais são igualmente relevantes e porque envolve uma confusão de complexidade formal com dificuldade de testar com generalidade e com derivatividade (enquanto oposta à fundamentalidade)[4]. De qualquer maneira, nenhuma destas propostas lida com sistemas de proposições e nenhuma explica as várias espécies de simplicidade, sendo, portanto, inadequadas para enfrentar o nosso problema.

Além disso, *as várias espécies de simplicidade não são todas compatíveis entre si e com certos desideratos da ciência.* Assim, uma supersimplificação sintática da base (*e.g.*,

---

(2) LINDENBAUM, Adolphe. Sur la simplicité formelle des notions. In: *Actes du Congrès International de Philosophie Scientifique* (Paris, Hermann, 1936), VII, 28; GOODMAN, Nelson. *The Structure of Appearence* (Cambridge, Mass., Harvard University Press, 1951), Cap. III, e Axiomatic Measure of Simplicity, *Jour. Phil.*, 52, 709 (1956); KEMENY, John G. Two Measures of Complexity. *Jour. Phil.*, 52, 722 (1955); KIESOW, Horst. Anwendung eines Einfachheitsprinzip auf die Wahrscheinlichkeitstheorie. In: *Archiv f. Math. Logik u. Grundlagenforschung*, 4, 27 (1958).

(3) WRINCH, Dorothy & JEFFREYS, Harold. On Certain Fundamental Principles of Scientific Inquiry. *Phil. Mag.*, 42, 369 (1921); JEFFREYS, Harold. *Theory of Probability*. 2. ed. (Oxford, Clarendon Press, 1948), p. 100; POPPER, Karl R. *The Logic of Scientific Discovery* (1935; Londres, Hutchinson, 1959), secções 44 a 46, e *Apêndice VIII; KEMENY, John G. The Use of Simplicity in Induction. *Phil. Rev.*, 62, 391 (1953).

(4) BUNGE, Mario. Referência 1.

uma drástica redução do número de conceitos primitivos e princípios) pode acarretar tanto dificuldade de interpretação quanto longas deduções. Uma supersimplificação semântica pode implicar o corte da teoria dada com o corpo remanescente de conhecimento, i. é, uma perda de sistematicidade na soma total da ciência. Uma simplificação epistemológica, tal como a eliminação de termos transcendentes (transempíricos) não constitui apenas uma garantia de superficialidade mas também de uma complicação infinita das bases postuladas[5]. Finalmente, uma supersimplificação pragmática pode envolver uma perda de introvisão. Conseqüentemente, seria insensato recomendar simplicidade global mesmo se tivéssemos um conceito acurado de simplicidade global.

A verdade, por difícil que seja sua elucidação filosófica, é o alvo da pesquisa científica; em conseqüência, quaisquer outros desideratos — incluindo algumas simplicidades — devem ser subordinados à verdade. Ora, a verdade não está relacionada obviamente à simplicidade, mas à complexidade. A complexidade sintática, semântica, epistemológica e pragmática de teorias científicas cresce usualmente com seu escopo, precisão e profundidade, até alcançar um ponto onde alguma espécie de complexidade torna-se incontrolável e obstruidora ao progresso ulterior e se busca a simplificação em alguns aspectos e dentro de limites.

Mas somente serão admitidas na ciência aquelas simplificações que tornam a teoria mais manejável, mais coerente, ou melhor, comprovável; nenhuma simplificação será aceitável se esta cortar severamente qualquer destas características ou a profundidade, o poder explanatório ou o poder predicativo da teoria. A complexidade da tarefa de simplificações preservadoras da verdade — que é possível apenas em estágios avançados de construção teórica[6] — pode ser avaliada se se lembrar que o que se requer é a economia e não a pobreza. Isto é, não desejamos mera parcimônia — que alcançamos melhor abstendo-nos de teorizar — porém minimização das razões meios/fins[7]. Não se requer uma simples eliminação de complexidades, mas uma redução cautelosa de redundâncias, uma simplificação em

---

(5) CRAIG, William. Replacement of Auxiliary Expressions. *Phil. Rev.*, 65, 38, (1956).

(6) Cf. WILHELM OSTWALD. *Grundriss der Naturphilosophe* (Leipzig, Reclam, 1908), p. 127: fórmulas simples para exprimir leis da natureza podem ser encontradas apenas quando a análise conceitual do fenômeno está positivamente avançada.

(7) Cf. ERNST CASSIRER, *Determinismus und Indeterminismus in der modernen Physic* (Göteborg, Elanders, 1937), p. 88, estando no n.º 3, v. XLII, do *Göteborgs Högskolas Arsskrift* (1936).

alguns aspectos sofisticada, sob a condição de não diminuir a verdade.

Perguntemos qual a contribuição, se houver alguma, que a simplicidade lógica fornece à coerência, à precisão e à comprobabilidade de uma teoria científica, desde que estas são três condições necessárias para que algo seja uma teoria científica, mesmo antes de ser encarada como aproximadamente verdadeira.

1.2. Relevância da simplicidade lógica à sistematicidade

As teorias são *sistemas* de hipóteses (proposições corrigíveis) que contêm conceitos extralógicos que vão além de um universo específico, i. é, que se referem a um assunto definido. Sistemas são, de fato, conjuntos de unidades inter-relacionadas, e a coesão das teorias científicas — em contraste com a frouxidão de pilhas de conjeturas e dados que encontramos amiúde na não-ciência e na ciência subdesenvolvida — é assegurada pela: 1) formulação exata, 2) distribuição de conceitos básicos entre as várias proposições básicas (axiomas) e 3) pela economia de conceitos básicos. Sejamos mais explícitos:

1) *Pureza lógica ou formulação exata de postulados* — Proposições estabelecidas frouxamente só frouxamente podem ser atadas em conjunto. Não são possíveis quaisquer deduções definidas a partir de assunções básicas redigidas vagamente; nenhuma distinção nítida entre axiomas e conseqüências observáveis pode então ser realizada, desde que nenhum dado empírico será estritamente relevante a qualquer deles. Precisão sintática, um pré-requisito do significado empírico e da comprobabilidade, é conseguida automaticamente pela formulação matemática (sendo esta a razão maior e raramente percebida pela qual se procuram modelos matemáticos); e a exatidão semântica é aperfeiçoada — embora provavelmente nunca assegurada de uma maneira completa — pelos juízos explícitos e acurados das regras de significação. Onde reina a ambigüidade e a imprecisão, um exército de escoliastas é convidado a iniciar um movimento escolástico e emerge uma variedade de teorias em vez de um único sistema.

2) *Conectividade conceitual ou participação de conceitos básicos entre postulados*. Um exemplo de um conjunto extremamente não-sistemático de postulados mutuamente independentes seria

$$\ldots C_1 \ldots, \ldots C_2 \ldots, \ldots, \ldots C_6 \ldots, \quad (1)$$

no qual nenhum dos predicados primitivos ou básicos C_1

até C_6 ocorre em mais de um axioma. Um sistema ligeiramente mais organizado seria

$$C_1 - C_2, \quad C_3 - C_4, \quad C_5 - C_6, \qquad (2)$$

onde "—" significa em termos comuns e lógicos palavras que ligam os conceitos lógicos. Um sistema ainda melhor organizado seria o conjunto tipo cadeia

$$C_1 - C_2, \quad C_2 - C_3, \quad C_3 - C_4, \quad C_4 - C_5, \quad C_5 - C_6. \qquad (3)$$

Uma conectividade equivalente seria proporcionada pelo postulado único

$$C_1 - C_2 - C_3 - C_4 - C_5 - C_6; \qquad (4)$$

mas, sem dúvida, uma tal unificação no nível proposicional não é sempre possível: pode não corresponder a fato real.

Nos quatro casos, os axiomas são mutuamente independentes sob a condição de que os próprios predicados básicos sejam mutuamente independentes (como comprovado, por exemplo, pelo método de Padoa)[8]. Mas no primeiro caso temos um agregado frouxo de postulados, não importa quão precisamente formulados e, no segundo caso, temos uma conectividade parcial de conceitos primitivos, enquanto nos últimos dois casos a firmeza da conexão conceitual é óbvia.

Observem que o aumento da conectividade conceitual não resulta em simplificação da base postulacional: (3) e (4) são igualmente coerentes ao nível conceitual; somente há ganho em (4) de economia postulacional. Em geral, a simplificação postulacional, se preserva a base predicativa, é suficiente mas não necessária para alcançar a coesão conceitual que é, por sua vez, necessária para termos sistema. Mas a simplificação postulacional não é um procedimento mecânico: sua factibilidade dependa da natureza do caso, i. é, se há de fato uma ligação direta entre todas as propriedades denotadas pelos predicados envolvidos.

3) *Simplicidade da base predicativa*. Quanto menor o número de conceitos primitivos da teoria, maior deverá ser o número de pontes entre eles e os conceitos derivados (definições e teoremas); como conseqüência, maior será a conectividade conceitual e proposicional da teoria. (Esta é uma razão para adotar um princípio variacional como postulado único de muitas teorias físicas: ele realiza máxima unificação conceitual, embora sua interpretação e *status* esteja longe de ser simples.) Em resumo, a economia de base predicativa melhora a sistematicidade[9].

(8) Cf. PATRICK SUPPES, *Introduction to Logic*, (Princeton, Van Nostrand, 1957), p. 169.
(9) NELSON GOODMAN, Referência 2, argüiu mais persuasivamente a favor desta tese.

Observem, todavia, que a simplicidade formal da base é apenas *um* dos três *meios* para alcançar o desiderato da sistematicidade. Em segundo lugar, a simplificação da base predicativa de teorias fatuais tem um limite enraizado na rede real de propriedades; assim, *e. g.*, atualmente, ao menos as seguintes propriedades das partículas fundamentais são consideradas como mutuamente irredutíveis (embora ligadas), portanto, como não-interdefiníveis: localização no espaço-tempo, massa, carga elétrica, *spin* e paridade. Em terceiro lugar, muitos conceitos básicos não evitam um tratamento exato, uma vez que técnicas matemáticas nos capacitam a lidar com um número tão grande de variáveis quanto desejarmos; ademais, é amiúde desejável *aumentar* o número de variáveis até o infinito, a fim de atingir um nível mais profundo de análise (por manipulação, *e.g.*, das transformadas de Fourier das variáveis originais, como é feito nas teorias de campo). O que é importante é não minimizar o número de predicados — como o fenomenalismo exige desde Kirchhoff — mas *mantê-los sob controle*.

Em resumo, a simplicidade da base predicativa é *suficiente mas não é necessária* para a sistematicidade; ademais, a simplificação da base predicativa de teorias fatuais é limitada pela riqueza da realidade e pelas considerações pragmáticas (*e.g.*, metodológicas).

1.3. *Relevância da simplicidade lógica para a precisão e a comprobabilidade*

A comprobabilidade, um segundo traço notável da teoria científica, depende da sistematicidade. Com efeito, esta última não é apenas questão de economia e elegância: uma teoria, formal ou fatual, tem de ser um conjunto de proposições estreitamente amarradas se é que desejamos que seja comprovável *como tal*, i. é, como unidade. Uma massa de vagas pressuposições, todas colocadas no mesmo nível lógico, sem que fortes relações lógicas de dedutibilidade ocorram em seu corpo, não pode ser comprovada da maneira como as teorias genuínas o são: uma vez que todas as proposições da pseudoteoria se vinculam frouxamente umas às outras, cada uma delas terá de enfrentar em separado as provas da lógica e/ou da experiência. Como podemos comprovar os axiomas de uma teoria fatual se não podemos reconhecer suas conseqüências lógicas? Não é possível submeter ao teste da experiência como um todo uma caótica massa de conjeturas carentes de organização lógica — como no caso da psicanálise[10] — a experiência pode no máximo conformar alguma das conjeturas frouxamente relacionadas da pseudoteoria, mas nenhuma evidência jamais refutará concludentemente o conjunto todo de hipóteses *ad hoc* vagamente estabelecidas — sobretudo se elas se escudarem mutuamente. E uma teoria que permanece, não obstante o que a experiência possa dizer, não é uma teoria empírica.

A nitidez lógica e a conectividade conceitual não são pois, luxos, porém, *meios de garantir a comprobabilidade* que, por seu turno, é um pré-requisito necessário — mas não por certo suficiente — de alcançar a verdade aproximada. Cumpre notar que a simplicidade da base predicativa é favoravelmente importante para a comprobabilidade na medida em que é propícia à sistematicidade; mas é preciso lembrar que esta espécie de simplicidade, embora suficiente, não é necessária para atingir a sistematicidade, pois o mesmo objetivo pode ser alcançado por meio da conectividade conceitual.

Mais uma vez, a sistematicidade é necessária mas não suficiente para garantir a comprobabilidade: são necessários também a *precisão* e a *escrutabilidade* dos predicados básicos. Quanto mais exato um juízo, tanto mais fácil dispor dele; a vaguidão e a ambigüidade — o segredo do êxito dos ledores da sorte e dos políticos — constituem as melhores proteções contra a refutação. Pois bem, *a precisão exige complexidade,* quer formal, quer semântica: basta comparar a simplicidade do discurso científico; compare "pequeno" com "da ordem de um diâmetro atômico" e "x > a" com "x = a". Deve-se preferir não apenas os mais simples, porém, os mais simples entre proposições e sistemas *igualmente precisos,* tanto porque a precisão é um desiderato independente da ciência quanto porque favorece a comprobabilidade.

A escrutabilidade dos predicados básicos é uma condição ulterior e óbvia para a comprobabilidade. Os predicados básicos da teoria científica não precisam ser observáveis ou mensuráveis de um modo direto (poucos o são). É mister apenas que estejam abertos à escrutação pública pelo método da ciência e, para tanto, é necessário e suficiente que a teoria estabeleça relações exatas entre seus predicados básicos e predicados observáveis. Termos como "clã vital", "sexualidade infantil", "espaço absoluto"

(10) Cf. H. J. EYSENCK, *Uses and Abuses of Psychology,* (Londres, Penguin, 1953), Cap. 12 e ERNST NAGEL, "Methodological Issues in Psychoanalytic Theory", em S. Hook (Ed.), *Psycho-analysis, Scientific Method, and Philosophy* (New York, New York University Press, 1959), Cap. 2.

e similares não compõem sentenças comprováveis, razão pela qual devem ser abandonados.

Se se desejar, esta norma da escrutabilidade pode ser denominada o princípio da simplicidade metodológica — com a condição de que se compreenda que ela não se relaciona necessariamente com outras espécies de simplicidade, tais como a economia formal da base predicativa. Uma teoria que contenha numerosos predicados escrutáveis será preferível a outra que contenha menos predicados, mas todos ou parte deles sejam inescrutáveis, se não por outro motivo, pelo menos porque a primeira teoria será comprovável, ao contrário da segunda. O *status metodológico* da base predicativa é bem mais importante que sua estrutura lógica e número. Assim, "eletricamente carregado" é tanto sintática quando semanticamente mais complexo que "providencial", no entanto, é escrutável e pode por conseguinte ocorrer na teoria científica, enquanto a outra não pode. Em suma, a precisão e a escrutabilidade podem ser coerentes com a complexidade lógica. Quando for este o caso, estamos prontos a sacrificar a simplicidade.

De outro lado, uma excessiva complexidade lógica pode obstruir a comprobabilidade e, em particular, a refutabilidade[11], sendo esta a razão pela qual a simplicidade lógica é desejável enquanto não envolve perda de precisão, escopo e profundidade. É possível alcançar a irrefutabilidade mediante a proteção mútua das hipóteses contenedoras de predicados inescrutáveis. Isto pode ser realizado segundo o senso comum ou de uma maneira técnica. Um exemplo do primeiro caso é a teoria da percepção extra-sensorial em que cada exemplo desfavorável à hipótese da transmissão teleprática pode ser encarado como favorável à hipótese da precognição ou à hipótese de que o sujeito ficou cansado exercendo seus poderes sobrenaturais. Um exemplo de consecução da irrefutabilidade com meios mais ou menos impressionantes é qualquer teoria fenomenológica que contenha certo número de parâmetros ajustáveis e destinada a explicar fenômenos *ex post facto* sem aventurar qualquer suposição sobre o mecanismo implicado. Assim, e.g., à teoria fenomenológica das forças nucleares é permitido introduzir certo número de parâmetros que não são mensuráveis independentemente e que podem ser livremente variados dentro de limites generosos; além disso, as conseqüências observáveis da teoria são em grande parte insensíveis às variações qualitativas nas formas e nas profundezas das fontes de potencial. Esta é uma das razões pelas quais devemos preferir como descrição da realidade a teo-

(11) POPPER, Karl R. *The Logic of Scientific Discovery*. (1935; Londres, Hutchinson, 1959), secções 44 a 46, e *Apêndice VIII.

ria do méson das forças nucleares que envolve um mecanismo definido.

A exigência de comprobabilidade leva a longo prazo tanto a eliminar as hipóteses mutuamente escudadas como a um início inteiramente novo. No primeiro caso realiza-se uma simplificação, mas então poucos exemplos confirmadores podem remanescer. No segundo, a teoria decorrente de uma nova visão pode ser mais simples ou mais complexa, mas de qualquer maneira será mais pormenorizada e, por conseguinte, mais ousada do que a temerosa teoria fenomenológica (a qual, se validada empiricamente, será útil como um controlador de teorias novas e mais profundas). De qualquer modo, a falsidade de teorias simples é habitualmente mais fácil de expor do que a falsidade de teorias mais complexas, desde que sejam falsificáveis em geral. A parcimônia no número de parâmetros empiricamente ajustáveis não é o selo da verdade, mas o aborto da falsidade.

1.4. *Simplicidade, verossimilhança e verdade*

As teorias mais simples são mais facilmente testadas tanto pela experiência quanto por teorias ulteriores, i. é, pela inclusão em ou adaptação a sistemas contíguos. Então, simplificações sintáticas ou semânticas são suficientes para aperfeiçoar a comprobabilidade mesmo quando não são estritamente necessárias para assegurá-la. Contudo, há uma grande distância entre *testável* e *testado,* como há entre uma promessa e o seu cumprimento. As simplicidades sintática e semântica são relevantes para a verossimilhança de teorias científicas, na medida em que constituem fatores tanto da sistematicidade como da comprobabilidade. Mas a avaliação do grau de verossimilhança de uma teoria é uma coisa e a estimativa de seu grau de *corroboração* é outra; esta última é feita *a posteriori,* após a realização de alguns testes — e estes incluem corroboração empírica, verificação de compatibilidade com a massa de conhecimento relevante e verificação do poder explanatório. É somente na estimativa *prévia* da verossimilhança de uma teoria que podem surgir legitimamente considerações de simplicidade e isto de um modo indireto, ou seja, através da contribuição da simplicidade para a sistematicidade e a comprobabilidade.

Uma vez aceita uma teoria como a mais certa, disponível, não nos preocupamos muito com a sua simplicidade. Não adianta argumentar que isto se deve ao fato de a simplicidade já ter sido inserida na teoria durante sua construção: como vimos, a simplicidade epistemológica é incoerente com a profundidade e a simplicidade formal e, esta é incoerente com a precisão que não é apenas um desiderato em si, mas também uma condição para a comprobabilidade.

Nem a probabilidade salvará a tese de que a simplicidade é necessária à verdade, como sustenta a teoria, segundo a qual as teorias mais simples são as mais prováveis porque a base de cada teoria consiste numa conjunção de um número de axiomas e, quanto menor o número de membros que ocorrem na conjunção, maior será sua probabilidade total (igual ao produto das probabilidades dos axiomas isolados). A inadequação desta teoria é patente: 1) não se aplica a teorias que contenham, ao menos, uma declaração de lei estritamente universal, uma vez que a probabilidade de leis universais é exatamente zero; 2) não são as mais simples porém as hipóteses mais complexas que são as mais fáceis de se adaptarem aos dados empíricos; pensem numa linha ondulada que passe por ou próximo de todos os pontos que representam dados empíricos em um plano coordenado, em contraste com a curva sintática mais simples, tal como a linha reta; é improvável que um grande número de "pontos" empíricos se encontre sobre uma curva simples. São as hipóteses mais complexas — especialmente se encaradas *ex post facto* e *ad hoc* — que são *a priori* as mais prováveis[12]. Em resumo, a simplicidade é incompatível com uma alta probabilidade *a priori*.

Em resumo, as simplicidades sintática e semântica são, dentro de limites favoravelmente relevantes para a sistematicidade e a comprobabilidade — mas não para a precisão e a verdade. Todavia, não são condições necessárias da sistematicidade e da comprobabilidade.

Pois bem, pode-se inventar qualquer número de sistemas comprováveis para se defrontarem com um certo conjunto de dados empíricos; o problema é acertar no mais verdadeiro — um problema científico — e *reconhecer os signos* da verdade aproximada — um problema metacientífico. Pois, de fato, a verdade não é o desvelamento do que estava oculto como os pré-socráticos e Heidegger pretenderam: a verdade é feita e não encontrada, e diagnosticar a verdade é tão difícil como diagnosticar a virtude. Temos uma teoria operativa da verdade completa (não da verdade aproximada) de sentenças que envolvem apenas predicados observacionais[13], mas não temos teoria satisfatória da

(12) Cf. HERMANN WEYL, *Philosophy of Mathematics and Natural Science* (1927; Princeton, Princeton University Press, 1949), p. 156 e POPPER, Referência 11.

(13) TARSKY, Alfred. The Semantic Conception of Truth. *Phil. and Phenom. Res.*, 4, 341 (1944).

verdade *aproximada* das *teorias*. Dizer que uma teoria fatual é verdadeira se e somente se suas conseqüências observáveis forem verdadeiras, todas e nenhuma falsa é inadequado não só porque a teoria pode conter suposições incomprováveis e no entanto ser coerente com fatos observáveis, mas também porque não há meios de comprovar exaustivamente a infinidade de conseqüências (teoremas) de teorias científicas quantitativas e porque nelas está envolvida a noção de verdade aproximada.

Além disso, deveríamos saber agora que, falando estritamente, todas as teorias fatuais são falsas: que são aproximadamente mais ou menos verdadeiras. Não dispomos de nenhum processo de decisão para reconhecer a verdade aproximada de teorias fatuais, mas há *sintomas* de verdade e o perito emprega estes signos na avaliação de teorias. Cumpre-nos passar em revista estes sintomas de verdade e descobrir que simplicidades, se houver, são importantes para elas.

2. *Desideratos da Teoria Científica ou Sintomas de Verdade*

Podemos distinguir, no mínimo, cinco grupos de sintomas de verdade de teorias fatuais. Denominemo-los de sintático, semântico, epistemológico, metodológico e filosófico. Cada sintoma dá origem a um critério ou norma, ocorrendo na prática real de ponderar teorias fatuais antes e depois de seus testes empíricos, a fim de apurar se constituem um aperfeiçoamento entre teorias competitivas, caso haja. Chamá-los-emos *critérios de contraste*. São os vinte seguintes.

2.1. *Requisitos sintáticos*

1) *Correção sintática*. As proposições da teoria devem ser bem formadas e mutuamente coerentes se é que devem ser processadas com a ajuda da lógica, se é que a teoria deve ser significativa e se é que deve referir-se a um domínio definido de fatos. Conjuntos de sinais sintaticamente mutilados, por outro lado, não podem ser logicamente manipulados; tampouco podem ser interpretados sem ambigüidade e, se contiverem contradições internas, podem conduzir a uma multiplicidade estéril de proposições irrelevantes. Contudo, cada teoria é, nos seus estágios preliminares, algo embaralhada; portanto, correção sintática *grosseira*

e *possibilidade* definida de aperfeiçoamento, são critérios mais realistas do que pureza formal final — que de qualquer forma pode ser não-atingível.

Obviamente, a simplicidade não é um fator de correção sintática; por outro lado, a simplicidade facilita o *teste* de correção sintática.

2) *Sistematicidade ou unidade conceitual*. A teoria deve ser um sistema conceitual unificado (i. é, seus conceitos devem "permanecer unidos") se é que se pretende chamá-la de teoria em geral; e se é que deve enfrentar como um todo testes empíricos e teóricos — i. é, se é que o teste de qualquer de suas partes deve ser relevante para o resto da teoria, de tal maneira que se possa eventualmente firmar um juízo sobre a corroboração ou falsificação da teoria como um todo.

Como vimos antes (sec. 1.2) a simplificação da base predicativa da teoria é suficiente para melhorar a sistematicidade, mas não é indispensável para atingi-la e não pode ser forçada além de certos limites que são em parte estabelecidos pelo referente da teoria (*e.g.*, um aspecto da natureza). Além do mais, a tendência histórica da ciência não tem sido a restrição mas sim a expansão das bases predicativas, junto com o estabelecimento de mais e mais conexões, principalmente por meio de proposições de leis — entre os vários predicados. O enriquecimento conceitual progressivo a defrontar-se com uma crescente coesão ou integração lógica é a tendência da ciência e não uma unificação pelo empobrecimento[14].

2.2. Requisitos semânticos

3) *Exatidão lingüística*. A ambigüidade, imprecisão e obscuridade dos termos específicos têm de ser mínimas, a fim de assegurar a interpretabilidade empírica e a aplicabilidade da teoria. Este requisito desqualifica teorias em que termos tais como "grande", "quente", "energia psíquica" ou "necessidade histórica", ocorrem essencialmente.

Pois bem, a eliminação de tais indesejáveis tem pouco a ver com a simplificação. A clarificação é com freqüência acompanhada pela complicação ou, ao menos, pela apresentação de uma complexidade real sob aparente simplicidade. Portanto, a simplicidade é desfavoravelmente relevante para a exatidão lingüística ou irrelevante ao máximo para esta.

4) *Interpretabilidade empírica*. Deve ser possível derivar das assunções da teoria — em conjunção com *bits* de

(14) BUNGE, Mario, *Causality*. (Cambridge, Mass., Harvard University Press, 1959), pp. 290-1.

informações específicas — proposições que poderiam ser comparadas às proposições observacionais, de modo a decidir a conformidade da teoria com o fato.

A simplicidade é, sem dúvida, desfavoravelmente relevante para este desiderato, uma vez que uma teoria abstrata é mais simples que um sistema interpretado.

5) *Representatividade*. É desejável que a teoria represente, ou melhor, reconstrua eventos reais e processos e não os descreva simplesmente e preveja seus efeitos macroscópicos observáveis. A fim de ser representacional — em oposição ao fenomenológico — uma teoria não necessita ser pictórica, visualizável ou intuível (embora tais características garantam a representatividade). É suficiente que alguns dos símbolos que ocorrem nos postulados da teoria tenham um sentido literal ao serem correlacionados com propriedades (diafenômenos) reais ou essenciais do referente da teoria. Em outros termos, para que uma teoria seja representacional, é suficiente assumir que alguns de seus predicados básicos representam traços de entidades efetivas reais ou fundamentais — não meramente externos.

No curso do desenvolvimento da ciência, teorias fenomenológicas ou não-representacionais foram substituídas ou no mínimo suplementadas por teorias representacionais, as quais procuram oferecer descrições e explanações de acordo com a realidade (*Realbeschreibung* de Einstein). Assim, teorias de ação à distância foram substituídas por teorias de campo, a termodinâmica foi suplementada pela mecânica estatística, a teoria do circuito pela teoria do elétron, a meteorologia dinâmica pela sinóptica, teorias da evolução simples por teorias de evolução através da seleção natural.

Há várias razões para preferir as teorias representacionais às fenomenológicas: (*a*) um objetivo maior dos investigadores não reside apenas em "salvar aparências" de maneira econômica (convencionalismo, fenomenalismo, pragmatismo), mas em atingir uma profunda compreensão dos fatos, tanto observados como não-observados — e tal propósito é melhor servido pelas teorias representacionais do que pelas fenomenológicas; (*b*) as teorias representacionais satisfazem melhor o requisito de coerência externa, enquanto as teorias fenomenológicas são *ad hoc*; (*c*) as teorias representacionais, não sendo limitadas aos dados empíricos à mão, estão mais aptas a predizer fatos de uma espécie desconhecida, e de outro modo inesperada; (*d*) as teorias representacionais assumem mais riscos que as teorias fenomenológicas: pois dizendo mais elas cedem melhor ao requisito da refutabilidade.

Ora, uma aderência estrita às regras da lógica e da simplicidade epistemológica exigiria a dispensa de teorias representacionais, pois estas envolvem usualmente não apenas os predicados dos sistemas fenomenológicos correspondentes, mas outros predicados mais abstratos delas próprias. Teríamos de abandonar centenas de teorias que funcionam, entre elas o modelo *shell* (camada) do núcleo atômico, a teoria do *spin* do ferromagnetismo e a teoria cromossômica da hereditariedade. Aqui, de novo, a simplicidade não é bem-vinda.

6) *Simplicidade semântica*. É desejável, até certo ponto, economizar pressuposições; neste sentido, juízos empíricos podem ser feitos e testados sem pressupor a totalidade da ciência. Esta exigência é imposta de maneira moderada em bases antes pragmáticas do que teóricas, pois conta com a possibilidade de abordar o novo sem ter de dominar o velho em sua inteireza. Mas a coerência externa que é até mesmo mais ponderável compete com a simplicidade semântica. Assim, a biologia convencional que é metodologicamente "mecanicista", aquiesce com a coerência externa e, pela mesma razão, é semanticamente complexa, já que pressupõe a física e a química; de outro lado, a biologia vitalista é semanticamente mais simples, porém, falha no que diz respeito à sua continuidade com a física e a química.

O valor teórico da simplicidade semântica reside no fato de esta sugerir a existência de níveis objetivos de organização da realidade. Assim, a mera possibilidade de falar significativamente acerca de alguns aspectos da vida da psique e da cultura, sem tratar de maneira expressa de suas bases materiais, denota que os níveis são, em certa medida, autônomos. Mas o requisito da profundidade sempre acabará forçando-nos a descobrir os liames de eventos em um nível com eventos em níveis contíguos e sobretudo nos níveis inferiores[15].

A simplicidade semântica é, em suma, uma regra ambígua: pode fornecer o manejo (*e.g.*, o teste) da teoria possível, mas também pode ser sintoma de superficialidade.

2.3. *Requisitos epistemológicos*

7) *Coerência externa*. A teoria deve ser coerente com a massa de conhecimento aceito, se é que deve encon-

---

(15) Cf. MARIO BUNGE, Levels: A Semantical Preliminary. *Rev. Metaphys.*, *13*, 396 (1960), e On the Connections Among Levels, em *Proc. XIIth. Intern. Congr. Phil.*, VI, 63 (1960).

trar apoio em algo mais do que apenas seus exemplos, se é que deve ser considerada como um acréscimo ao conhecimento e não como um corpo estranho. As teorias revolucionárias — em contraposição às teorias divergentes ou doidas — são incoerentes com apenas parte do conhecimento científico, pois a própria crítica das velhas teorias e a construção de outras novas se realiza com base em conhecimento definido e à luz de normas mais ou menos explicitamente estabelecidas. As heterodoxias isoladas não põem em perigo a massa do conhecimento estabelecido (no entanto, provisório); muito ao contrário, questionamos as teorias isoladas à luz de conhecimento aceito e regras de procedimento.

A coerência externa foi o argumento mais forte que Copérnico apresentou em defesa de sua teoria dos movimentos planetários; ele salientou que, ao contrário da teoria de Ptolomeu, a sua teoria concordava com os axiomas da teoria física prevalecente (a de Aristóteles) que determinava que os corpos celestes se moviam em órbitas circulares[16]. A notável contradição da *ESP* e outras teorias sobrenaturais com a massa da ciência constitui também — ao lado de razões metodológicas — um fundamento maior para rejeitá-las[17].

A simplicidade é claramente desfavorável à coerência externa, uma vez que a última impõe uma crescente multiplicidade de conexões entre os vários capítulos da ciência.

8) *Poder explanatório*. A teoria deve resolver os problemas propostos pela explicação dos fatos e pelas generalizações empíricas, se existirem, de um dado domínio e precisa fazê-lo da maneira mais exata possível. Para formulá-lo em termos sucintos: *Poder explanatório = Alcance × Precisão*. Mas o alcance de uma teoria não pode aumentar além de todo limite: uma teoria científica não pode pretender solucionar todo e qualquer problema, sob pena de tornar-se irrefutável[18]. Em particular, uma teoria científica tem de ser unilateral, i. é, não deve ser capaz de amparar hipóteses ou propostas contrárias (*e.g.*, contra-

---

(16) A compatibilidade da astronomia com a física era tão essencial para Copérnico quanto "salvar as aparências", como E. ROSEN observou corretamente a sua introdução aos *Three Copernican Treatises*. 2. ed. (New York, Dover, 1959), p. 29: "O que Copérnico desejava não era um sistema mais simples, como pensava Burtt, mas um mais razoável" (*loc. cit.*). A unificação da astronomia e a mecânica terrestre foi também um sonho não-realizado de Averroes e o impulso principal para Galileu e Newton.

(17) Consulte, *e.g.*, GEORGE R. PRICE, Science and the Supernatural, *Science*, 122, 359 (1955). De outro lado C. D. BROAD, The Relevance of Psychical Research to Philosophy, *Philosophy*, 24, 291 (1949) aceita o *ESP*, embora reconhecendo que este requereria uma reviravolta radical na psicologia, na biologia, na física e na filosofia.

(18) Veja F. C. S. SCHILLER, "Hypothesis", em C. Singer (ed.), *Studies in the History and Method of Science* (Oxford, Clarendon Press, 1921), II, p. 442.

ditórias), nem deve ser coerente com elementos de evidência contrários. (Uma hipótese, se for autocoerente e exatamente formulada, não pode ser compatível com elementos de evidência contrários; uma pseudoteoria o pode, desde que suas hipóteses se apóiem mutuamente.) Tanto a teoria da predestinação quanto a psicanálise, que oferecem explicações para tudo que é humano e nunca se embaraçam com a evidência contrária, violam esta condição. Com respeito ao alcance, o poder explanatório das teorias científicas é intermediário entre o poder explanatório das teorias pseudocientíficas e as teorias do senso comum.

É claro que a simplicidade é desfavorável ao poder explanatório, porque um amplo alcance é uma classe de numerosas subclasses, cada qual intencionalmente caracterizada por um conjunto de propriedades, e porque a precisão, o segundo fator do poder explanatório, exige também complicação (cf. 13). Destarte, as desigualdades são mais simples que as igualdades: são mais simples de definir, de estabelecer e de testar. Contudo, estamos amiúde preparados para sacrificar a simplicidade pela precisão, como denota o fato de as equações numéricas e funcionais serem tanto mais abundantes quanto maior se torna a severidade dos padrões de precisão e comprobabilidade. Em resumo, a demanda da simplicidade é incompatível com a demanda de poder explanatório.

9) *Poder de previsão*. A teoria deve, no mínimo, prever aqueles fatos que ela pode explicar após o evento. Mas, se possível, a teoria deveria também prever fatos e relações novos e insuspeitos: de outro modo, será escorada apenas pelo passado. Em outros termos, o poder de previsão pode ser analisado na soma da capacidade de prever uma classe conhecida de fatos, e o poder de prognosticar "efeitos" novos, i. é, fatos de uma espécie não esperada em teorias alternativas. O primeiro pode ser chamado de *poder de prognosticar*, o segundo, de *poder serendípico*[19]. Colocando-o em poucas palavras, *Poder de previsão* $=$ (*velho alcance* $+$ *novo alcance*) $\times$ *Precisão* $=$ *Poder de Prognóstico* $+$ *Poder Serendípico*. (Sem dúvida, o poder serendípico de uma teoria não pode por seu turno ser predito, mesmo depois de completada a sua construção, pois nunca sabemos de antemão todas as conseqüências lógicas dos axiomas da teoria, nem o alcance dos fatos desconhecidos.)

Embora a estrutura lógica da previsão seja a mesma que a da explanação — ou seja, dedução de sentenças sin-

(19) O termo serendípico (acidente feliz) foi cunhado por Horace Walpole e revivido por WALTER CANNON, *The Way of an Investigator*, (New York, Norton, 1945), Cap. IV e por ROBERT K. MERTON, *Social Theory and Social Structure* (Glencoe, Ill., Free Press, 1957), ed. rev., Cap. II.

gulares de leis gerais associadas com informações específicas — o poder explanatório não é o mesmo que o poder de previsão. A pseudociência é prolífica em explanação *post factum* mas infecunda na previsão. As teorias da física nuclear, atômica e molecular podem explicar fenômenos singulares — ou classes de possíveis fenômenos singulares — mas podem prever apenas fenômenos coletivos reais — ou, alternativamente, podem apenas prever as probabilidades de fatos singulares. As teorias históricas — tais como a da geologia, evolução e sociedade humana — possuem um alto poder explanatório mas um pequeno poder de previsão, mesmo levando em conta retrovisões. Além disso, as previsões são usualmente de fatos e muito raramente de leis, enquanto as explanações podem ser, quer de fatos, quer de leis. Finalmente, as previsões são feitas com o auxílio do mais baixo nível de teoremas de uma teoria — os mais próximos da experiência — enquanto as explanações podem ocorrer em qualquer nível. Estas são algumas das razões para considerar o poder de previsão separadamente do poder de explanação[20].

A simplicidade é desfavorável ao poder de previsão pela mesma razão por que é incompatível com o poder explanatório.

10) *Profundidade*. É desejável, mas de modo algum necessário, que as teorias expliquem coisas essenciais e cheguem fundo na estrutura de nível da realidade. Nenhuma teoria científica é apenas um sumário de observações, se não por outro motivo, pelo menos devido ao fato de que cada generalização implica uma aposta sobre fatos afins não-observados. Mas, enquanto algumas teorias explicam apenas as aparências, outras introduzem entidades diafenomenais (mas escrutáveis) e propriedades pelas quais elas explicam o observável em termos do não-observável: é neste sentido que a óptica ondulatória é mais profunda que a óptica fenomenológica (geométrica) e a reflexologia mais profunda do que o behaviorismo.

A exigência de profundidade não elimina, por certo, as teorias menos profundas: elas podem perfeitamente ficar retidas com as mais profundas se contiverem conceitos úteis que, de algum modo, correspondam a entidades reais ou propriedades. A óptica ondulatória não elimina o conceito de raio luminoso mas elucida-o em termos de interferência, e da neurofisiologia se espera que elucide os padrões do comportamento e não que os explique. A exigência de funções profundas é um estímulo na constru-

---

(20) Razões ulteriores são dadas em MARIO BUNGE, Referência 14, Cap. 12.

ção da teoria (*e.g.*, o presente sentimento de insatisfação com a superficialidade das relações de dispersão e outras teorias fenomenológicas na física), e na reconstrução científica de teorias pré-científicas profundas (*e.g.*, sociologia marxista e psicanálise, ambas ricas em conceitos profundos e sugestões, mas arruinadas por uma lógica embaralhada e uma metodologia complacente).

Como a profundidade envolve sofisticação epistemológica, ela é incompatível com a simplicidade pragmática e epistemológica.

11) *Extensibilidade* ou possibilidade de expansão para abranger novos domínios[21]. Assim, a formulação de Hamilton da dinâmica é preferível à de Newton, porque pode arcar com uma classe mais ampla de problemas dinâmicos e porque pode ser estendida além da dinâmica (*e.g.*, dentro da teoria de campo); contudo, é lógica e epistemologicamente mais complexa do que a versão de Newton da mecânica: contém duas vezes o número de equações de movimento e os conceitos de coordenadas generalizadas e momentos. O mesmo é verdade para a teoria de Maxwell do campo eletromagnético que foi possível estender à óptica em relação com suas rivais.

A capacidade de ligar ou unificar, por enquanto, domínios não-relacionados vincula-se tanto com a coerência externa quanto com o poder serendípico e depende da profundidade dos conceitos e leis peculiares à teoria. Portanto, a simplicidade que é desfavoravelmente relevante para estas características, é também desfavoravelmente relevante para a extensibilidade. De outro lado, a real expansão de uma teoria produz uma unificação metodológica no sentido de que um único método pode ser empregado para atacar problemas pertencentes a conjuntos anteriormente disjuntos. Mas antes é preciso que uma considerável complexidade sintática, semântica e epistemológica seja consumida: a simplificação metodológica não é um pré-requisito mas uma recompensa à boa vontade em aceitar certas complexidades.

12) *Fertilidade*. A teoria deve ter poder explanatório: deve estar habilitada para guiar nova pesquisa e sugerir novas idéias, experimentos e problemas no mesmo campo ou em campos aliados. No caso de teorias adequadas, a fertilidade justapõe-se à extensibilidade e ao poder serendípico. Mas teorias inteiramente inadequadas podem ser estimulantes, quer porque contenham alguns conceitos utilizáveis e hipóteses (como foi o caso da teoria do calórico do

---

[21] MARGENAU, Henry. *The Nature of Physical Reality*. (New York, McGraw-Hill, 1950), p. 90.

calor e das teorias do éter), quer porque trazem à tona novas teorias e experimentos destinados para refutá-las. Por outro lado, teorias virtuosas podem ser estéreis porque ninguém se interessa por elas — *e.g.*, porque elas são superficiais, como é o caso daquelas teorias que são pouco mais do que sumários de dados empíricos. Daí por que a fertilidade deveria valer por si.

Aqui, mais uma vez, a simplicidade é tanto irrelevante quanto desfavoravelmente relevante.

13) *Originalidade*. É desejável que a teoria seja nova em relação a sistemas rivais. Teorias feitas de porções de teorias existentes, ou fortemente semelhantes a sistemas disponíveis ou carentes de novos conceitos são inevitáveis e podem ser seguras a ponto de serem desinteressantes. As teorias mais influentes não são as mais seguras mas aquelas que são mais provocantes ao pensamento e, particularmente, aquelas que inauguram novos meios de pensamento; e todas estas são teorias profundas, representacionais e extensíveis, como a mecânica newtoniana, a teoria dos campos, a teoria quântica e o evolucionismo. Como um renomado[22] físico observou, "Para qualquer especulação, que não pareça à primeira vista louca, não há esperança".

Além disso, as regras da simplicidade proíbem evidentemente ou no mínimo desencorajam o enquadramento dos constructos audaciosos e novos: o caminho banal é o mais simples. É o que ocorre especialmente quando as teorias disponíveis foram empiricamente confirmadas, mas são por algum motivo insatisfatórias — *e.g.*, porque são fenomenológicas. A linha da simplicidade, nesse caso, desaprovará novas abordagens e sustará, portanto, o progresso da ciência.

2.4. *Requisitos metodológicos*

14) *Escrutabilidade*. Não só os predicados que aparecem na teoria devem ser abertos à investigação empírica pelo público e ao método autocorretivo da ciência (sec. 1.3), mas é preciso também que os pressupostos metodológicos da teoria sejam controláveis. Tais exigências tornam suspeitas (*a*) evidências de um tipo que apenas uma dada teoria aceitaria e (*b*) técnicas, testes e pretensos modos de conhecimento que — como entendimento simpático e intuição essencial — não podem ser controlados por meios alternativos e não levam a conclusões válidas intersubjetivamente, ou no mínimo a conclusões argüíveis.

(22) DYSON, Freeman J. Invention in Physics. *Sci. American*, 199, n. 3, p. 80 (1958).

Mais uma vez, este requisito está em conflito com certos tipos de simplicidade, pois as teorias logicamente mais simples são aqueles sistemas especulativos que não se preoocupam com testes. Se alguém insistir em introduzir o termo "simplicidade" nesta conexão, permitam-lhe denominar isto de requisito da simplicidade metodológica, mas lembremno que tal frase não deve ser construída como se impusesse uma simplificação no método no sentido de um relaxamento do padrão de rigor, ou de uma redução na variedade de testes, mas como uma simplificação da tarefa de comprovação rigorosa da teoria e dos testes. De outro modo, a teoria metodologicamente mais simples seria aquela válida pelo "método" de contemplação umbilical. Mas, de fato, nenhuma regra de simplicidade nos esclarece se um dado constructo (*e.g.*, um operador quantomecânico) pode ser considerado como representante ou não de uma propriedade observável. Critérios de escrutabilidade de predicados não são simples e são, amiúde, discutíveis[23].

Em suma, a simplicidade é ambiguamente relevante ante a escrutabilidade (veja sec. 1.3).

15) *Refutabilidade*. Deve ser possível imaginar casos ou circunstâncias que pudessem refutar a teoria[24]. Do contrário, não seria possível planejar testes genuínos e poderse-ia considerar a teoria como logicamente verdadeira, i. é, como verdadeira, haja o que houver — portanto, como empiricamente vazia.

Uma teoria científica pode conter com certeza uma premissa irrefutável entre seus postulados, tal como uma hipótese existencial da forma. "Há ao menos um x tal que x é um F" (sem especificar uma localização precisa nem no espaço nem no tempo) ou uma lei estatística da forma "a longo prazo, f se aproxima de p". A teoria pode mesmo pressupor princípios metacientíficos irrefutáveis, como "A longo termo cada fato é explicável"[25]. Mas todos estes irrefutáveis juízos deveriam ser confirmáveis e, de algum modo, escorados pela massa de conhecimento; mais ainda, todas as premissas restantes deveriam ser refutáveis e nenhuma delas deveria estar isenta de ser indicada pela evidência através da interposição de hipóteses protetoras; por

---

(23) Algumas variáveis consideradas como observáveis na mecânica quântica não-relativística não mais o são na teoria relativística e condições de observabilidade, como a realidade (hermiticidade) estão abertas à crítica. Pode-se demonstrar que um operador não-hermitiano pode representar, num certo número de casos, um par de observáveis. Cf. ANDRÉS J. KALNAY, "Sobre los observables cuánticos y el requisito de la hermiticidad".

(24) POPPER, Karl R. *The logic of Scientific Discovery*. (1935; Londres, Hutchinson, 1959), Cap. IV.

(25) A legitimidade destas declarações irrefutáveis, rejeitadas por POPPER, é defendida por MARIO BUNGE no Kinds and Criteria of Scientific Laws, *Philosophy of Science*.

fim, nenhuma das conseqüências de baixo nível da teoria deveria ser indiferente à experiência. Em particular, nenhum dado seguro, incorrigível que "resista à influência solvente da reflexão crítica" (Russell) deve entrar na ciência, que é essencialmente conhecimento corrigível.

É claro, a simplicidade semântica, epistemológica e experimental são favoráveis à refutabilidade. Mas a simplicidade sintática é ambiguamente relevante para ela: de um lado, a refutabilidade exige precisão que, por sua vez, envolve complexidade (veja sec. 1.3), de outro, quanto menor o número de predicados envolvidos e quanto mais simples forem as relações pressupostamente válidas entre elas, mais fácil será refutar sua teoria. Mas o que acontecerá se os fatos, indiferentes como são aos nossos esforços, teimosamente se recusam a prestar-se à simplificação lógica? A simplificação forçada conduzirá à refutação efetiva mais do que apenas à comprobabilidade asseguradora.

16) *Confirmabilidade*. A teoria deve ter conseqüências particulares que podem concordar com a observação (dentro de limites tecnicamente razoáveis). E, por certo, a confirmação efetiva numa ampla extensão deverá ser exigida para a aceitação de toda teoria. A insistência na confirmação como único critério tentado (indutivismo) abre a porta a teorias repletas de predicados vagos e inescrutáveis (teorias ciganas). A abundância de confirmação não é garantia de verdade, uma vez que no fim de contas as evidências podem ser todas selecionadas ou convenientemente interpretadas, ou então a teoria pode nunca ter sido sujeita a testes severos. Mas, sem dúvida, mesmo se insuficiente, a confirmação é necessária para a aceitação de teorias[26].

Ora, uma teoria pode ser complicada *ex-professo* de modo a aumentar seu grau de confirmação; portanto, a simplicidade é desfavoravelmente relevante para a confirmação.

17) *Simplicidade Metodológica*. É preciso que seja tecnicamente possível submeter a teoria a provas empíricas. A teoria pode levar à formulação de previsões que são muito difíceis, ou mesmo impossíveis de testar empiricamente no momento; contudo, pode haver uma teoria valiosa capaz de estimular o aperfeiçoamento de meios técnicos. Passará um número imprevisível de anos antes que apareça uma única prova empírica de qualquer das teorias quânticas do campo gravitacional, mas a simples proliferação de teorias desta espécie pode estimular o projeto de testes empíricos.

(26) BUNGE, Mario. The Place of Induction in Science. *Phil. Sci.*, 27, 262 (1960).

Em resumo, deve-se exigir numa extensão moderada, simplicidade metodológica, particularmente de teorias designadas para evitar ou pospor *sine die* o julgamento da experiência; se requerida de modo muito severo, pode ser inoportuna.

2.5. Exigências filosóficas

18) *Nível de Parcimônia*. A teoria tem de ser parcimoniosa em suas referências a outros setores da realidade, afora os diretamente envolvidos. Não se deve recorrer aos níveis mais altos (reais ou imaginários) se os mais baixos forem suficientes e não se deve introduzir níveis distantes sem os intermediários. Esta exigência é, por certo, violada pelas teorias animistas da matéria e pelas teorias mecanicistas da mente.

A regra da simplicidade é, nesta conexão, ambígua, assim como o é em outras. Com efeito, é possível considerar o nível de parcimônia como um exemplo da regra; todavia, o que há de mais simples que o reducionismo — para baixo, como no caso do mecanicismo, ou para cima como no caso idealismo — que transgride a regra do nível de parcimônia?

19) *Justeza Metacientífica*. A teoria tem de ser compatível com férteis princípios metacientíficos, tais como os postulados da legalidade e racionalidade e as afirmações metanomológicas relevantes[27] (tal como a covariância geral).

A simplicidade é, no melhor dos casos, irrelevante para a justeza metacientífica — a menos que seja arbitrariamente incluída entre os sintomas de uma tal justeza, a despeito de sua ambígua importância para os demais desideratos da teoria científica.

20) *Compatibilidade de Cosmovisão*. É desejável que a teoria seja coerente com o núcleo comum das *Weltanschauungen* predominantes nos círculos científicos — cosmovisões que, de qualquer modo, moldam a própria construção e acolhida das teorias científicas. Este requisito funciona como estabilizador: de um lado leva-nos — ao lado da coerência externa da qual é extensão — a rejeitar teorias malucas; de outro, pode retardar, ou até evitar, revoluções em nossa cosmovisão, se esta não dá lugar à sua própria mudança (basta lembrar a fria recepção dispensada à teoria do campo e à teoria darwinista na França, há um século). Cumpre, pois, usar com cuidado o critério da compatibilidade de cosmovisão. De qualquer forma, in-

---

(27) BUNGE, Mario. *Metascientific Queries*. (Springfield, Ill.; Charles Thomas, (1959), Cap. 4.

tervém na avaliação da teoria e, é melhor fazer isto do que ser inadvertidamente dominado em nossa avaliação das teorias, através de alguma cosmovisão não-científica. As concepções do mundo e as teorias científicas deveriam controlar e enriquecer umas às outras.

A simplicidade é, por certo, tão incoerente com a compatibilidade de cosmovisão, quanto com a coerência externa.

2.6. Outros critérios

Faz-se necessário propor de tempos em tempos critérios alternativos, tais como inteligibilidade (simplicidade psicológica), elegância, utilidade prática, caráter operacional ("definibilidade" de todos os conceitos em termos de operações efetivas), alta probabilidade e causalidade. Na realidade, tais critérios muitas vezes influenciam nossa valorização das teorias, mas é possível mostrar as suas inadequações.

Com efeito, a inteligibilidade ou a intuitibilidade está fora da questão por ser, em grande parte, uma característica subjetiva inteiramente independente da verdade[28]. A elegância ou a beleza não é uma característica independente, mas derivada de algumas teorias: uma teoria suscita em nós um sentimento estético se for logicamente bem organizada, acurada, profunda, ampla e original — e se estivermos profundamente interessados no assunto. A aplicabilidade prática é relevante para a verdade, como prova o amontoado de pseudociências que serve a um propósito proveitoso para seus empresários e até ocasionalmente para as suas vítimas. O caráter operacional não pode ser satisfeito se forem permitidos predicados (teóricos) transcendentes e/ou métricos[29] — como devem ser se a teoria for exata. Uma alta probabilidade *a priori* não é coerente com a precisão e a universalidade. E a causalidade, a menos que seja entendida num sentido muito liberal — como determinismo geral, comprometido apenas com o postulado "tudo é determinado de acordo com leis por algo diferente" — seria tão mutiladora para a ciência como a simplicidade em geral[30].

(28) Cf. MARIO BUNGE, *Intuition and Science*, (Prentice-Hall, 1962).
(29) HEMPEL, Carl G. The Concept of Cognitive Significance; A Reconsideration. In: *Proc. Amer. Acad. Arts and Sciences*, 80, 61 (1951); PAP, Arthur. "Are Physical Magnitudes Operationally Definable?". In: *Measurement: Definitions and Theories*. C. West Churchman and P. Ratoosh (eds.) (New York, Wiley, 1959), Cap. 9.
(30) BUNGE, Mario. *Causality*. (Cambridge, Mass., Harvard University Press, 1959).

Outras exigências legítimas podem naturalmente aparecer como progresso da metaciência e o avanço da própria ciência. Tornam-se nossos padrões de rigor cada vez mais exigentes? Mas os vinte critérios acima arrolados constituem um conjunto assaz complexo, sobretudo para apurar o peso da simplicidade.

3. *A Aceitação de Teorias Científicas: Cinco Casos*

Ilustremos o funcionamento dos critérios de avaliação acima arrolados com alguns casos renomados. Admitiremos que todas as teorias a serem examinadas em seguida são logicamente coerentes e, em certa medida, compatíveis com a informação empírica.

3.1. *Teoria do Sistema Planetário*

Os modelos geocêntrico e heliocêntrico de nosso sistema planetário surgem aos olhos dos convencionalistas como empiricamente equivalentes e mesmo como modos de falar equivalentes; e foi dito e repisado que a única razão para preferir o sistema heliocêntrico é sua simplicidade relativa em face da imagem geocêntrica, uma vez que — tal é a alegação — não há efetivamente nenhuma razão em preferir um sistema de referência (o copernicano) a outro (o ptolomaico). Ambas as afirmações são falsas: o sistema de Copérnico-Kepler explica um conjunto de fenômenos bem maior que o de Ptolomeu. E ele não foi adotado por causa de sua maior simplicidade — que aliás não possui em todos os sentidos — mas porque apresenta, supõe-se, imagem mais verdadeira dos fatos, como é sugerido, entre outras razões, por sua adequação a teorias contíguas, ao passo que o sistema geocêntrico é uma teoria isolada *ad hoc*.

Especificamente, o sistema de Copérnico-Kepler satisfaz os seguintes critérios de avaliação (cf. sec. 2), em uma extensão que seu rival jamais poderia sonhar: (*a*) coerência externa: compatibilidade com a dinâmica, a teoria da gravitação e a cosmologia. Nenhum sistema de dinâmica emprega os eixos não-inerciais de Ptolomeu (os únicos capazes de produzir as órbitas de Ptolomeu); as trajetórias dos planetas, tanto na teoria einsteiniana quanto newtoniana são determinadas em essência pelo sol[31]; e toda

---

(31) Segundo a relatividade geral, as trajetórias dos corpos são determinadas pelo campo gravitacional e este, por sua vez, é determinado pela distribuição da massa. Sendo o Campo de força proporcional à quantidade de matéria (tal como dada por exemplo pelas partículas nucleares) não é possível achar um sistema coordenado em que o campo do Sol venha a ser mais fraco que o da Terra, de modo que esta

teoria cosmogônica implica a hipótese de que a terra foi formada há alguns bilhões de anos, em conjunto com os outros planetas e sem nenhum privilégio especial (em outras palavras, o sistema geocêntrico não é coerente com a teoria da evolução estelar). Os eixos terrestres são tão bons como o sistema copernicano de referência de um ponto de vista apenas *geométrico* — i. é, com respeito ao formato das órbitas — mas são definitivamente inadequados de um ponto de vista *dinâmico* e *cinemático* entre outros motivos porque as velocidades aparentes dos corpos celestes podem tomar qualquer valor (pois são proporcionais à distância da Terra), mesmo além da velocidade da Luz e porque sendo os eixos de Ptolomeu não-inerciais, não é possível aplicar a eles o princípio da relatividade (não há equivalente relativístico de uma transformação de Lorentz)[32]; (*b*) poderes *explanatórios e de previsão*: o sistema heliocêntrico explica as fases dos planetas (preditas e descobertas por Galileu, no caso de Vênus), a refração da luz (que nos possibilita determinar tanto a velocidade da terra como a distância terra-sol), o desvio Doppler dos espectros das estrelas (que leva à determinação da velocidade de recessão da nebulosa) e de diversos outros fenômenos que o sistema geocêntrico não "salva"; (*c*) *representatividade*: o sistema heliocêntrico não é simplesmente um expediente convencional de cálculo, mas uma reconstrução conceitual de fatos, como acreditavam Galileu e Copérnico, e como deve ser agora aceito à vista dos fatos acima mencionados; (*d*) é *fértil*: promoveram novas descobertas astronômicas (tais como as Leis de Kepler), novos desenvolvimentos em mecânica, (*e.g.*, as várias teorias da gravitação e de marés) e em óptica (tal como a medida de Roemer da velocidade da luz) bem como a conjetura — agora positivamente bem estabelecida — de que há uma multiplicidade de sistemas solares (sugerido primeiro por Bruno e reiterado por Galileu em sua descoberta dos satélites de Júpiter); (*e*) *refutabilidade*: é melhor refutável pela evidência empírica do que por qualquer sistema convencio-

---

possa ser vista como estacionária e o Sol como girando em torno dela. Os campos gravitacionais são equivalentes às acelerações e estas podem ser transformadas por meio de transformações de coordenadas adequadas, no interior de apenas volumes espaço-temporais diferenciais; *e.g.*, o elevador de Einstein precisa partir de um lugar dentro do campo da Terra e, finalmente, estatela-se. Para uma crítica da crença errônea de que a relatividade geral permite transformar toda a aceleração, ver V. A. FOCK, "Le système de Ptolomée et le système de Copernic à la lumière de la théorie générale de la rélativité", em: *Questions scientifiques* (Paris, Ed. de la Nouvelle Critique, 1952), I, 149.

(32) Com respeito à não-equivalência cinemática e dinâmica dos eixos de referência geocêntrico e copernicano, segundo a teoria geral da relatividade, consulte G. GIORGI e A. CABRAS, Questioni relativistiche sulle prove della rotazione terrestre, *Rendic Accad. Naz. Lincei*, IX, 513, 1929.

nalista, porquanto não admite uma adição interminável de hipóteses auxiliares que vise salvar assunções centrais; ademais, o modelo simples de Copérnico-Kepler foi refutado ou, antes, aperfeiçoado durante muito tempo com a descoberta de que as órbitas reais são muito mais complexas do que as elipses originais, devido às perturbações de outros planetas e à velocidade finita de propagação do camgo gravitacional; (*f*) *compatibilidade de cosmovisão*: a nova astronomia era compatível não apenas com a nova física mas também com a nova antropologia e a nova ética, segundo a qual a terra não era o lugar mais vil do universo e a natureza não fora feita para servir o homem.

Qual o papel desempenhado pela simplicidade na escolha entre estas duas teorias rivais — mas de forma alguma empiricamente equivalentes? Copérnico, referindo-se ao aspecto *geométrico* de sua teoria, usou o argumento da simplicidade; mas, ao mesmo tempo, admitiu que a sua teoria era "quase contrária ao senso comum" ou, em nossa terminologia, que era epistemologicamente mais complexa que a teoria segundo a qual os movimentos celestes são tais como parecem ser. Mas como é ingenuamente simples a curva mais complexa que Ptolomeu podia imaginar comparada às órbitas reais dos planetas como as calculadas com a mecânica newtoniana e a teoria da perturbação! Em resumo, é falso afirmar que retemos o sistema heliocêntrico porque ele é o mais simples: preferimo-lo, a despeito de sua maior complexidade, porque é o mais verdadeiro. E a simplicidade não intervém em nosso julgamento de seu valor de verdade.

3.2. *Teoria da Gravitação*

Várias teorias da gravitação explicam grosseiramente os mesmos fatos observados que os da teoria de Einstein, e todas elas são *mais simples* do que esta: a teoria de Whitehead (1922) a de Birkhoff (1945) a de Belinfante-Swihart (1957) e outros. Assim, por exemplo, a teoria de Whitehead, convenientemente modificada, proporciona a mesma fórmula (não simplesmente o mesmo valor numérico para algum caso particular) para a deflexão gravitacional dos raios de luz que a teoria de Einstein[33]. É verdade que a mensuração recente do desvio gravitacional para o vermelho das linhas espectrais (devido à energia perdida pelos fótons ao escapar dos campos gravitacionais, *e.g.*, no movimento para cima na vizinhança da terra) apresenta

(33) SYNGE, J. L. Orbits and Rays in the Gravitational Field of a Finite Sphere According to the Theory of A. N. Whitehead. In: *Proc. Roy Soc. Lond. A, 211*, 303 (1952).

espantoso acordo com o valor previsto com a ajuda da teoria[34]. Todavia, a situação não é tão boa com respeito a outros testes empíricos da relatividade geral: (a) a deflexão dos raios de luz na vizinhança dos corpos celestes tem sido confirmada apenas dentro de 10-15% de rigor; (b) o avanço do periélio de planetas tem sido bastante confirmado apenas no caso de Mercúrio (satélites artificiais podem oferecer outras provas); o deslocamento do periélio, devido à rotação do sol (outro efeito previsto pela teoria) não foi medido; (d) ondas gravitacionais, também previstas pela teoria, não foram detectadas.

Por que, então, a maioria dos físicos prefere a teoria da gravitação de Einstein, que é, obviamente, tão complexa de um ponto de vista sintático e epistemológico que a maioria dos astrônomos se recusa a empregá-la? Segundo parece, as razões são que a teoria da gravitação de Einstein, ao contrário de suas rivais, (a) tem um alto *poder serendípico*: prevê fenômenos que nunca foram antes observados nem preditos por teorias prevalecentes por ocasião do nascimento da relatividade geral — tal como a deflexão dos raios luminosos e o desvio gravitacional para o vermelho; por outro lado, suas rivais foram acertadas para se adequarem aos fenômenos *ex post facto*: seu grau de caráter indutivo, ou de teor *ad hoc* é considerável, enquanto a teoria de Einstein é nula neste aspecto; (b) é *extensível*: proporciona uma estrutura que pode ser expandida numa teoria unificada de campo; (c) é *representacional*: atribui realidade ao campo gravitacional (ou espaço) e as suas fontes, e não contém parâmetros ajustáveis desprovidos de significado físico (como é o caso da fenomenológica teoria da gravitação linear); (d) é *profunda*: é relevante para as nossas concepções de espaço, tempo, campo, força e massa; as equações básicas podem mesmo ser encaradas, conforme Shroedinger sugeriu, como uma definição de matéria; (e) é altamente *original*: é antiintuitiva e suficientemente não-causal para merecer atenção; (f) é *fértil*: sugeriu novas observações, algumas das quais ainda a serem feitas.

Nem os fatos observados, nem a simplicidade, desempenharam um papel proeminente na construção da relatividade geral (não obstante as próprias declarações de Einstein sobre o valor da simplicidade). Mais ainda, a complexidade da teoria tem sido um obstáculo à sua aceitação por muitos[35], e um estímulo maior para a invenção de teo-

---

(34) POUND, D. V. & REBKA Jr. G. A. Apparent Weight of Photons, *Phy. Rev. Letters*, 4, 337 (1960).
(35) Como um protesto contra as complexidades da relatividade geral, veja P. W. BRIDGMAN, *The Nature of Physical Theory* (New York, Dover, 1936), pp. 89 e ss.

rias mais simples. Na realidade, a teoria contém predicados epistemologicamente complexos, tal como "curvatura do espaço-tempo" e "potencial gravitacional", inaceitáveis para as filosofias empiristas; e as equações da teoria, embora embusteiramente "simples" se escritas na compacta notação tensorial, são suficientemente complexas para obstruir e mesmo frustrar a própria formulação de problemas, que torna a teoria não-prática. Daí por que muitos físicos, mesmo admitindo que a teoria de Einstein é de longe a *mais verdadeira,* freqüentemente empregam ou tentam teorias alternativas que são pragmática, epistemológica e sintaticamente mais simples; mas as teorias futuras da gravitação terão de ser mais inclusivas e profundas que a de Einstein (entre outras coisas, terão de ser contíguas com a mecânica quântica) — portanto, serão provavelmente ainda mais complicadas que ela.

3.3. Teoria do Decaimento-Beta

A teoria atual do decaimento-beta de nêutrons, mésons, híperons, e outras assim chamadas partículas fundamentais, contém duas hipóteses que se julgou necessário complicar no curso do tempo, a fim de enquadrar a teoria com os dados empíricos. Uma das hipóteses se refere à existência do neutrino, a outra, a certas propriedades de simetria das equações básicas.

A hipótese do neutrino pode ser convenientemente explicada com referência ao decaimento do méson-mu. Se for levada em conta apenas a conservação de carga, a hipótese

$$\text{méson-mu} \to \text{elétron} \qquad H\,1$$

será suficiente. Mas verificou-se que elétrons são emitidos com um espectro de energia contínuo (na medida em que a observação pode sugerir ou testar continuidade!), que é incoerente com a assunção de que apenas 2 corpos estão envolvidos (se *assumimos,* além disso, a conservação do momento). $H.1$, a hipótese mais simples era portanto falsa: uma mais complexa tinha de ser inventada. A próxima conjetura mais simples envolve a invenção de uma entidade não-observada, o neutrino:

$$\text{méson-mu} \to \text{elétron} + \text{neutrino} \qquad H\,2$$

Esta hipótese é epistemologicamente complexa; é também metodologicamente complicada, porquanto o neutrino, considerando sua falta de carga e sua pequena (ou zero) massa, é notavelmente esquivo — a ponto de muitos físicos terem desacreditado de sua existência durante anos, especialmente depois de várias tentativas independentes e detalhadas para detectá-lo. Ainda assim, *H*. 2 não é bastante complexa: é coerente com o espectro de energia contínuo mas incoerente com a hipótese de conservação do *spin*, tida por correta em outros campos. Esta última hipótese é respeitada com a introdução de uma entidade teórica ulterior, ou seja, o antineutrino:

méson-mu → elétron + neutrino + antineutrino   *H* 3

Tal hipótese é coerente com a conservação de carga, de energia e de *spin;* mas isto envolve uma entidade empiricamente indistinguível do neutrino. O esquema do decaimento tornou-se mais e mais complexo sintática, epistemológica e metodologicamente.

De fato, *H* 3 não é a única hipótese coerente com os fatos conhecidos: podemos enquadrar um punhado de conjeturas alternativas, admitindo apenas que um número arbitrário *n* de neutrinos e antineutrinos participa no decaimento-beta. Mas de nada vale adotar uma dessas hipóteses mais complicadas, enquanto não se puder distinguir experimentalmente entre suas conseqüências e enquanto elas não lançarem nova luz sobre a explicação do fenômeno. É aqui que apelamos para a regra da simplicidade. Mas não escolhemos apenas "a hipótese mais simples compatível com os fatos observados", como a metodologia indutivista o faria: selecionamos a hipótese mais simples de um conjunto de assunções *igualmente precisas,* todas compatíveis com os *fatos* conhecidos e com o conjunto de *juízos de lei* que consideramos relevante e válido. E isto dista muito da simplicidade não-qualificada: surge após enorme sofisticação e quando nenhuma complicação ulterior promete ser frutífera. A regra realmente utilizada na pesquisa científica não é apenas "Escolha o mais simples", mas "Tente o mais simples primeiro e, se falhar — como deve normalmente — introduza gradualmente complicações compatíveis com a massa de conhecimento".

Uma segunda hipótese da teoria é que as leis "que governam" este tipo de desintegração não são invariantes para a inversão das coordenadas de posição (i. é, para a transformação de paridade x → -x). Até o trabalho de Lee e Yang (1956), a hipótese mais simples considerava esta transformação, ou seja, que todas as leis físicas são invariantes para a paridade (i. é, não mudam sob a troca esquerda e direita). A rejeição desta proposição metanomológica[36] torna possível identificar duas espécies de partículas (os mésons teta e tau) — que envolvem uma simplificação taxonômica — e leva a prever fatos antes insuspeitos, tais como a não-simetria da distribuição angular dos produtos do decaimento.

A teoria, tal como retificada nos caminhos acima, (*a*) possuía um poder *serendípico*, (*b*) era original, chegando à "loucura" como a hipótese do neutrino e a da não-conservação da paridade pareceu a muitos e (*c*) era profunda, a ponto de destronar a laboriosa crença adquirida de que na natureza jamais se poderia encontrar diferenças intrínsecas entre a direita e a esquerda.

Ela não servirá para colocar a identificação dos mésons tau e teta em favor do princípio da simplicidade: esta pequena simplificação introduzida na *sistemática* de partículas fundamentais não envolvia uma simplificação na *teoria* básica mas era uma indicação da própria simplicidade da natureza. Além disso, estava supercompensada pela introdução de termos novos, menos familiares (contribuições pseudo-escalar e pseudovetorial ao operador energia), que correspondentemente complicaram os teoremas deles dependentes.

Não a fidelidade à simplicidade mas as audazes invenções de hipóteses novas, complicadas, foram decisivas na construção, aperfeiçoamento e aceitação da teoria do decaimento beta.

3.4. *Teoria da Evolução*

O que deu a vitória da teoria de Darwin da evolução através da seleção natural sobre suas várias rivais, especialmente o criacionismo e o larmarckismo? A teoria de Darwin, alegava-se, era logicamente defeituosa (lembremos da suspeita de que a "sobrevivência do mais apto" é um círculo vicioso); continha muitas asserções falsas ou, no mínimo, não-provadas (toda variação é boa para o indivíduo, "caracteres adquiridos, se favoráveis, são herdados"); não foi comprovada pela observação e muito menos pela experiência com espécies vivas sob condições controladas (o desenvolvimento de estirpes de bactérias resistentes a antibióticos, o melanismo industrial em borboletas e alguns outros processos que apóiam a teoria, foram observados décadas após o aparecimento de *A origem das espécies*); seu poder explanatório era visivelmente menor do que o de suas rivais (as teorias irrefutáveis têm o máximo poder

---

(36) Para uma análise do *status* lógico da lei de conservação da paridade e outras proposições metanomológicas, veja MARIO BUNGE, "Laws of Physical Laws". 29, 518 (1961).

explanatório *post factum*); não possuía base indutiva mas era, ao contrário, uma arrojada invenção que continha alto nível de inobserváveis. E, não fossem esses pecados suficientes para condenar a teoria, o sistema de Darwin seria bem mais complexo do que os de seus rivais: comparem o postulado singular que enuncia a criação especial de cada espécie, ou os três postulados de Lamarck (afirmando a tendência imanente à perfeição, a lei do uso e desuso e a herança dos caracteres adquiridos), com o sistema de Darwin que inclui entre outros os seguintes axiomas: "A alta taxa de aumento populacional conduz à pressão populacional", "A pressão populacional leva à luta pela vida", "Na luta pela vida, o inatamente mais apto sobrevive", "As diferenças favoráveis são herdáveis e cumulativas" e "As características desfavoráveis levam à extinção".

As características que asseguram a sobrevivência da teoria darwiniana, a despeito de sua complexidade e de suas várias e genuínas deficiências, foram aparentemente as seguintes: (*a*) *coerência externa*: a teoria era compatível com a geologia evolucionária e com a teoria evolucionária do sistema solar; (*b*) *extensibilidade e fertilidade*: a teoria foi rápida, atrevida e fecundamente desenvolvida para a antropologia física, psicologia e história e extrapolada injustificadamente para a sociologia (darwinismo social) e a ontologia (progressivismo spenceriano); (*c*) *originalidade*: embora a idéia de evolução fosse velha, o mecanismo proposto por Darwin era novo e sugeria novos e atrevidos pontos de partida em todos os campos relacionados, bem como o próprio relacionamento entre domínios até então desconexos; (*d*) *escrutabilidade*: a teoria de Darwin não envolve predicados inescrutáveis como "criação", "propósito", "perfeição imanente" e coisa semelhante e não implica modos de conhecimento tidos por não-científicos (tais como a revelação); (*e*) *refutabilidade empírica*: ao contrário de suas rivais, todo elemento de evidência importante era concebivelmente favorável ou desfavorável; (*f*) *nível de parcimônia*: nenhuma entidade espiritual era invocada para explicar fenômenos de nível inferior e, tampouco, nenhum mecanismo físico-químico era empregado; (*g*) *justeza metacientífica*: em particular, a compatibilidade com os postulados da legalidade, violada pela hipótese da criação — mas de outro lado a teoria era incoerente com a metodologia indutivista então dominante, e parecia suspeita para alguns neste ponto; (*h*) *compatibilidade de cosmovisão*: coerência definida com a perspectiva naturalista, agnóstica, dinamicista, progressivista e individualista da *intelligentsia* sobre a qual as recentes mudanças culturais e sociais (nomeadamente 1789, o Cartismo, em 1948) haviam causado profunda impressão. Essas virtudes do darwinismo supercompensavam as suas deficiências e fizeram com que valesse a pena corrigi-las em vários pontos, até que veio a fundir-se (apenas na década de 1930) com a genética.

Em suma, a simplicidade não foi levada em conta na gênese e desenvolvimento da teoria de evolução de Darwin.

3.5. *Teoria Genética*

A teoria mendeliana da hereditariedade encontra-se sob o ataque do ambientalismo ou neolamarquismo desde o seu início. A teoria da onipotência do meio ambiente é sedutora para muita gente, por estar muito mais próxima do senso comum, por ser causal, porque (oxalá fosse verdade!) nos capacitaria a controlar a evolução rapidamente de forma planejada e *last, but not least* por ser superficialmente compatível com uma visão progressiva e otimista da vida humana, em que a nutrição pode superar toda deficiência da natureza. De outro lado, a genética mendeliana é do ponto de vista formal, semântico e epistemológico, muito mais complexa; envolve termos teóricos tais como "gene"; exige o uso de estatística; não permite por ora um controle preciso da evolução; sugere antes perspectivas sombrias e — ao menos na versão weismanniana da teoria — reforça o anacrônico princípio ontológico da existência de uma substância imutável (o germe-plasma). Além do mais, a teoria genética não explica satisfatoriamente a hereditariedade no caso dos organismos superiores e muitos geneticistas começam a admitir uma intervenção paralela, embora mais fraca, do citoplasma na transmissão dos caracteres.

Por que, então, é a genética mendeliana aceita pela maioria dos biólogos? As principais razões são, ao que tudo indica, as seguintes: a) ela é *representacional*: localiza precisamente cada fator hereditário numa porção de matéria (gene ou complexo de genes) e fornece um mecanismo de acaso (baralhar de genes) que explica o resultado final, ao passo que o ambientalismo é uma teoria fenomenológica; b) é coerente com a teoria da evolução por seleção natural (como foi modificada para satisfazer precisamente esta exigência) e com a bioquímica (um mecanismo plausível e preciso de transmissão de informação genética e de duplicação de gene foi recentemente inventado); c) tem *poder de previsão*: as previsões estatísticas (não as individuais) são amiúde possíveis de uma forma acurada por meio de suas leis; d) é *refutável* e *confirmável* por experimento (*e.g.*, mutação por ação física direta de raios-x sobre cromossomos), ao passo que a teoria ambientalista é apenas confirmável, uma vez que fala acerca de vagas influências ambientais; e) é *compatível* com concepções filosóficas bem fundadas e largamente acolhidas, como o naturalismo (bases materiais de traços biológicos) e o atomismo (existência de unidades discretas de toda espécie em cada nível de organização). Por fim, seu principal inimigo, o lysenkismo, foi arruinado pela fraude, dogmatismo e associação desagradável com os cerceamentos da liberdade acadêmica. Contudo, quem negaria que atitudes injustas e não-acadêmicas manifestavam-se em ambos os campos há alguns anos, precisamente porque a controvérsia toda era encarada como parte de uma guerra santa?

De qualquer modo, a simplicidade — diga-se de passagem — que estava ao lado de Lysenko não desempenhou papel algum no debate quando comparada com as considerações ideológicas e políticas.

3.6. Prova das Provas

Relembramos e analisamos cinco casos históricos, a fim de comprovar as provas expostas na sec. 2 (não há metaciência científica se ela não comprova as suas hipóteses). Não eram apenas casos elementares de polinômios adequados a conjuntos isolados de dados observacionais — o exemplo favorito dos tratamentos indutivistas da simplicidade. Os cinco casos selecionados para exame consistiam em sistemas de hipóteses comprováveis e eram bastante importantes para afetar em certa medida a cosmovisão moderna. Em nenhum deles verificou-se que a simplicidade fosse um fator maior da construção ou avaliação da teoria; muito ao contrário, as teorias finalmente escolhidas eram em muitos aspectos notavelmente mais complexas de que suas rivais derrotadas. O que simplesmente sugere a objetiva complexidade da realidade.

4. Conclusão: A Leveza das Simplicidades

4.1. *A simplicidade não é nem necessária nem suficiente*

Enquanto o acordo com os fatos tais como testados pela experiência foi considerado pelos metacientistas como a única prova de uma verdadeira teoria[37], só a simplicidade parecia fornecer o critério decisivo de escolha entre

---

(37) Veja *e. g.*, W. STANLEY JEVONS, *The Principles of Science*, 2. ed. (1877: New York, Dover, 1958) p. 510; PIERRE DUHEM, *La théorie physique*, 2. ed. (Paris. Rivière, 1914), p. 26; veja, entretanto, p. 259, onde ele admite que a simplicidade não é um sinal de certeza.

teorias concorrentes. O que mais poderia distinguir uma teoria de outra enquanto — de acordo com o indutivismo — a atenção focalizava a confirmação empírica, negligenciando todos os demais fatores que na realidade, consciente ou inconscientemente intervêm na avaliação das teorias científicas?

São idos os dias da *sancta simplicitas*: compreende-se cada vez mais claramente que o grau de verdade, ou grau de amparo das teorias científicas nunca foi igualado ao seu grau de confirmação. Um número bem maior de requisitos foi sempre imposto *de facto* pelos cientistas e foi ocasionalmente reconhecido[38]. Vinte exigências — funcionando ao nível pragmático, como outros tantos critérios de avaliação — foram identificados na sec. 2, e a simplicidade geral não figurou entre eles pela mera razão de que uma teoria pode ser simples e falsa ou complexa e aproximadamente verdadeira — i. é, pela simples razão de que a *simplicidade não é um signo necessário nem suficiente da verdade*.

Não seria realístico considerar qualquer dos vinte requisitos, exceto a sistematicidade, a precisão e a comprobabilidade como estritamente necessários para chamar um conjunto de hipóteses de *teoria científica* ainda que em conjunto sejam suficientes para chamá-lo de *teoria científica aproximadamente verdadeira*. (Os critérios de avaliação são, por conseguinte, úteis para distinguir sistemas não-científicos de científicos e, em particular, para eliminar teorias pseudocientíficas.) Os vinte requisitos constituem antes *desideratos* da construção da teoria, meios para alcançar a verdade e *sintomas* da verdade; e como outros desideratos não são todos mutuamente compatíveis de modo que é mister procurar sempre um compromisso.

Ora, todo desiderato — aqui como alhures — pode ser satisfeito em vários graus e o malogro de uma teoria

(38) Um precoce reconhecimento da multiplicidade das exigências encontra-se em HEINRICH HERTZ, *The Principles of Mechanics*, (1894; New York, Dover, 1956), Introduction. HERTZ arrolou as seguintes: 1) possibilidade lógica, ou compatibilidade com as "leis do pensamento"; 2) poder de previsão; 3) número máximo de "relações essenciais do objeto" (o que eu chamei de profundidade); 4) "o menor número possível de relações supérfluas ou vazias". Decorreu meio século antes que outro filósofo da ciência ousasse adicionar requisitos não-empíricos: HENRY MARGENAU, *The Nature of Physical Reality*, (New York, McGraw-Hill, 1950), Cap. 5, arrolou os seguintes "requisitos metafísicos acerca de constructos": 1) fertilidade lógica, 2) conexões múltiplas, 3) permanência ou estabilidade, 4) extensibilidade, 5) causalidade, 6) simplicidade e elegância. Cf. também MARIO BUNGE, *Metascientific Queries*, (Springfield, I, 11, Charles Thomas, 1959), p. 79 e ss., e KARL R. POPPER "The Idea of Truth and the Empirical Character of Scientific Theories" apresentado no *Congresso Internacional de Lógica, Metodologia e Filosofia da Ciência* (Stanford, 1960). Neste artigo, POPPER concorda que uma das exigências para uma boa teoria é que esta "deva ser bem sucedida ao menos com algumas de suas novas previsões" — i. é, que seja confirmada.

em contentar algumas das exigências acima — salvo a sistematicidade, a exatidão e a comprobabilidade que são obrigatórias — não deveria levar a rejeitar inteiramente uma teoria. Assim, *e.g.*, a correção sintática e a exatidão lingüística são sempre escassas nos inícios. Se uma teoria for rica de conceitos profundamente transcendentes e escrutáveis e se prometer unificar largos domínios de conhecimento ou ser instrumental na exploração de novos territórios, seria miopia recusá-la totalmente por causa de algumas deficiências formais; o caminho mais sábio a escolher será elaborar a teoria e submetê-la a prova: a nitidez semântica e sintática será eventualmente atingida no curso deste processo. Só as teorias maduras preenchem todos os requisitos de forma excelente. Mas, as teorias fatuais maduras, como as pessoas maduras, são aquelas que estão em vias de serem substituídas.

Qual o papel da simplicidade no corpo dos critérios que guiam a nossa avaliação das teorias científicas? A fim de estimá-lo, deveríamos recordar, em primeiro lugar, que há uma variedade de simplicidades (sec. 1.1) e, em segundo lugar, que simplicidade de alguma espécie é favorável para alguns poucos sintomas de verdade, e mesmo assim dentro de limites. Como foi visto nas secs. 1.2 e 2.2 que a simplicidade sintática é favoravelmente relevante para a sistematicidade — embora não necessária para atingi-la; da mesma forma, a simplicidade semântica moderada e metodológica foram propostas como critérios de avaliação, principalmente por razões práticas. De outro lado, a complexidade de certa espécie está associada a onze outros requisitos: coerência externa, exatidão lingüística, interpretabilidade empírica, representatividade, poder explanatório, poder de previsão, profundeza, extensibilidade, originalidade, confirmabilidade e compatibilidade de cosmovisão. Por fim, a regra da simplicidade é ambígua com respeito à comprobabilidade e ao nível de parcimônia e, no melhor dos casos, é neutra relativamente às restantes quatro exigências — correção sintática, fertilidade, escrutabilidade e justeza metacientífica.

Não parece possível atribuir peso numérico à maioria dos requisitos e não parece promissor tentar quantificar a contribuição, positiva, negativa ou nula da simplicidade desses vários sintomas. Se cumpre mencionar números nesse contexto, contentemo-nos em dizer que a simplicidade não contribui positivamente para dezessete dos vinte maiores sintomas da verdade. No tocante à maioria dos sintomas da verdade, então, a simplicidade assemelha-se ao flogístico: é vaga, esquiva e tem peso negativo sempre que não é imponderável.

155

4.2. O papel das simplicidades na pesquisa

O papel das simplicidades na pesquisa científica — distinta de seus produtos: dados e teorias — é, em suma, o seguinte: as simplicidades são indesejáveis no estágio da invenção do problema, pois a simples descoberta ou invenção de problemas aumenta a complexidade existente. As simplicidades de várias espécies, por outro lado, são desejáveis na *formulação* de problemas, e muito menos na *solução* de problemas que exigem algumas vezes uma complicação do problema dado (*e.g.*, ampliação de sua colocação) ou a invenção de conceitos, hipóteses ou técnicas novas, complexas. Então, algumas espécies de simplicidade — especialmente a economia sintática e semântica — estão *nolens volens* envolvidas na *construção da teoria*, quer devido à pobreza forçada de cada início, quer porque uma complicação intratável em um estágio posterior demandou simplificação em certo aspecto (comumente sintático); todavia, nenhuma teoria singular, se profunda e promissora, deveria ser sacrificada à simplicidade. Finalmente, as simplicidades sintáticas e pragmáticas são, dentro de limites, favoráveis ao *teste de teorias*. Mas, então, a simplicidade em alguns aspectos é usualmente compensada pela complexidade em algum outro aspecto: basta lembrar a infinita complexidade sintática que é preciso pagar pelo empobrecimento epistemológico de teorias provocado pela substituição de expressões transcendentes ("auxiliares") por observacionais[39].

A função das simplicidades na investigação científica não é, em nenhum grau, tão importante como os convencionalistas e empiristas imaginaram. A razão principal da perda de peso na simplicidade é a seguinte: a tarefa do teórico não é apenas descrever a experiência da maneira mais econômica, mas *construir* modelos teóricos (não necessariamente mecânicos!) de porções da realidade e verificar tais imagens por meio da lógica, ulteriores construções científicas, dados empíricos e regras metacientíficas. Um tal trabalho construtivo *envolve* certamente a negligência de complexidades mas não *visa* desconsiderá-las; antes porém, um desiderato de cada nova teoria é explicar algo que foi descuidado em observações anteriores.

É por esta razão que não se pode mais crer na máxima escolástica *Simplex sigillum veri*: pois sabemos que todas as nossas construções são defeituosas pois, deliberadamente ou não, envolvem o desprezo de um desconhecido número de fatores. Teorias fatuais se aplicam exatamente a modelos ou imagens esquemáticos, empobrecidos, e ape-

(39) CRAIG, William. Referência 5.

nas inexatamente aos referentes reais destes quadros; quanto mais simples o modelo teórico, mais grosseiro e nãorealístico ele será. Não necessitamos esperar pelos testes empíricos, a fim de descobrir que *todas* as nossas teorias são, estritamente falando, falsas (cf. 1.4). Sabemos disso de antemão não só porque todas envolvem *demasiadas simplificações,* como comprovam a análise da construção e aplicação de teorias fatuais e a experiência histórica. A economia conceitual é, conseqüentemente, um sinal e uma prova de transitoriedade, i. é, de falsidade — a ser suplantada por uma menos falsa. *Simplex sigillum falsi.*

4.3. *Conclusão*

A exigência não-qualificada de economia em todo aspecto, ou mesmo em certo aspecto é definitivamente incompatível com um número de importantes desideratos da construção de teorias — tais como, *e. g.,* de precisão, profundidade e coerência externa — enquanto a simplicidade *tout court* nunca deveria ser encarada como obrigatória nem considerada como um critério independente ao lado de outros — muito menos acima de outros. As regras de simplicidade caem sob a norma geral "Não mantenha crenças arbitrárias (infundadas)".

Se enquadrada com toda a devida precaução, a fim de evitar a mutilação da teoria científica, a regra da simplicidade se evaporará na norma que nos manda *minimizar os supérfluos.* Mas esta regra, naturalmente como toda outra injunção negativa, é insuficiente enquanto linha de construção de teoria; além disso, de nada nos vale reconhecer quais elementos de uma teoria são redundantes, i.é, quais deles não desempenham nem função lógica nem empírica. A produção não é assegurada pela especificação do que não deve ser feito.

A simplicidade é ambígua com um termo e tem dois gumes como prescrição e deve ser controlada mais pelos sintomas da verdade do que encarada como um fator de verdade. Parafraseando Baltasar Gracián — *"Lo bueno, si breve, dos veces bueno"* — devemos dizer que uma teoria que funciona, se simples, funciona duas vezes melhor — mas isto é trivial. Se é desejado um conselho prático como corolário, seja ele o seguinte: a navalha de Ockham — como todas as navalhas — deve ser manipulada com cuidado para evitar que decapite a ciência na tentativa de cortar algumas de suas pilosidades. Na ciência, como na barbearia, antes vivo e barbudo do que morto e bem barbeado.

8. TEORIA E REALIDADE[1]

1. *Introdução*

Toda ciência versa sobre uma ou outra classe de objetos. Em particular, a física trata de conjuntos de objetos físicos: considera-se que a física teórica representa certas características de objetos de uma espécie — i. é, sistemas físicos — e que a física experimental assume a tarefa de comprovar tais representações teóricas. Esses objetos que

[1] Leia no colóquio acerca de "Objetivité et réalité dans les différentes sciences" patrocinado pela Académie Internationale de Philosophie des Sciences, Bruxelas, 7-9, setembro 1964.

constituem o interesse — ou como dissemos — os referentes pretendidos — da física teórica são *ex-hypothesi* existentes por si: não dependem da mente. É verdade que alguns deles, tais como os transuranianos talvez não viessem a existir sem a ação humana guiada pela física teórica; outros, tais como os monopólos magnéticos, talvez não passem de ficções. E toda idéia relativa a objetos físicos de uma espécie, seja ou não uma idéia adequada, não é mais nem menos do que uma idéia. Além disso, nenhuma idéia assim jamais é uma descrição fotográfica de seu referente pretendido, mas uma representação hipotética incompleta e simbólica deste. Todavia, o problema em discussão é que a física teórica pretende aplicar-se, em última análise, a objetos *reais* e, ademais, da maneira mais *objetiva* (i.é, separado do sujeito ou invariante com respeito ao operador) e *verdadeira* (adequada) possível.

O que segue explica as precedentes banalidades e tentativas de analisar alguns traços das teorias físicas que freqüentemente obscurecem sua pretendida referência real, objetividade e verdade parcial.

2. Referência[2]

Quando falamos de temperaturas, pretendemos caracterizar os estados térmicos de algum sistema físico, tal como um corpo ou um campo de radiação. Neste caso, o referente de nossas asserções é um sistema físico ou talvez uma classe de sistemas físicos. Esta referência é mais tácita do que explícita: é dada como certa uma vez que é sugerida pelo contexto. No entanto, deixando de assinalar a referência objetiva, podemos esquecer que os conceitos físicos visam a propriedades representativas de sistemas físicos. O mesmo vale para toda relação constante (não-acidental) entre variáveis físicas, i. é, para toda lei da física. Assim, quando escrevemos uma equação de estado, pretendemos que esta fórmula se refira a algum sistema físico ou, antes, que verse sobre um membro arbitrário de uma certa classe de sistemas físicos. O mesmo vale, *a fortiori*, para sistemas de enunciados de leis, i. é, teorias.

É possível tornar mais precisa a referência objetiva através da matematização; todavia, este processo de refinamento, se mal interpretado, obscurecerá, ao mesmo tempo, a referência. De fato, o alvo da matematização na física é representar coisas e suas propriedades em plano con-

(2) Cf. do mesmo autor *Scientific Research*. (Berlim, Heidelberg — New York, Springer-Verlag, 1967), 2 v. citado no que segue como *SR* — secs. 2.2, 2.3, 3.5 e 3.6.

ceitual tratando por conseguinte com estes deputados mais do que com seus eleitorados. Assim, o que é em geral focalizado no representante matemático de uma variável física, não é o conceito todo, mas apenas a(s) parte(s) numérica(s) desta. Tomemos, mais uma vez, o conceito de temperatura: o que foi inserido em um enunciado de lei termodinâmica não é todo conceito de temperatura mas a variável numérica ϑ que ocorre na função proporcional "t $(\sigma, s) = \vartheta$", que é o resumo para "a temperatura de um sistema σ calculada no sistema de escala-*cum*-unidade s é igual a ϑ". A razão para fixar s, deixando de lado o objeto variável σ e prender-se à componente numérica ϑ é clara: só conceitos matemáticos podem ser sujeitos à computação numérica e ϑ é, do conceito todo de temperatura, precisamente aquele ingrediente capaz de colocar-se sob o domínio da aritmética. Mas a focalização momentânea de um dos ingredientes do conceito de temperatura não deveria levar-nos a esquecer que a temperatura não é uma variável numérica, porém, uma função que mapeia um certo conjunto construído em parte fora do conjunto de sistemas físicos e dentro de um conjunto de números. (Em suma: seja Σ o conjunto de sistemas físicos, S o conjunto de sistemas de escalas *cum*-unidade, e $\Theta \subset R$ um subconjunto dos números reais. Então T mapeia o produto cartesiano de Σ e S em Θ, i. é, $T : \Sigma \times S \to \Theta$. Considerando que cada $\sigma \epsilon \Sigma$ está por suposição no mundo externo, S e Θ são constructos.)

(Algo similar vale para qualquer das variáveis físicas mais complexas. Por exemplo, a representação quantomecânica completa do momento linear não deveria ser escrita "p" ou mesmo "p_{op}" mas antes "$p_{po}(\sigma)$" — é o que de fato fazemos sempre que pretendemos nos referir aos momentos das componentes individuais de uma assembléia real de sistemas quantomecânicos. No caso presente, a propriedade física não é representada por uma função ordinária, mas isto está fora do assunto: o pretendido referente objetivo, indicado aqui por "σ", é usualmente esclarecido pelo contexto e daí por que, sempre que consistir de um único sistema, pode ser eliminado durante os cálculos. Mas é preciso tê-lo em mente para não correr o risco de perder a visão dos sentidos físicos e, conseqüentemente, de tornar os testes físicos sem significado.)

O filósofo e, algumas vezes, mesmo o físico, pode desprezar o referente físico objetivo que as variáveis físicas tencionam apontar tendendo a pensar na temperatura ou em qualquer outro conceito físico, como um símbolo em si e do mesmo modo em um conjunto de equações como capazes de esgotar uma teoria física. Uma análise das variáveis físicas restaura sua pretendida referência objetiva, ao distinguir o objeto variável (s) σ das demais variáveis envolvidas na representação conceitual de uma propriedade física. É bastante estranho que, embora uma pequena análise possa afugentar o realismo, uma dose mais forte nos aproximará do ponto de vista de que a física deseja explicar alguns aspectos da realidade: de que a física está antes relacionada com objetos físicos do que com estruturas matemáticas ou com nossas percepções.

3. *Referência Direta e Indireta*[3]

A referência objetiva que, segundo se supõe, uma variável possui, deve ser distinguida de uma representação direta — e. g., pictórica — dos objetos físicos. Tomemos a temperatura mais uma vez: como Mach reconheceu, o conceito de temperatura é um produto mental nosso, ainda que fosse introduzido para simbolizar estados térmicos objetivos. Além disso, uma vez que podem existir escalas e unidades em número infinito, há certa arbitrariedade em nossa escolha de qualquer deles. (Em outras palavras, há uma correspondência número-a-corpo, uma vez que existe pelo menos um sistema físico possível ao qual se pode atribuir qualquer valor dado de temperatura $\vartheta \; \varepsilon \; \Theta$. Mas o inverso não se dá e a correspondência (função) corpo-a-número, a menos que um sistema escala-*cum*-unidade seja especificado, pois só então podemos atribuir um único número a ao menos um sistema físico. Em suma, como tínhamos antes, $T: \Sigma \times S \to \Theta$.) O realista ingênuo sublinhará a referência de todo conceito de temperatura possível ao conjunto de todos os sistemas físicos possíveis, ao passo que o convencionalista acentuará a arbitrariedade da escolha de escala e unidade e, a partir desta arbitrariedade, concluirá pela ausência de referência objetiva.

Devemos conceder a cada conteúdo um ponto. Como o valor numérico da temperatura de um dado sistema não é único, uma representação fotográfica de estados térmicos está fora de questão. Mas uma vez escolhida uma escala, a função de temperatura preferida representará, à sua própria maneira, o conjunto de estados térmicos possíveis de sistemas físicos. Ao fim de contas, nem mesmo aos fotógrafos é exigido que fotografem seus temas sempre do mesmo ângulo. Além do mais, embora a escolha de um dado sistema escala-*cum*-unidade seja convencional não é totalmente arbitrária. Assim, a escala absoluta é preferível

(3) Cf. *SR*, secs. 7.1, 8.1 e 8.4.

às outras para a maioria dos propósitos, (I) porque independe do comportamento peculiar de qualquer substância termométrica e (II) porque se ajusta melhor às interpretações estatísticas da termodinâmica. Ou seja, a convenção pela qual a escala e unidade de Kelvin são hoje preferidas é fundamentada mais do que caprichosa. A razão pela qual os valores da temperatura absoluta independem de qualquer substância real e de qualquer operador humano é que o conceito foi moldado para especificar os estados térmicos de qualquer gás ideal. Tais estados são irreais, porque o próprio gás ideal é um constructo. Todavia, este constructo não é uma ficção: considera-se que o gás ideal é uma esquematização ou modelo teórico de um gás real. As várias equações de estado do gás ideal que foram até agora propostas referem-se imediatamente a este modelo conceitual mais do que a qualquer gás real.

A física não é uma disputa: um modelo físico, por menos intuitivo que seja, é sempre um esboço conceitual de algum objeto que se pressupõe estar fora dali. Que esta hipótese de existência possa vir a ser falsa foge do assunto. O ponto em discussão, na controvérsia entre realismo e objetivismo, é que o físico inventa alguns conceitos-chave (*e.g.*, "temperatura") que de algum modo ele consigna a objetos físicos (*e g.*, estados térmicos de corpos). Esta correlação objeto físico-conceito é em parte enunciada nas regras de interpretação que consignam um significado físico aos símbolos dados (ver sec. 4 e 7). Supõe-se que os modelos teóricos ou ideais representam, de uma maneira mais ou menos simbólica — i. é, convencional e indireta — e com certa aproximação, alguns traços da constituição e comportamento de sistemas físicos. Todo modelo assim é parte de pelo menos uma teoria física. (Podemos considerar que o mesmo modelo em essência serve ocasionalmente a diferentes teorias: assim, todas as teorias do campo eletromagnético, usem ou não potenciais e sejam ou não lineares, partilham essencialmente do mesmo modelo de campo ainda que difiram nas propriedades que lhe atribuem tal como todas as teorias da ação direta entre partículas participam do modelo da caixa negra.)

Pode-se reescrever o que foi dito acima da seguinte maneira negativa: nenhuma teoria física pinta ou retrata diretamente um sistema físico. Em primeiro lugar, porque toda teoria é constituída por meio de conceitos, não de imagens, e estes conceitos longe de serem empíricos (*e.g.*, observacionais) são constructos plenamente desenvolvidos, i. é, conceitos transobservacionais, tais como "massa", "carga", "temperatura", "campo de força". Em segundo lugar, porque tais conceitos-chave são relativamente poucos em cada teoria e, por conseguinte, referem-se, se é que o fazem, a apenas uns poucos aspectos escolhidos dos objetos físicos, "os que são considerados importantes" mais do que ao sistema físico real em todos os pormenores, i. é, tal como seria conhecido por um observador supremamente atento e agudo[4]. Em suma, toda teoria física deve ser, como notou Duhem, tanto simbólica quanto incompleta — de onde não se segue que careça de significação existencial ou referência objetiva.

De fato, toda teoria física pretende representar um membro arbitrário de uma classe de sistemas físicos. Ele o faz, por certo, de maneira simbólica e simplificada, mais do que de um modo icônico e completo; não obstante, visa representar semelhante real existente. Do contrário, o problema de construir uma teoria não seria colocado. E sempre que uma tal tentativa malogra redondamente, a teoria é modificada ou abandonada: surge o reconhecimento de que o retrato por ela proporcionado é ou infiel (falso) ou dependente do operador (subjetivo).

Quando falamos da referência de uma idéia física (variável, enunciado, teoria) cumpre-nos distinguir, portanto, a referência direta da indireta. Todo constructo físico refere-se *diretamente* a um ou outro modelo teórico, i. é, a alguma esquematização ideal corporificada em uma teoria pressupostamente capaz de explicar, ainda que modestamente, um sistema físico de uma espécie. O mesmo constructo refere-se pois *indiretamente* a alguns aspectos de semelhante objeto físico.

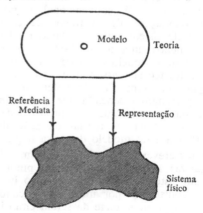

Fig. 1. *Referência Objetiva*: *uma correspondência entre um modelo conceitual e um objeto real.*

(4) Cf. do autor, *The Myth of Simplicity*, (Englewood Cliffs, New York, Prentice-Hall Inc., 1963), Parte II.

Assim, o referente mediato da termodinâmica clássica (termostática) é qualquer sistema físico razoavelmente insulado, que é representado como um fluido em um recipiente perfeitamente fechado (sendo o fluido-*cum*-paredes o modelo da teoria). Sem dúvida, não existem tais sistemas na natureza, à exceção do universo como um todo. Mas qualquer sistema encerrado num calorímetro, que satisfaça aproximadamente a condição de fechamento, pode ser considerado um referente mediato da termostática.

Em palavras simples: a física pretende representar a realidade mas o faz de uma maneira hipotética, perifrástica e parcial. (Mais detalhadamente: uma teoria física T versa sobre uma classe conceitual definida U — o universo do discurso de T. U corresponde a — mas não é — uma parte de Σ da realidade. A frase "T refere-se imediatamente a U" significa que as fórmulas de T valem, por estipulação, para qualquer elemento de U, i. é, para o modelo. E a expressão "T refere-se mediatamente a Σ significa que U é tomado como correspondente a Σ quer as fórmulas de T sejam ou não verdadeiras quando os membros de U que neles aparecem são substituídos pelos membros correspondentes de Σ. Se a teoria não se refere apenas a fatos mas além disso o faz de maneira verossimilhante, tanto melhor. U é uma classe definida, uma vez que é determinada pelos predicados e pressupostos da teoria. De outro lado, o referente mediato Σ é uma classe não-definida: como sua especificação é incompleta, qualquer número de casos fronteiriços pode surgir.) Isto nos forçará a distinguir duas espécies de regras significantes na secção 7. Mas antes de fazê-lo, que entre em cena o operador.

4. *Interpretações: Objetiva e Operacional*[5,6]

Um símbolo que ocorre em uma teoria física é tanto puramente formal (lógico ou matemático) ou é possível atribuir-lhe algum significado não-formal (fatual). Em compensação, a um signo fatualmente significativo que ocorre na linguagem de uma teoria física pode-se consignar um objetivo e/ou uma interpretação operacional. Assim "*i*" pode simbolizar a intensidade de uma corrente elétrica talvez desconhecida, embora nenhum amperímetro a esteja

---
(5) Cf. *SR*, secs. 3.5, 3.6, 3.7 e 7.5.
(6) Cf. do autor, *Metascientific Queries*, (Springfield, Ill., Charles C. Thomas, 1959), Cap. 8.

medindo; mas o mesmo signo pode, em uma ocasião diferente, representar o valor medido de "a mesma" corrente — depois de tomada em consideração a fração de corrente dissipada no dispositivo medidor. Em suma, "*i*" pode ser lido de maneira objetiva e/ou operacional. (Os valores individuais não precisam coincidir necessariamente em ambos os casos: pois, de um lado, os valores medidos serão sempre afetados por algum erro experimental ausente dos cálculos teóricos. Por outro lado, pode-se atribuir a grandezas básicas como campos potenciais, lagrangianos ou funções-Ψ, um significado objetivo, mas não operacional.) Só alguns dos conceitos construídos com seu auxílio admitem uma interpretação operacional (*e.g.*, $p = \partial / \mathbb{1} \partial_q$ no caso de uma partícula carregada em um campo magnético).

Em geral, diremos que é dado a um símbolo uma *interpretação objetiva* quando é estabelecida uma regra que atribui a esse signo um objeto físico (coisa, propriedade, evento, processo), esteja ou não o objeto sob observação e seja ou não a relação de referência efetivamente satisfeita pelo par signo-objeto. Diremos que um signo é dotato de uma *interpretação operacional* (não-definição!) se uma correspondência for estipulada entre o símbolo e o resultado das operações reais ou factíveis destinadas a observar ou medir a "mesma" propriedade de "o mesmo" objeto. (Os sinais de citação pretendem sugerir que o objeto pode mudar em conseqüência de tais operações empíricas.) Não há mal em atribuir interpretações desses dois tipos a um mesmo símbolo, enquanto a distinção não for obliterada.

É possível, pois, interpretar de maneira objetiva todo símbolo operacionalmente significativo. O inverso não é verdadeiro: significados objetivos não são mais universais e fundamentais que os operacionais. Assim, admite-se que os predicados "partícula livre", "intensidade de uma onda luminosa no vácuo" e "estado estacionário de um átomo" tenham todos referentes objetivos, embora não seja possível consignar-lhes interpretações operacionais. A razão desta impossibilidade é clara: as mensurações e, em particular, as mensurações atômicas envolvem um acoplamento entre o *mensurandum* e alguns aspectos de um dispositivo experimental, mediante o qual algumas das propriedades do objeto inicialmente livre são alteradas. E o motivo para considerar os significados objetivos como mais básicos do que os operacionais é o seguinte: tudo o que é composto de um objeto físico a interatuar com uma peça de aparelho constitui um terceiro e mais abrangente sistema físico apto a ser estudado como tal e, por conseguinte, a exigir símbolos objetivamente significativos. Somente o *teste* dos enunciados teóricos relativos a esse sistema mais amplo há de requerer a interpretação de alguns dos termos que aparecem neles em termos de operações de laboratório.

O que acabamos de dizer vale para a física quântica, bem como para a física clássica. A diferença fundamental é que na física clássica as teorias da medida estão suficientemente desenvolvidas para nos permitir calcular (prever) os distúrbios introduzidos pelas operações empíricas específicas, ao passo que não existem teorias maduras desta natureza para os domínios atômicos e subatômicos. Em outras palavras, na física clássica, podemos explicar a diferença objetiva entre um sistema natural e outro objeto da mesma espécie a interagir com os nossos meios físicos de observação. A interação é incorporada aos enunciados da lei e o resultado do cálculo pode ser empiricamente verificado para o sistema sob mensuração. Se a previsão calculada por meio da teoria da medida for corroborada pela medida, a teoria relativa ao objeto natural é tida como confirmada (não como verificada). De outro lado, a teoria quantomecânica da medida não é ainda capaz de produzir resultados similares. (Não consideraremos aqui as pretensões mutuamente incompatíveis de que a teoria disponível dá conta plenamente do recado, e de que nenhuma teoria assim é concebível porque a interação sujeito-objeto é, em última instância, não-analisável, i. é, irracional.) De qualquer forma, existem diferenças epistemológicas e físicas entre um sistema natural e um outro, mensurado, e correspondentemente entre a interpretação operacional e objetiva de um símbolo físico.

Nossa distinção semântica é despida de sentido no contexto da filosofia operacionalista da física. Tanto pior para esta filosofia, uma vez que essa distinção é, na realidade, empregada na física, não obstante os grandes esforços efetuados a fim de reduzir toda idéia a percepções e operações ocorrentes em um vácuo conceitual. Considerem a teoria quântica tida às vezes como produto do operacionalismo. Em geral, se começa por estabelecer algum problema concernente que se admite ser um objeto existente autonomamente como um átomo de hélio arbitrário. Este átomo pode ser considerado como estando no seu estado fundamental, mas seremos incapazes de pôr isto em evidência a menos que primeiro o excitemos a algum outro nível de energia. Tal problema não concerne ao teórico; por outro lado, o experimentalista vê-se forçado a utilizar alguma teoria relativa a estados estacionários não-observáveis e às possíveis transições entre eles: a fim de produzir tais transições, ele deve possuir alguma idéia acerca da energia requerida. Ademais, nenhuma experiência propriamente dita deve ser feita a fim de conferir neste caso os cálculos teóricos, pois a natureza nos proporciona aquilo que hipotetizamos como sendo átomos de hélio em vários estados excitados, decaindo ao acaso para estados mais baixos. As medidas correspondentes não alterarão nenhuma das propriedades de nossos átomos, desde que as medidas consistam em colecionar e analisar a luz espontaneamente emitida pelos átomos. Acima disto, os próprios átomos podem perfeitamente estar localizados além do alcance do laboratório: podem residir, digamos, em algum lugar da nebulosa Crab. Em resumo, não é verdade que todo cálculo quantomecânico se refira a um sistema acoplado a uma medida estabelecida e muito menos à mente do observador; e tampouco é verdade que cada medida relevante para a teoria quântica produza distúrbios e muito menos as inteiramente impredizíveis.

O fato de que em cada teoria física fundamental lidamos com um ou outro objeto natural em vez de sistemas sujeitos a severas condições de prova, é tacitamente reconhecido quando se coloca um problema típico em física teórica. Com efeito, em tal problema ocorrerá ordinariamente apenas variáveis que se referem ao sistema em estudo. (Assim, quando se usa uma teoria hamiltoniana, começamos por escrever, i. é, por colocar hipóteses, a hamiltoniana correspondente ao nosso sistema físico, ou antes a um modelo esquemático dele, e prosseguimos procurando uma auto-solução da hamiltoniana. Em particular, esta solução pode ser independente do tempo, representando assim um estado estacionário que é não-observável. Comumente, nenhuma perturbação que represente a interação não-hipotetizada de nosso sistema com um dispositivo experimental duvidoso ocorrerá na hamiltoniana: esta última conterá justamente as coordenadas da posição, do tempo e do momento do suposto sistema autônomo existente — ou antes de um esboço dele, tal como um oscilador.)

Não obstante, muitos físicos, seduzidos por aquilo que costumava ser uma filosofia de moda, contrabandeiam para os teoremas algo que estava faltando nas assunções iniciais — ou seja, um aparato de medida e eventualmente mesmo o seu operador com seus pensamentos e suas intenções impredizíveis. Isto é, como as relações de Heisenberg são freqüentemente interpretadas, embora nenhum símbolo que represente operações de medida — isto sem falar de eventos mentais — ocorra nos axiomas dos quais são derivados. Outro exemplo: os estados de energia possíveis do átomo de hélio livre são, no mesmo espírito, interpretados como os resultados possíveis de medidas da energia — medidas que envolveriam perturbações que não foram pressupostas de início, i. é, quando se escreveu a equação de Schrödinger para o átomo de hélio. Esta equação não contém variável relativa à estrutura e comportamento do aparelho de medida duvidoso, e é apenas para anuir com a filosofia aceita de antemão que os teoremas são interpretados de um modo injustificado pelas suposições iniciais. Em suma, a solução do problema original é de alguma forma interpretada como a solução de um problema inteiramente diverso — um desvio destinado a introduzir o Operador nos recessos mais íntimos da natureza. Nosso filósofo físico quântico utiliza-se destarte de um privilégio outrora reservado aos teólogos: i. é, o de "concluir" de um enunciado para o outro enunciado, referindo-se a um universo de discurso disjunto. Lancemos um olhar mais de perto para esta estratégia comumente praticada, entretanto mal estudada.

5. *Unidade Conceitual — E Como Transgredi-la na Mecânica Quântica*

O lance que acabamos de discutir exemplifica um desvio ilegítimo do significado pelo qual símbolos que atribuem inicialmente um significado objetivo são de repente interpretados de maneira operacional. Esta manobra é executada sem a menor preocupação de saber se tal reinterpretação é, em geral, possível. Se uma tal reinterpretação se justifica, as "conclusões" daí derivadas permanecem igualmente inquestionáveis. Tais desvios de significado caracterizam as costumeiras (fenomenalista, operacionalista e idealista) interpretações tanto da teoria quântica das "partículas" como da teoria quântica do campo, as quais se tornam, destarte, o que chamamos de *semanticamente incoerente*. Visto que o conceito trivial e, todavia, importante de coerência semântica ou de unidade conceitual não foi aparentemente analisado, convém efetuar um breve excurso neste ponto. Alhures, o assunto é tratado com mais pormenores[7].

É desiderato de toda a teoria possuir unidade quer formal, quer semântica. A primeira consiste na conjugação (*togetherness*) lógica do sistema, i. é, em ser um sistema hipotético-dedutivo em vez de um amontoado arbitrário de fórmulas. A *coerência semântica* ou unidade conceitual de uma teoria fatual reduz-se a isso: o sistema deve

---

(7) Cf. *SR*, sec. 7.2.

versar sobre alguma classe (não-vazia) que, longe de ser uma coleção arbitrária, se caracteriza por certas propriedades mutuamente relacionadas. Permitam-nos fornecer uma caracterização mais precisa da coerência semântica.

Para começar, a unidade conceitual de uma teoria exige uma referência comum de suas fórmulas a alguma coleção de objetos. No caso de uma teoria física, esta coleção não é um conjunto arbitrário mas uma classe natural (não-arbitrária) de objetos físicos. A classe de objetos a que a teoria se refere é o *universo de discurso* desta. Assim, o universo de discurso da mecânica dos fluidos é a classe de todos os fluidos: a teoria atribui a esta certas propriedades cada uma das quais ela representa por um certo predicado. Admite-se como certo que o universo do discurso ou o conjunto-referência não é vazio e é tomado como hipótese que os seus membros podem ser pareados a objetos externos de um modo tal que a teoria vale ao menos aproximadamente. Uma tal referência a objetos externos pode ser indireta e mesmo falsa (veja sec. 3), mas alguma referência a objetos físicos é sempre pressuposta em uma teoria física e esta é a razão por que ela é chamada *física* em vez de, digamos, psicológica. As teorias portam os nomes de seus referentes últimos, ainda que se venha a verificar sua inexistência; assim, uma teoria que se refira a *hyperons* será chamada teoria do *hyperon*. De outro lado, uma (meta)proposição como "As proposições da mecânica quântica não versam sobre sistemas físicos autônomos, mas acerca de nosso conhecimento" é não só incompleta — pois deixa de indicar o objeto de tal conhecimento — como é uma pretensão tácita de que a teoria quântica não é uma teoria física.

A unidade de referência é necessária, embora não suficiente para uma teoria atingir unidade conceitual completa. Um segundo fator de coerência semântica é que os predicados da teoria pertençam a uma única família — em suma, que sejam *semanticamente homogêneos*. Assim, uma teoria física conterá apenas predicados que designam objetos físicos (sistemas, propriedades, eventos e processos). De outro lado, um enunciado como "A função de onda propaga-se no espaço (configuração) e sumaria a informação experimental do observador" mistura predicados físicos e teóricos informacionais, turvando assim a distinção entre um símbolo Ψ, o estado do sistema físico que por hipótese representa (de uma maneira tortuosa de fato) e os *bits* de informação empírica que talvez tenham sido usados na hipotetização de sua forma precisa. (Por cima disto o enunciado sugere a falsa idéia de que é possível construir Ψ diretamente a partir dos dados, sem construir hipóteses relativas aos constituintes dos sistemas, suas interações e a lei que Ψ obedece.)

Um universo comum de discurso U, e uma família P semanticamente homogênea de predicados são necessários, mas ainda assim insuficientes para garantir a unidade conceitual de uma teoria. É preciso, além disso, a proibição de contrabandear para a teoria predicados alheios ao campo coberto pela teoria. Esta terceira condição que se pode chamar o requisito do fechamento *semântico,* pode ser enunciada nos seguintes termos: os predicados da teoria serão apenas aqueles que ocorrem no predicado básico e nas definições da teoria. Não fosse por esta exigência semântica, a lógica formal consagraria o sujo truque da validade semântica, deduzindo teoremas contenedores de conceitos que não ocorrem entre os que se encontram na base da teoria. De fato, a regra da adição — "*t* implica *t* ou *u*" — nos permitiria acrescentar sub-repticiamente, a qualquer teorema *t* de uma dada teoria, um enunciado *u* que viola a condição da homogeneidade semântica, em virtude de conter algum conceito não-pertinente ao predicado básico, inicialmente considerado. Esta expansão da base inicial poderia ir tão longe, a ponto de modificar o universo original do discurso de um modo arbitrário; poderíamos começar falando de átomos como objetos físicos e terminar falando de nosso comportamento, estivesse ou não em conexão com átomos.

(Além disso, o intruso *u* poderia ser uma proposição cabalmente intestável, *e.g* , uma hipótese *ad hoc,* destinada a salvar a teoria da refutação empírica. Como se isto não bastasse, "*t* ou *u*" é logicamente mais fraco do que o genuíno teorema *t,* portanto mais fácil de confirmar — tão fácil quanto queiramos. Por fim, dado que todo teorema da teoria pode mostrar-se carente em um aspecto ou outro, sua negação nos permitirá destacar o indesejado *u,* i. é, manter o estrangeiro como o único sobrevivente da crítica científica. Mesmo que *u* fosse testável e, ademais, fora de dúvida prática, o truque derrotaria o propósito do teórico que se preocupa em explicar os referentes de seu teorema *t* e não os de *u*. A regra do fechamento semântico visa prevenir semelhante manobra. Pode-se mostrar que a supramencionada exigência de homogeneidade semântica não é suficiente para eliminar o truque.

Uma quarta condição de coerência semântica é que os conceitos-chave (predicados básicos da teoria) se combinem mediante a distribuição razoável entre as suposições iniciais da teoria. Isto pode ser chamado a condição de *conectude conceitual.* É possível afirmar de maneira mais precisa e pode-se mostrar[8] que a unidade de referência e a conectude conceitual são necessárias para atingir unidade formal, pois as relações de dedutibilidade só podem ser estabelecidas entre fórmulas que partilham certos predicados-chave, entre os quais se salienta U.

Toda teoria fatual deveria possuir unidade tanto formal quanto conceitual, se não por outro motivo, pelo menos por razões metodológicas, tal como evitar confirmação barata. Infelizmente, algumas teorias físicas, embora formalmente (lógica e matematicamente) coerentes, são do ponto de vista semântico incoerentes, pois transgridem alguns ou todos os três primeiros requisitos da unidade conceitual, i. é, unidade de referência, homogeneidade semântica e fechamento semântico. Como foi antecipado na secção anterior, é o que acontece com as costumeiras interpretações da teoria quântica: por vezes a ansiedade em assegurar a comprobabilidade e outras vezes o desejo de evitar um compromisso ontológico e outras ainda a esperança de reviver filosofias subjetivistas geram tentativas de contrabandear, para começar, o Operador para dentro do domínio ao qual não pertence; por fim, o Operador toma o comando e o objeto físico se foi — da física!

Todavia não dispomos de nenhuma interpretação semanticamente coerente da mecânica quântica em termos puramente operacionais (preparação, medida, experimento). Eu outras palavras, não existe uma formulação coerente de Copenhague da mecânica quântica: a interpretação física proposta por essa escola não dá conta de todas as fórmulas básicas da teoria (sec. 4). Além disso, o atual formalismo da mecânica quântica não parece permiti-lo, pois uma tal teoria teria de incluir desde o início a consideração de dispositivos de medida, dispensando todo termo a que, como "partícula livre" se possa atribuir um significado objetivo mas não um significado operacional. (Visto que a teoria fundamental teria de referir-se apenas a objetos em mensuração ou experiências, (I) não haveria sentido distinguir na hamiltoniana, na lagrangiana ou em qualquer outra expressão-fonte, a parte livre daquela que representa a interação do sistema com um dispositivo macroscópico e (II) seríamos privados da orientação da mecânica clássica ao conjecturar a hamiltoniana quantomecânica adequada — uma tarefa difícil no ponto em que as coisas estão.) Ainda que uma interpretação semanticamente coerente da mecânica quântica no espírito do operacionalismo fosse eventualmente formulada, (I) não seria uma teoria estritamente física mas sim uma teoria psi-

(8) Cf. *SR*, sec. 7.2.

cológica ou uma de pesquisa de operações e (II) seria inaplicável a objetos que podemos, como os átomos em Andrômeda, nos permitir deixar a sós, sem assistência do Operador.

Em suma, *falta-nos uma teoria quântica semanticamente coerente,* seja em termos operacionalistas, idealistas e realistas[9]. E gostaríamos que fosse formulada uma teoria quântica cabalmente física e semanticamente coerente que pudesse em princípio aplicar-se a um objeto autônomo ou *mutatis mutandis* a um sistema sob controle experimental e além disso de tal ordem que este último pudesse ser tratado apenas como um sistema físico de tipo especial, mais do que um *compositum* mente-corpo. O fisicalismo é uma ontologia estreita: de acordo; mas funciona para o universo físico e toda retirada do fisicalismo no reino da física é uma volta ao antropocentrismo pré-científico. Por que colocar mal a mente humana: não é ela um sistema de funções de certos corpos compostos de átomos e não basta creditar à mente humana o invento de teorias, o planejamento de provas e a interpretação dos resultados destas?

(Devemos notar, de passagem, que uma interpretação realista da teoria quântica não exige a renúncia de seu atual caráter fundamental estocástico. Em outros termos, não é necessário introduzir outras variáveis ocultas, a fim de restaurar a objetividade no domínio quântico: as variáveis ocultas já estão aí. Apenas recebem o nome impróprio de *observáveis,* embora ninguém seriamente possa pretender que qualquer das variáveis fundamentais das teorias quânticas seja estritamente, i. é, diretamente observável ou mensurável. Variáveis ocultas, no sentido de grandezas não-estocásticas — não-flutuantes, menos dispersas — são suficientes, embora não necessárias — para produzir uma teoria não-estocástica semelhante à dinâmica clássica. Mas tais conceitos neoclássicos são muito provavelmente insuficientes e por certo dispensáveis para construir a(s) tão necessária(s) interpretação(ções) do formalismo quantomecânico, semanticamente coerente(s) e cabalmente física(s). Não se deve misturar problemas de realidade e de objetividade com o problema do determinismo[10]; um realista pode sustentar coerentemente uma posição indeterminista até certo ponto, assim como um subjetivista pode ser tanto quanto queira um determinista. Para o realismo,

---

(9) Depois que escrevemos este trabalho, houve uma tentativa de preencher esta lacuna nos *Foundation* 1.

(10) Cf. do autor *Causality: The Place of the Causal Principle in Modern Science,* 2 ed. (Cleveland e New York, Meridian Books, 1963), Apêndice.

o comportamento exato dos objetos físicos é irrelevante, enquanto podem caminhar a sós.)

A fim de restaurar o realismo na física, tudo quanto necessitamos é reinterpretar os atuais formalismos da teoria quântica obrigados pelas regras da coerência semântica e ter em mente o objetivo de produzir uma teoria mais física do que psicológica do mundo microfísico. Isto é agora possível sem modificar os atuais formalismos — que necessitam reparos para diferentes propósitos. É pouco provável que uma tal interpretação realista das estruturas disponíveis nos leve de volta à física pré-quântica. Por exemplo, não poderá pretender que um elétron *tenha*, ao mesmo tempo, uma posição e um momento preciso. Pois, apenas as relações de Heisenberg nos dizem que não podemos medi-los, i. é, *conhecê-los* empiricamente com toda a exatidão. Na verdade, se a pressuposição for que as relações de Heisenberg valem para todo o sistema mecânico, sob observação ou não, um realista não pode, por força da teoria costumeira, atribuir ao elétron uma posição e um momento simultaneamente precisos. Isto é, não pode considerá-lo como um clássico ponto-partícula, o que também sabemos a partir de experimentos de difração com feixes de partículas extremamente fracos.

Estamos agora em condições de abordar o problema da interpretação física de um modo mais completo e preciso do que foi feito na secção 4.

6. *Referência e Evidência*[11]

Devemos saber não só o que a teoria física supostamente representa, como aquilo que mantém a pretensão a tal referência, i. é, qual é a sua evidência. Se nos concentrarmos na referência, poderemos acabar em um realismo acrítico, enquanto, se ignorarmos a referência, seremos compelidos ao subjetivismo.

Considerada do ponto de vista da *referência* (semântica) uma teoria física sugere um caminho imediato para um modelo conceitual que por sua vez se supõe simbolizar um sistema real de alguma espécie (veja sec. 3). Assim como o referente imediato é um constructo, do mesmo modo o referente mediato pode ser de fato não-existente e de qualquer modo não precisa ser necessariamente observável. E considerado do ponto de vista da *evidência* (da metodologia), a mesma teoria indica por um caminho divergente um conjunto de fatos observados e potencialmen-

(11) Cf. *SR*, sec. 8.4.

te observáveis — a evidência empírica possível e disponível (ver Fig. 2). Não é justo que uma teoria física diga *mais* do que tudo o que seja expresso pelo conjunto de informações empíricas reais que desencadeia e comprova a teoria, pois do contrário ela seria apenas um sumário de informações sobre o nível desta: supõe-se que uma teoria física diga coisas inteiramente *diferentes* dos relatos *observacionais* de importância para ela (favorável ou desfavoravelmente). Assim, teorias atômicas não versam sobre observáveis espectroscópicos, embora participem (juntamente com outras teorias) da explicação de tais dados.

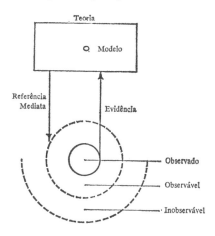

Fig. 2. *Referência e evidência diferentes.*

Por exemplo, o referente imediato da teoria cinética dos gases é qualquer membro de um certo conjunto de assembléias idealizadas de partículas pressupostamente dotadas de certas características enquanto que um dos referentes mediatos desta teoria é uma nebulosa. Dados relativos à cinemática nebular constituem parte da evidência pró ou contra a teoria cinética e/ou a hipótese que se aplica aproximadamente a tais sistemas — uma suposição metateórica, diga-se de passagem. Qualquer informação futura da mesma natureza será uma evidência ulterior de igual espécie. No caso presente, o referente visado da teoria é observável por meio de instrumentos construídos e interpretados com a ajuda de outras teorias, mormente mecânicas e ópticas que desempenham aqui um papel mais instrumental do que explanatório ou substantivo. Outro exemplo: qualquer teoria de "partículas" "elementares" refere-se imediatamente a certos inobserváveis suspeitos (hi-

175

potetizados) de serem entidades (existentes reais) mas proporciona apenas um modelo hipotético e provavelmente bastante grosseiro delas. E a evidência importante para uma teoria assim — *e.g.*, um conjunto de traços em uma chapa nuclear — difere em natureza do referente da teoria: os traços não são de maneira alguma referidos pela teoria e tais dados *tornam-se* uma evidência importante para a teoria desde que sejam interpretados à luz de outro corpo da teoria (nomeadamente a mecânica clássica e alguma teoria concernente à passagem de partículas eletricamente carregadas através da matéria).

Neste sentido, a tarefa do físico não é diferente da do paleontologista, do historiador ou mesmo do detetive: em todos estes casos fatos não-vistos são hipotetizados e tais hipóteses e sistemas de hipóteses são testados através dos traços observáveis deixados pelo presumido criminoso (animal extinto, herói ou próton), cujos traços tornam-se evidências apenas à luz de hipóteses instrumentais ou auxiliares e/ou teorias relativas a possíveis mecanismos onde quer que os traços pudessem ter sido produzidos; é claro, a teoria sob teste pode ocorrer em tal explanação, i. é, pode contribuir para produzir a sua própria evidência.

(Na medida em que evitamos propositalmente falar de *fenômenos* como dados, muito menos como evidência importante para teorias físicas. Eis a razão. O que os filósofos chamam de *fenômeno* é um evento que ocorre em conexão com algum sujeito cognitivo: fenômenos são aquilo que aparece para nós, humanos, enquanto não-humanos, não-fenômenos. *Fenomenalismo* é a doutrina segundo a qual o mundo é um conjunto de aparências; em particular, a realidade física seria o conjunto de observações conduzidas pelo físico. O programa do fenomenalismo, partilhado em larga extensão pelo operacionalismo, é a construção de objetos físicos como sistemas de aparências. Este programa falhou e é infactível. Há várias razões para rejeitar o fenomenalismo, entre outras a seguinte: primeiro, a física não está interessada no que aparece para mim, no que parece para mim ser o caso: a física é uma tentativa de transcender a subjetividade, de ir além do perspectivismo. Em segundo lugar, a maioria dos fenômenos envolve eventos macroscópicos que, em princípio, podem ser explicados em conjunto pela física e pela psicologia. Em terceiro lugar, o programa do fenomenalismo falhou, enquanto o programa do realismo de explicar a aparência pela realidade (hipotetizada) funciona. Em quarto lugar, fenômenos são desprovidos de leis: apenas fatos objetivos (largamente não-perceptíveis) são supostamente regidos por leis, e não há ciência que não seja um conjunto de juízos de leis.)

Voltemos às diferenças entre o referente hipotético e a evidência observacional de uma teoria física. No caso, admite-se que o referente mediato pretendido de uma teoria existe independentemente da teoria — cuja assunção pode ser falsa. De outro lado, não pode haver evidência sem uma ou outra teoria, por mais incompleta que seja, uma vez que a própria teoria vai determinar se um certo dado é importante para ela. (O que as teorias que desempenham papel instrumental fazem é ajudar a reunir e interpretar tais dados, mas a relevância dos dados para a teoria em comprovação é determinada por esta.) Assim, uma teoria quântica de espalhamento de "partículas" terá uma base para aceitar valores medidos de feixes direcionais e se os projéteis forem, por hipótese, eletricamente carregados, a curvatura mensurável dos traços visíveis que deixam na sua esteira será também considerada importante, apenas porque a teoria em conjunção com a eletrodinâmica clássica assim o diz. De outra parte, milhares de outras peças de informação relativas ao mesmo dispositivo experimental será inteiramente irrelevante para a teoria em comprovação, o que é uma bênção. Relatórios de observações (dados) devem ser interpretados por meio de ao menos uma teoria a fim de se converterem em evidência. Se se preferir, o suporte empírico que desfruta uma dada teoria substantiva é determinado comparando-se as previsões da última com a evidência fornecida por operações empíricas projetadas e interpretadas com a ajuda de pelo menos uma teoria (ver Fig. 3). Outra maneira de colocar o assunto é a seguinte. Nenhuma teoria fundamental isolada pode explicar diretamente observações, i. é, pode fazê-lo sem a assistência de outras teorias. (O que uma teoria isolada pode explicar são *experimentos mentais*,

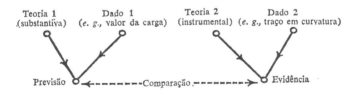

Fig. 3. *Teorias (substantiva e experimental), dados e evidência.*

tais como a "experiência" das duas fendas, cuja realização efetiva requer, no caso das "partículas" o emprego de cristais reais e conseqüentemente alguma teoria sobre a estrutura cristalina e outra teoria sobre o mecanismo da interação partícula-tela que produz franjas observáveis.)

Sumariando: (I) as teorias físicas fundamentais não têm conteúdo observacional, i. é, não encerram afirmações puramente de observação e, por conseguinte, não é possível reduzi-las a conjuntos de dados, ou mesmo a dispositivos processadores de dados; (II) não há evidência isenta de teoria na física. Se tudo isso for aceito, não precisamos confundir referência com evidência.

7. Regras de Interpretação[12]

Se a análise precedente for acolhida, cumpre reconhecer que na física nos deparamos com mais do que uma espécie de regra de interpretação (regra semântica). As fórmulas matemáticas da física podem ser lidas com o auxílio de regras de interpretação de duas espécies: referencial e evidencial. Uma *regra referencial de interpretação* (*RRI*) estabelece uma correspondência entre alguns dos símbolos não-formais da teoria e seu referente. Por conseguinte, uma regra desta espécie contribui para o significado (essencial) da teoria; no caso ideal de uma teoria muito simples, o conjunto de suas regras de interpretação referencial compõe o pleno significado físico da teoria. De outro lado, uma *regra de interpretação evidencial* (*RIE*) liga um termo teorético de baixo nível a alguma entidade ou traço observável, tal como um relógio visível.

Como toda teoria física possui tanto um referente imediato quanto um mediato ou pretendido (ver Sec. 3), cabe distinguir dois tipos de regras de interpretação referencial: (I) tipo *I RRIs*, estabelecendo correspondências entre traços e conceitos não-formais do modelo ideal (que são conceitos ulteriores mais do que coisas reais ou propriedades) e, tipo *II RRIs* estabelecendo correspondências entre traços do modelo teórico e feições do referente real deste último, hipotetizado. Exemplo de *RRIs*: o conceito geométrico do quadro de referência é interpretado como um triedro rígido (tipo *I RRI*), cujo objeto ideal é, por seu turno, interpretado como um modelo aproximado de um corpo real semi-rígido (tipo *II RRI*). Exemplo de um *RIE*: um pico em um gráfico do osciloscópio é muitas vezes interpretado como efeito de uma descarga elétrica (ver Fig. 4).

(12) Cf. *SR*, sec. 8.4.

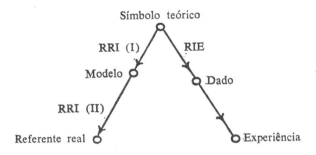

Fig. 4. *Regras de interpretação física.*

As regras de interpretação referencial são necessárias, embora insuficientes para delinear o significado de uma teoria: indicam o que se pode denominar o *significado essencial* do sistema simbólico. (Uma plena determinação de seu significado requereria desenterrar todas as pressuposições da teoria, bem como o deduzir efetivo das infinitas conseqüências de suas suposições iniciais, operações das quais nenhuma é realmente possível[13].) Com o fito de determinar a *comprobabilidade* da teoria e, *a fortiori*, com o fito de levar a cabo provas empíricas reais dela, devemos acrescentar um conjunto de regras de interpretação evidencial. Usualmente porém, tais *RIEs* não figuram entre as fórmulas da teoria porque toda evidência depende não só de uma dada teoria mas também de outras teorias e também do equipamento disponível. Assim, medidas precisas de comprimento podem exigir interferômetros e circuitos eletrônicos, bem como vários fragmentos de teoria neles inseridos e que nos capacitem a operá-los e a lê-los.

(A teoria quântica fundamental inclui *RRIs* mas não inclui e não deveria conter *RIEs*: a teoria não é capaz de ser interpretada operacionalmente, uma vez que se aplica sobretudo a objetos físicos inobserváveis: recorram a sec. 5. De outra parte, alguma de suas aplicações, *e.g.*, a seminascida teoria quântica da medida e a teoria do estado sólido encerram alguns *RIEs,* pois tais teorias constituem cadeias entre um micronível hipotetizado e um macronível.)

(13) Cf. do autor: *Intuition and Science* (Englewood Cliffs, N. J., Prentice-Hall, 1962), pp. 72 e ss.

Se as distinções anteriores forem ignoradas, é possível passar por cima do caráter complexo da relação da física com a realidade ou então de sua relação indireta com a experiência. A pretendida referência objetiva é insuficiente para assegurar a comprobabilidade para não falar da verdade. Assim, numerosas teorias de "partículas" "elementares" continuarão a ser propostas, as quais se encontram ou demasiado longe dos testes correntemente possíveis ou colidem frontalmente com os dados disponíveis. Infelizmente não há garantias absolutamente seguras *a priori* da objetividade tal como a invariância sob certas transformações; mesmo a invariância das equações básicas com respeito às mudanças do observador é necessária mas insuficiente para atingir objetividade[14]. A adequação da referência objetiva de uma teoria deve ser avaliada com a ajuda da experiência e outras teorias: aquelas logicamente pressupostas pela teoria dada e as utilizadas em sua prova empírica[15].

Focalizando a prova de uma teoria, não eliminamos a questão de sua referência objetiva (todavia hipotética). De fato, testar pressupõe a realidade objetiva pelo menos dos instrumentos manejados pelo Operador — uma suposição que a própria teoria não pode fazer, por mais despreocupada que esteja de qualquer operação empírica. Assim, uma teoria acerca do campo gerado por uma antena unidimensional trabalha com um referente imediato que é um modelo grosseiramente simplificado de uma antena real em haste. Não supomos a existência física do modelo descrito pela teoria, mas a comprovação da teoria exigirá o fabrico e a operação de um certo número de instrumentos supostamente reais, não menos do que de uma antena efetiva em haste — o referente pretendido da teoria. Um teste que não envolva nem o referente real pretendido, nem peças do aparelho efetivo não é um real teste empírico, mas um experimento mental (*e.g.*, uma simulação em um computador). Em suma, a experiência científica pressupõe a realidade dos objetos que manipula, mesmo que não se comprometa com a hipótese de que o referente pretendido de uma dada teoria é real: no fim de contas, a prova visa comprovar semelhante hipótese. Uma vez que estamos nisto, podemos dar um passo adiante e pretender que a experiência é um subconjunto próprio e mesmo apequenado da totalidade do conjunto dos fatos e que a física lida com alguns deles — bem como com alguns inteiramente imaginários (veja Fig. 5). Isto pode ser encarado como o núcleo do realismo crítico.

(14) Cf. do autor: *Metascientific Queries* (Springfield, Ill., Charles C. Thomas, 1959), Cap. 8.
(15) Cf. *SR*, sec. 8.4, 12.4, 15.6 e 15.7.

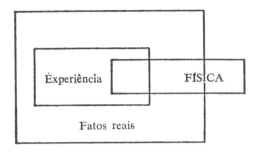

Fig. 5. *A Física cobre alguns fatos, entre eles, fatos observáveis, e se estende sobre fatos não-existentes (assumidos falsamente como fatos).*

8. Observações Finais

Toda teoria versa sobre objetos de alguma espécie — que ela identifica como membros de um universo de discurso U — aos quais atribui certas propriedades P_i definidas e básicas que constituem o predicado-base da teoria. Estes conceitos básicos — U e os P_i — são amplamente ou totalmente não-observacionais, i. é, falham em ter contrapartes experimentais — como exemplificados por "ponto de massa", "massa", "carga elétrica" e *"spin* isotópico". U e os P_i são os blocos construtores de assunções iniciais (postulados) que se referem ao próprio U, o referente imediato da teoria. De tais hipóteses iniciais, em conjunção com premissas auxiliares (como os dados), tiram-se conseqüências lógicas com o auxílio das subjacentes teorias lógicas e/ou matemáticas. Até este ponto, uma bem-organizada (semi-axiomatizada) teoria física não difere de uma teoria matemática.

As diferenças essenciais entre uma teoria matemática e uma teoria física são duas: uma é semântica e a outra é metodológica. A primeira consiste no fato de que, embora nem U nem os P_i de uma teoria física sejam instantâneos de objetos físicos, pretendem simbolizá-los: espera-se que os membros de U imitem objetos reais e se espera que a teoria como um todo represente o comportamento e/ou a estrutura[16] destes alvos básicos da teorização física. Em resumo, espera-se que as teorias físicas, diversamente das formais, tenham um referente real (ainda que mediato) em adição ao referente conceitual (imediato).

A diferença metodológica consiste no fato de que algumas das conseqüências lógicas das hipóteses iniciais de uma teoria física deveriam ser suscetíveis de comprovação empírica. Cada uma destas comprovações envolve não apenas o controle direto de certas características observáveis mas também (I) o controle freqüentemente indireto do pretendido referente (mediato) da teoria e (II) hipóteses de existência relativas a um ou mais liames na cadeia que vai até os referentes reais hipotéticos da teoria. Uma evidência empírica importante para uma teoria pode diferir do referente pretendido desta no mesmo modo que um síndrome clínico pode diferir da doença correspondente. Os resultados dos testes empíricos, ao lado de considerações teóricas (*e.g.*, compatibilidade com teorias contíguas aceitas) e considerações metacientíficas (*e.g.*, coerência com os dogmas filosóficos predominantes) proporcionam alguma evidência que nos habilita a argumentar acerca do grau de verdade de uma teoria, i. é, a extensão em que sua referência mediata se adequada[17].

A pretendida referência objetiva e os testes empíricos de uma teoria física são distintos mas se conjugam: se não houver referente real (embora hipotético) não haverá sentido tanto na teorização quanto na comprovação; se não houver teste, não haverá nenhuma possibilidade de estimar o grau de verdade da hipótese referente real. Não se pode esperar que tal adequação seja completa, se não for por outro motivo pelo menos porque uma teoria física é construída pela invenção de um modelo simplificado e inteiramente hipotético do referente pretendido. (Até uma caixa negra é um modelo assim.) A compreensão desta inevitável imperfeição motiva a invenção de teorias mais ricas, usualmente mais complexas, algumas das quais conseguem chegar mais perto do referente objetivo, enquanto outras erram o alvo pior ainda[18].

Em resumo, toda teoria física (I) é construída com unidades simbólicas (não-icônicas) e parcialmente convencionais, (II) e, supõe-se (amiúde erroneamente) que se refere em última análise a objetos reais (sistemas físicos);

(16) Para os estilos de teorização fenomenológico e representacional, cf. *SR*, 5.4 e 8.5 e "Phenomenological Theories", no *The Critical Approach to Science and Philosophy*, ed. por M. BUNGE, em homenagem a KARL R. POPPER (New York, The Free Press; Londres, Collier-MacMillan, 1964).

(17) Cf. referência 3, Cap. 7 e *SR*, secs. 15.6 e 15.7.

(18) Cf. *SR*, secs. 8.1, 8.4 e 8.5.

(III) sua referência a tais objetos reais é incompleta, extremamente indireta e no melhor dos casos parcialmente verdadeira; e (IV) sua comprobação envolve teorias ulteriores e pressupõe a existência física de certos objetos. Qualquer sistema hipotético-dedutivo possui a primeira das propriedades precedentes, mas se não possuir todas as quatro então não é uma teoria física.

Estes traços de toda teoria física — e, sem dúvida, de toda teoria fatual — torna obsoleto o realismo acrítico, mas também torna insustentável o subjetivismo (idealismo, convencionalismo, ficcionalismo, fenomenalismo, operacionalismo etc.). Estas últimas concepções não-físicas da física fizeram-se possíveis devido ao malogro dos realistas ingênuos em reconhecer o caráter simbólico da teoria física, o caráter hipotético, indireto, incompleto e global (mais do que isomórfico) de sua referência a sistemas físicos, a parcial adequação de uma tal referência e a base física das operações empíricas por cujo intermédio tais exigências de adequação são postas à prova. Uma vez reconhecidos estes traços da física, suas apresentações pelo realismo acrítico e pelos vários matizes do subjetivismo são deixadas para trás como outros tantos pontos de vista parciais — visões simplistas — de nossa ciência. Observem que tais concepções não são aqui descartadas pela força dos dogmas e argumentos filosóficos de uma espécie tradicional mas com a ajuda da lógica matemática, da semântica e da metodologia, as próprias ferramentas outrora tidas como apoios das filosofias subjetivistas da física.

O vácuo deixado pelo desaparecimento (lógico) das filosofias da física supramencionadas deveria ser preenchido pela construção de uma teoria do conhecimento que subsuma e amplie as sementes da verdade contidas nas doutrinas anteriores bem como as hipóteses realistas pressupostas e sugeridas pela ciência[19,20]. Um tal realismo crítico ou científico poderia auxiliar (e por sua vez ser comprovado por) a construção de uma interpretação cabalmente física (mais do que psicológica) dos formalismos matemáticos da teoria quântica.

O novo epistemólogo realista deveria esticar o pescoço para fora e estar preparado para a eventualidade de que o mesmo fosse cortado. Deveria adiantar suposições atrevidas (ainda que fundamentadas), sem considerar quais-

---

(19) Cf. *SR*, sec. 5.9.
(20) Veja as seguintes defesas recentes do realismo crítico: A contribuição de P. BERNAY à discussão sobre mecânica quântica na *Revue de Métaphysique et de Morale*, abril-junho 1962; H. FEIGL, Matter Still Largely Material, *Philosophy of Science*, 29, 39 (1962); K. R. POPPER, *Conjectures and Refutations* (Londres, Routledge and Kegan Paul; New York, Basic Books, 1963); e J. J. C. SMART, *Philosophy and Scientific Realism* (Londres, Routledge and Kegan Paul, 1963).

183

quer delas como incontroversíveis. Assim, embora o realista ingênuo possa tomar como dado a realidade dos elétrons, o realista crítico dirá que a física dos dias *presentes supõe* que os elétrons são coisas reais, i. é, ele hipotetiza o fato de o conceito elétron ter uma contraparte concreta, mas concomitantemente não ficaria surpreso se esta assunção se mostrasse falsa e os elétrons fossem substituídos por algo diferente.

É inútil dizer, seja qual for a forma que a nova epistemologia realista crítica possa assumir, ela deixaria de ir de encontro aos padrões da pesquisa científica e, conseqüentemente, não conseguiria ajudar esta empreitada, se fosse concebida como um *ismo* a mais, i. é, como um conjunto de dogmas situados além da crítica e acima da ciência. Procura-se um nome para esta nascente epistemologia, um nome que não termine em *ismo* pois tudo o que termina em *ismo* tende a pôr um fim à busca da verdade.

9. ANALOGIA, SIMULAÇÃO, REPRESENTAÇÃO*

1. *Introdução*

A importância da analogia na pesquisa científica deveria ser inegável. Mas, sem dúvida, tem sido tanto negada quanto exagerada: negada por aqueles que vêem a analogia como tendo *apenas* valor heurístico — e superestimada pelos que encaram a analogia como tendo *nada me-*

(*) Ensaio patrocinado pelo Canada Council Research, permissão 69-0300.

nos do que uma função de orientação de pesquisa. Infelizmente, nem amigos nem inimigos da analogia parecem tê-la levado bastante a sério para caracterizá-la de modo adequado. Neste estudo introdutório, tentaremos explicar a analogia de um modo elementar e mostrar seu parentesco com dois outros conceitos de importância filosófica, i. é, o de simulação e o de representação.

Nosso universo do discurso será o conjunto inteiro O de objetos concretos ou conceituais. Partilharemos O em três conjuntos: o conjunto N de objetos naturais ou sociais (*e.g.*, elétrons e sociedades filosóficas), o conjunto A de artefatos concretos (*e.g.*, dentaduras e autômatos) e o conjunto C de objetos conceituais (*e.g.*, conceitos e teorias). Assim N, A e C serão mutuamente disjuntos e cobrirão exaustivamente o universo inteiro do discurso. Isto não nos impedirá de pensar em sistemas compostos de partes pertencentes e classes diferentes.

2. *Analogia*

Podemos dizer que o membro x do conjunto universo O é *análogo* a seu membro companheiro y, apenas no caso em que

(a) x e y partilham de várias propriedades objetivas (são iguais em alguns aspectos) ou

(b) existe uma correspondência entre as partes de x ou as propriedades de x e as de y.

Se x e y forem análogos, escreveremos $x \simeq y$ e chamaremos cada parceiro da relação de *análogo* do outro. Se x e y satisfizerem a condição (a) acima, poder-se-á dizer que são *substancialmente* análogos. Dois átomos quaisquer são substancialmente análogos. Se a condição (b) acima prevalecer, poderemos chamar os análogos de *formalmente* análogos, independente de suas constituições. A migração de íon é formalmente análoga à migração humana. E se a e b valerem, será possível chamar a analogia de *homologia*. O homem e o robô são homólogos. A homologia implica uma analogia tanto substancial quanto formal e, uma analogia substancial implica uma analogia formal, mas o inverso não é verdadeiro.

A analogia formal é melhor analisada quando os objetos em questão são conjuntos. Pois a teoria dos conjuntos não especifica a natureza dos elementos de um conjunto. Isto não significa que uma analogia formal só é clara quando diz respeito a objetos matemáticos — dado que se pode modelar qualquer objeto concreto como (o representado por) um conjunto dotado de uma certa estrutura, a busca de analogias formais entre objetos concretos pode ser referida a seus conjuntos representativos. Se dois conjuntos representativos desta natureza mostrarem-se análogos, seus respectivos referentes serão declarados formalmente análogos.

Se x e y forem por acaso conjuntos, poder-se-á especificar que a correspondência envolvida na condição (b) acima forneça vários graus de analogia formal. O mais fraco deles que podemos denominar analogia formal *simples* (ou algum-algum) é obtido quando alguns elementos de x são pareados a alguns elementos de y. Se este pareamento for arbitrário, considerar-se-á a analogia superficial; se o acoplamento basear-se em alguma consideração referente tanto à estrutura quanto à composição do conjunto, dir-se-á que a analogia é mais ou menos profunda. Uma acentuada similaridade é obtida quando cada elemento de x tem um par em y: neste caso, podemos falar de uma analogia *injectiva* ou (todo-algum). Uma analogia formal ainda mais acentuada é obtida quando a relação anterior vale em ambos os sentidos: pode-se denominá-la de analogia *bijectiva* (ou todo-todo).

A analogia injectiva (ou todo-algum) aparece com duas forças: fraca e homomórfica. Há um *homomorfismo* do conjunto x no conjunto y apenas no caso em que existe uma correspondência que refere cada elemento de x a algum elemento de y e além disso, preserva as relações e operações em x. Pode-se descrever o homomorfismo como uma analogia todo-algum (injectiva) preservadora da estrutura. Se há um homomorfismo de x em y e também um de y em x, (isto é, se nenhum elemento solteiro remanescer em x ou y) e além disso os dois morfismos compensarem um ao outro, diz-se que a analogia é um *isomorfismo*. O isomorfismo é, sem dúvida, uma perfeita analogia formal: tudo o que está em x e acontece em x tem sua imagem isomórfica em y e inversamente. O isomorfismo implica tanto o homomorfismo quanto a analogia bijectiva (todo-todo); esta última implica analogia injectiva (todo-algum) que, por sua vez, implica a analogia formal simples (algum-algum).

A relação $\simeq$ de analogia é uma relação binária sobre O. Mas uma vez que nem sempre dois objetos em O são análogos $\simeq$ não está ligada a O. A relação de analogia é simétrica: se $x \simeq y$ então $y \simeq x$; é também reflexiva: $x \simeq y$, isto é, qualquer coisa é análoga a si própria. Mas $\simeq$ não é transitiva, nem intransitiva: $x \simeq y$ e $y \simeq z$ não implicam conjuntamente $x \simeq z$, logo não implicam que x

e *z* sejam dissimilares tampouco. (Pensem na semelhança facial.) Em outras palavras, algumas vezes a similaridade é propagada: na maioria das vezes é de curto alcance, ocasionalmente é de longo alcance. Quando acontece que a similaridade é transitiva, chamamo-la de *analogia de contágio* (≅). A similaridade simples é uma relação muito frouxa no sentido de dificilmente induzir qualquer estrutura sobre um conjunto. De outro lado, a similaridade de contágio é uma relação de equivalência.

Não sendo transitiva, ≃ não é uma relação de equivalência, i. é, não leva à partição de *O* em classes mutuamente disjuntas: não gera conjuntos homogêneos ou esespécies. Entretanto, se *todos* os objetos de um certo subconjunto de *O* forem similares aos pares, isto é, se acontecer que ≃ estiver conectada naquele subconjunto, então seus membros serão equivalentes e constituirão uma classe de equivalência (espécie). Este teorema é importante do ponto de vista metodológico, pois se uma relação de analogia vale numa amostra observada de população, podemos pressupor conjeturalmente que a população total é uma classe de equivalência ou espécie. Se apenas uns poucos indivíduos forem examinados e se a similaridade deles for verificada — como é amiúde o caso quando se acredita haver descoberto uma nova espécie biológica — o risco desta inferência é grande: diferentes pesquisadores trabalhando sobre diferentes amostras podem obter diferentes agrupamentos taxonômicos. E alguns, sem compreender que toda operação de classificação é hipotética[1], concluirão que o próprio conceito de espécie é inútil.

Compreende-se melhor a frouxidão da relação de analogia, contrastando-a com outras relações que lhe são similares, por partilharem com ela das propriedades de simetria e reflexividade. São, na maior parte, as relações de identidade, (como, em "1 ≡ 1"), de igualdade (como em "2 + 3 = 5") e equivalência (como na simultaneidade de tempo). Identidade implica igualdade; igualdade implica equivalência e equivalência implica similaridade. (As implicações inversas não valem.) Nos símbolos ≡ (= ≅ (≃, onde o símbolo "(" representa o conceito de subrelação.

Observem que, quanto mais fraca a relação, menos discriminatória ela é. Uma classe de indivíduos idênticos é um conjunto-unidade *singleton*. Uma classe de iguais, de

---

(1) REIG, O. A. *Los Conceptos de Especie en la Biología* (Caracas. Ediciones de la Biblioteca de la Universidad Central de Venezuela, 1968).

outro lado, pode ser numerosa, pois os iguais são distintos pelo menos em um aspecto: pense em uma coleção de prótons. Mais uma vez, pois, visto que os equivalentes (*e.g.*, indivíduos da mesma espécie) são os mesmos pelo menos em um sentido, as classes de equivalência são forçosamente bem populosas, embora menos do que as classes de similaridade, as mais abrangentes de todas.

Finalmente, dada a tripartição de O em N, A e C introduzida na sec. 1, podemos distinguir as espécies de analogias que aparecem na Tab. 1.

Tabela 1

Tipos de Analogia

Símbolo	*Descrição*	*Exemplo*
$\simeq_1$ ($N \times N$	similaridade coisa-coisa	organismo-sociedade
$\simeq_2$ ($N \times A$	similaridade coisa-artefato	organismo-automação
$\simeq_3$ ($N \times C$	similaridade coisa-constructo	organismo-teoria
$\simeq_4$ ($A \times N$	idêntico a $\simeq_2$	carro-caminhão
$\simeq_5$ ($A \times A$	similaridade artefato-artefato	computador-teoria dos autômatos
$\simeq_6$ ($A \times C$	similaridade artefato-constructo	
$\simeq_7$ ($C \times N$	idêntico a $\simeq_3$	
$\simeq_8$ ($C \times A$	idêntico a $\simeq_6$	
$\simeq_9$ ($C \times C$	similaridade constructo-constructo	duas teorias quaisquer

No conjunto, levando tudo em conta, devido à simetria da relação de analogia, temos seis espécies de analogias se se prestar atenção à natureza dos *relata*. Não se presta semelhante atenção, quando se trata de analogia formal que, no caso dos conjuntos, vem a ser de outras seis espécies (simples, de contágio, injectiva, bijectiva, homomórfica e isomórfica). Se forem contados ambos os aspectos, substância e forma, resultam $6^2 = 36$ espécies de analogias.

3. Simulação

Um simulacro de um dado sistema é um objeto que copia este último em algum aspecto, tal como formato ou função. Quando artificiais ou conceituais, os simulacros são muitas vezes chamados *análogos* ou *modelos* do sistema original[2]. O projeto de um simulacro concreto ou modelo material de um dado sistema baseia-se em algum modelo conceitual, às vezes, toda uma teoria do mencionado sistema[3]. Por exemplo, um análogo ou modelo elétrico de um circuito neural será projetado com base em algum modelo conceitual deste circuito neural, mas também com base na teoria dos circuitos. Em compensação, o estudo do comportamento do simulacro pode ajudar a compreender o original. Mas cumpre não exagerar os proveitos deste investimento: nada pode substituir o estudo da coisa real. Tanto mais que, dado qualquer objeto natural ou social, há em princípio qualquer número de modelos conceituais deste objeto e, portanto, muitos simulacros possíveis do sistema dado.

Mais precisamente, diremos que um objeto x pertencente a A ou C *simula* (imita, mimetiza, copia, arremeda, macaqueia) um objeto y em O se

(a) x é contagiosamente análogo a y ($x \cong y$) e

(b) esta analogia é válida para o próprio x ou para um terceiro partido z em N, que domina ou controla x.

Se x simula y, escrevemos: $x \stackrel{\wedge}{} y$. Estipulamos que $\stackrel{\wedge}{}$ é uma relação binária sobre O, com domínio $A \cup C$ e codomínio O. Além disso, a relação de simulação é *simétrica, reflexiva* e *transitiva*. Isto é, o original imita seu(s) simulacro(s); qualquer objeto é um simulacro de si mesmo (de fato, a melhor imitação); e a imitação é contagiosa durante todo o tempo: assim a fotocópia de um plano simula um plano que, por seu turno, imita um pássaro que é vicariamente imitado pela fotocópia. Sendo reflexiva, simétrica e transitiva, a $\stackrel{\wedge}{}$ é uma relação de equivalência, e portanto mais forte do que uma analogia. O conjunto $[x] = \{z \mid z \stackrel{\wedge}{} x\}$ de todos os simulacros de x é uma classe de equivalência com respeito à relação de simulação.

---

(2) HARMON, L. D. & LEWIS, E. R. Neural Modeling. *Physiological Review*, 46, 513 (1966): "Nós usamos o termo *modelo* como sinônimo de *análogo,* para indicar aquilo que é similar em função, mas difere em estrutura e origem daquilo que é modelado".

(3) Os conceitos de modelo conceitual e material são discutidos em M. BUNGE, *Scientific Research* (Berlim-Heidelberg-New York, Springer-Verlag, 1967), v. 1, Cap. 7. Os conceitos de objeto-modelo e modelo teórico (ambos subsumidos ao conceito de modelo conceitual) são elucidados em M. BUNGE, Les concepts de modèle, *L'âge de la science*, 1, 165 (1968) e Models in theoretical science, *Proceedings of the XIVth International Congress of Philosophy* (Viena, Herder, 1969), v. III.

Tab. 2

Espécies de Simulação

Símbolo	Descrição	Exemplo
$\triangle$ 1 ($A \times N$)	artefato simula objeto natural	modelo de molécula radial com esferas
$\triangle$ 2 ($A \times A$)	artefato simula artefato	modelo em pequena escala de navio
$\triangle$ 3 ($A \times C$)	artefato simula constructo	gráfico de uma função
$\triangle$ 4 ($C \times N$)	constructo simula objeto natural	teoria científica
$\triangle$ 5 ($C \times A$)	constructo simula artefato	teoria tecnológica
$\triangle$ 6 ($C \times C$)	constructo simula constructo	círculo simula esfera

Admitimos que os simulacros são ora artefatos ora objetos conceituais: nossa idéia de simulação não se aplica ao mimetismo animal e ao comportamento imitativo, espontâneos ou induzidos por adestramento. Estes casos são abrangidos pela ampliação do domínio de $\triangle$ a todo conjunto O. Este fornece três outras espécies de simulação: $\triangle_7$ ($N \times N$, $\triangle_8$ ($N \times A$, e $\triangle_9$ ($N \times C$. A primeira ou a simulação *NN* é exemplificada pela representação teatral; a feitura de gestos e ruídos sugestivos do vôo a jato exemplifica a simulação *NA;* a terceira ou simulação *NC* é exemplificada pelo existencialismo.

4. *Representação*

Alguns artefatos, tais como palavras significativas e desenhos representativos, notas de dinheiro e maquetes representam certos objetos ou os significam: podem ser chamados *objetos representantes* ou *procuradores*. De outro lado, a algaravia, as ferramentas e a maioria das máquinas são objetos não-representantes. Faremos a partição do conjunto *A* de artefatos no subconjunto *R* de artefatos representantes e seu complemento, o conjunto $\overline{R}$ de artefatos não-representantes. Do mesmo modo, alguns constructos — como os conceitos e teorias da ciência — fazem as vezes de certos outros objetos, i. é, membros de *N,* mais do que são por si próprios. De outra parte, os conceitos da lógica e matemática puras são objetos não-representantes. (Assim, a unidade, representável pelo artefato "1", nada representa exceto a si mesma; de outro lado, o numeral "1" representa ou designa também 2/2, -3/-3, $\log_{10} 10$, etc.).

O conjunto *C* pode sofrer uma partição no subconjunto *S* de constructos *simbolizadores* (ou procuradores conceituais) e o conjunto $\bar{S}$ de constructos não-simbolizadores.

Considerem agora o conjunto de todos os objetos que são representantes ou simbolizadores, i. é, que fazem as vezes de algo diferente do que eles próprios: i. é, o conjunto $R \cup S$ de procuradores concretos e conceituais. Podemos dizer que um objeto *x* em $R \cup S$ (i. é, um procurador) *representa* (espelha, modela, esboça, simboliza, faz as vezes de) o objeto *y* em *O* se *x* for um simulacro de *y*. Onde quer que esta relação valha, escrevemos: $x \triangleq y$.

A representação é uma sub-relação de simulação: i. é, para qualquer *x* e qualquer *y* em *O*, se *x* representa *y*, então *x* simula *y*. Em outras palavras, $\triangleq$ ($\triangleq$. Mais precisamente, a relação de representação é a restrição da relação de simulação para o subconjunto $R \cup S$ de $A \cup C$: de fato, $\triangleq$ é idêntico a $\triangleq \cap ((RUS) \times O)$. As relações semânticas de designação e referência, são de outra parte super-relações da relação de representação: tudo que representa *a fortiori* tanto designa como refere. Como a simulação, a representação é *não-simétrica, reflexiva* e *transitiva*: o objeto representado ou simbolizado pode não representar, na maioria das vezes não o faz, sua contraparte; o objeto representante pode ser encarado como a melhor representação de si mesmo; e se *x* representa *y* que por sua vez representa *z*, então *x* representa *z*. A representação então é uma relação preordenadora.

Sempre que a relação de representação é válida entre conjuntos, podemos aplicar a distinção feita na sec. 2 com respeito à analogia. Neste caso, cabe distinguir as representações das mesmas forças mencionadas anteriormente, simples (mas de contágio), injectiva, bijectiva, homomórfica e isomórfica. Enquanto bijecção e isomorfismo são amiúde exemplificados na matemática, as relações mais frouxas de representação simples (algum-algum), a representação injectiva (todo-algum) e a injecção preservadora de estrutura (representação homomórfica) parecem constituir a regra na arte e na ciência, puras ou aplicadas. Fora a matemática, a representação isomórfica é aparentemente um ideal inatingível: um alvo que a gente se esforça por saltar a fim de chegar cada vez mais perto dele, sabendo-se muito bem que não é possível alcançá-lo.

O objetivo da teorização na ciência é, de fato, dar a melhor representação conceitual do sistema dado (objeto representado)[4] — e a melhor possível é a mais próxima

(4) Para a defesa desta tese realista, veja M. BUNGE, *Scientific Research* (Ref. 3), *passim*.

do isomorfismo. Mas um e o mesmo sistema pode ser representado por um número de modos não-equivalentes, conforme a informação disponível e as ferramentas analíticas à nossa disposição e conforme o nosso objetivo imediato. Assim um corpo, quer físico ou social, pode ser modelado como um conjunto de pontos ou, talvez, como um gráfico (componentes ligados por relações); pode também ser modelado como um conjunto de pontos com um certo número de funções sobre ele ou mesmo como um conjunto de mapeamentos (as entradas e as saídas das várias componentes) e assim por diante. Conseqüentemente, nós nos deparamos, de vez em quando, com a escolha da representação mais adequada — que não é sempre tampouco a mais verdadeira ou a mais fácil de aplicar[5].

De qualquer modo, a procura e avaliação de representações de objetos concretos na ciência suscita um número de problemas, em particular os seguintes: (*a*) encontrar a melhor *espécie* de representação para um dado fim (grosseira ou detalhada, caixa negra ou mecanismo, determinística ou estocástica etc.); (*b*) dada uma massa de dados e generalizações empíricas relativas ao sistema, decidir qual deve ser *descartada*, i. é, qual não deve ser incorporada à representação; (*c*) dada uma espécie de representação e a massa de dados e de generalizações empíricas a serem consideradas, construir o modelo *mais verdadeiro;* (*d*) dadas duas representações do mesmo sistema, *compará-las* às estruturas, i. é, estabelecer o mapeamento que leva uma à outra; (*e*) em particular, dadas duas representações do mesmo sistema, determinar se são *equivalentes;* (*f*) dadas duas representações de espécies iguais ou diferentes, equivalentes ou não, determinar se representam o *mesmo* sistema. Eis uma amostra de questões que podem ser respondidas em relação a qualquer conjunto de simulacros conceituais de um sistema concreto.

A Tab. 3 leva em conta diferenças na natureza entre objetos representados e representantes.

De todas estas sub-relações de ≙, a primeira é típica do estágio observacional (embora não peculiar a ele) da ciência fatual; a segunda e a quinta são, por certo, características da tecnologia e da lingüística se os signos são tidos como ferramentas; a terceira e a sexta são peculiares à matemática; a quarta, à ciência teórica pura e a quinta, à ciência teórica aplicada.

---

(5) Para alguns dos dilemas encontrados na avaliação de teorias científicas, veja M. BUNGE, *Scientific Research* (Berlim-Heidelberg-New York, Springer-Verlag, 1967), v. II, Cap. 15 e o *Myth of Simplicity* (Englewood Cliffs, N. J., Prentice-Hall, 1963), Caps. 6 e 7.

Tab. 3

Tipos de Representação

Símbolo	Descrição	Exemplo
$\triangleq_1 \subset R \times N$	artefato representa objeto natural	desenho de uma árvore
$\triangleq_2 \subset R \times A$	artefato representa artefato	diagrama de fluxo de uma fábrica
$\triangleq_3 \subset R \times C$	artefato representa constructo	diagrama em árvore de argumento
$\triangleq_4 \subset S \times N$	constructo representa objeto natural	teoria da evolução
$\triangleq_5 \subset S \times A$	constructo representa artefato	teoria dos autômatos
$\triangleq_6 \subset S \times C$	constructo representa constructo	coordenada de um ponto

5. *Combinando as Três Relações*

O conceito de análogo, simulacro e representação ocorre conjuntamente em várias ocasiões. Examinemos algumas poucas combinações típicas de interesse para a filosofia da ciência e a tecnologia.

Primeiro caso: Dois objetos análogos naturais ou artificiais são representados por um único modelo conceitual. Exemplo: a difusão epidêmica e cultural são abrangidas em seus traços salientes pelo mesmo modelo matemático.

Segundo caso: um sistema conceitual cobre tanto um objeto natural quanto um dos seus simulacros concretos. Exemplo: teorias de autômatos aplicadas (parcialmente) a computadores digitais e a cérebros.

Terceiro caso: Dois objetos análogos naturais são simulados por uma única máquina. Exemplo: simulação por computador da evolução molecular e biológica[6].

Justapondo os padrões básicos acima, será possível enfrentar qualquer número de situações mais complexas que envolvam as três relações. Por exemplo:

Quarto caso: Dois objetos análogos concretos são simulados por um artefato e representados por um modelo

---

(6) L. CHIARAVIGLIO (Georgia, Institute of Technology), comunicação pessoal. Pode-se simular em um computador a reprodução e recombinação de moléculas — que leva de uma geração à seguinte. Programas de perguntas inspecionam cada geração e verificam quando certa seqüência predeterminada aparece, medindo seu comprimento e outras propriedades. É possível impor uma a uma a pressão seletiva e a mutação, de modo a determinar a sua contribuição à seleção. Para uma excelente introdução ao problema da simulação, ver H. GUETZKOW, Ed., *Simulation in Social Science* (Englewood Cliffs, N. J., Prentice-Hall, 1962). Quanto à discussão sobre o valor duvidoso de prova da simulação por computador, cf. M. BUNGE, *Scientific Research*, v. II, Cap. 14.

conceitual. A Fig. 1 mostra o gráfico deste entrosamento de relações. Exemplo: tanto a nossa lua e qualquer dos satélites de Júpiter são simulados por um satélite artificial e representados por uma teoria lunar:

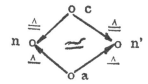

Fig. 1. Quarto caso: os objetos naturais n e n' são representados pelo modelo conceitual c e simulados pelo artefato a.

Voltamo-nos agora para um típico diagrama aberto. A seguinte afirmação desempenhará um papel na sua discussão. *Teorema*: Se $c \triangleq n$ e $c' \triangleq n'$ forem análogos, então n e n' serão também análogos e inversamente.

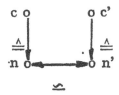

Fig. 2. *Constructos similares*

Quinto caso: Dois modelos conceituais de outras tantas coisas concretas análogas (Fig. 2). Problema 1: Serão os próprios modelos conceituais análogos? Resposta: Sim, por causa do teorema anterior. Precaução: dada a extrema fraqueza da relação de analogia, o resultado precedente não diz muito. Problema 2: Sob que condições representarão os modelos a mesma coisa? Resposta: Sob condições antes restritivas[7]. Observação: embora a natureza precisa destas condições seja de interesse para a matemática aplicada, o semiólogo deverá interessar-se em saber que o problema de determinar se os dois constructos têm o mesmo referente pode ser colocado e solucionado de uma maneira exata, ainda que algo abstrusa.

Mais uma vez é possível abranger qualquer número de situações justapondo-se os padrões básicos anteriores. Mas ainda está para ser tentado um estudo sistemático e exato dos problemas que envolvam analogia, simulação e representação.

6. O Papel da Analogia na Ciência

Sem analogia não poderia haver conhecimento de qualquer espécie: a percepção de analogias é o primeiro passo para a classificação e a generalização. O primeiro passo apenas, pois uma classe natural (enquanto oposta a um conjunto arbitrário) é uma classe de equivalência, i. é, uma classe dotada de uma estrutura bem mais forte do que uma classe de similaridade (veja sec. 2). O primeiro papel da analogia é sugerir a equivalência, sem contudo estabelecê-la.

A incapacidade de distinguir a analogia da equivalência deu origem à crença clássica, todavia errada de que a analogia é a fonte da indução, por seu turno erroneamente considerada o método da ciência. Uma crença afim e ainda mais enganosa é que o estabelecimento de analogias entre os membros de um dado conjunto substancia a indução. Na realidade, as coisas são mais complicadas: (a) a similaridade pode sugerir equivalência; (b) a equivalência justifica a classificação; (c) a classificação é necessária (não suficiente) para aventurar generalizações indutivas; (d) as generalizações indutivas são apenas um pequeno subconjunto de hipóteses científicas e nunca são formadas de maneira conclusiva[8].

---

(7) ROSEN, R. A representação de sistemas biológicos do ponto de vista da teoria das categorias. In: *Bulletin of Mathematical Biophysics*, 20, 317 (1958), Teorema 6, p. 335. Seja M um diagrama de bloco abstrato que represente um sistema concreto, *e.g.*, um organismo. Os objetos e o mapeamento de M pertencerão a uma certa categoria A. Considere-se agora outra categoria B e um functor T de A em B. Chame-se $T(M)$ a imagem do diagrama de bloco original sob o functor T. Questão: sob que condições é esta imagem $T(M)$ de novo um diagrama de bloco do sistema concreto dado? Resposta: Quando T for um functor fiel, regulativo e multiplicativo.

(8) POPPER, K. R. *The Logic of Scientific Discovery* (Londres, Hutchinsons, 1959), apresenta a mais conclusiva refutação do indutivismo com referência à construção de teoria. Mas a indução desempenha um papel decisivo na avaliação das teorias científicas à luz dos dados empíricos. Ver M. BUNGE, *The Myth of Simplicity* (Englewood Cliffs, N. J., Prentice-Hall, 1963), Cap. 9.

Todos nós sabemos das limitações da analogia e dos argumentos da analogia, mas quando chega o momento — i. é, quando tropeçamos no que parece ser uma analogia profunda e promissora — ela nos ofusca tão freqüentemente quanto ilumina a situação. Recordemos uns poucos casos em que a analogia ou antes o seu uso negligente foi desencaminhador. Exemplo 1: os energeticistas e antiatomistas da passagem do século acentuaram a similaridade entre o resfriamento e a queda de um corpo, a ponto de pretender que os dois processos deviam satisfazer às mesmas leis. Coube a Planck[9] mostrar que tais processos diferem tanto quanto a segunda lei da termodinâmica difere da primeira. Exemplo 2: a mecânica quântica contém algumas fórmulas que lembram, por sua forma, a mecânica clássica das partículas e outras formalmente análogas a afirmações nas teorias clássicas do campo. A partir destas analogias formais, surge a costumeira inferência de que a mecânica quântica descreve tanto um aspecto corpuscular quanto outro ondulatório de microssistemas de dispositivos experimentais. É preciso axiomatizar a teoria para mostrar que estas analogias são superficiais e levam a incoerências[10]. Exemplo 3: a entropia e a quantidade de informação são dadas por fórmulas formalmente análogas, de onde se infere freqüentemente que elas são iguais e, além disso, que a mecânica estatística e a teoria da informação são a mesma coisa ou quase. Basta relembrar o que os referentes das duas magnitudes são e quais suas relações com outras magnitudes para compreender que se encontra em jogo uma analogia puramente formal e extremamente restrita. Exemplo 4: as inegáveis analogias entre organismos e sociedades geraram o darwinismo social, uma filosofia social estéril e conservadora. Só recentemente é que estas analogias sugeriram o modo certo de agir, i. é, tentar construir amplas teorias que cubram tanto organismos quanto comunidades[11].

Exemplo 5: as analogias entre indivíduos e grupos sociais sugeriram à psicanálise social outra doutrina estéril e conservadora que "explicará", dizem, a inquietação estudantil como um fruto da tendência parricida gerada pelo com-

---

(9) PLANCK, M. *Vorträge und Erinnerungen* (Stuttgart, S. Hirzel, 1949), pp. 11-12.

(10) BUNGE, M. *Foundations of Physics*. (Berlim-Heidelberg-New York, Springer-Verlag, 1967) e Analogy in quantum teory: from insight to nonsence. *British Journal for the Philosophy of Science*, 18, 265 (1967).

(11) Uma teoria deste tipo é uma extensão da teoria matemática de genética populacional proposta por R. W. GERARD, C. KLUCKHOHN e A. RAPOPORT, Biological and cultural evolution, *Behavioral Science*, 1, 6 (1956). Uma outra é a teoria de conjuntos organísmicos proposta por N. RASHEVSKY, *Bulletin of Mathematical Biophysics*, 29, 139 (1967).

plexo de Édipo. E assim por diante. Uma história negativa da ciência, uma história que recordasse mais os malogros do que os êxitos, poderia evidenciar que as analogias são tão freqüentemente desorientadoras quanto fecundas.

Outro alçapão contra o qual devemos nos precaver é o ponto de vista corrente e em moda da teorização científica e explanação como sendo basicamente analógica ou metafórica[12]. Sob este ponto de vista, o "modelo" hipotético-dedutivo de teorias científicas estaria errado: o núcleo explanatório de cada teoria seria uma metáfora, um modelo mais ou menos pictórico de seu referente que cumpre não apenas uma função heurística, mas também lógica. A explanação científica consistiria então de uma redução ou quase identificação do novo e não-familiar ao velho e familiar — que constitui de fato a tese familiar de Meyerson. O "modelo" metafórico de teorização científica e explanação tornou-se popular nos últimos anos, juntamente com outras reações tanto contra o indutivismo como contra o dedutivismo, embora nunca tivesse sido sustentado por uma análise pormenorizada da forma e do conteúdo de uma única teoria científica — o que prova que os filósofos da ciência podem ser tão especulativos como os metafísicos tradicionais.

A visão metafórica da natureza das teorias científicas é impotente para dar conta dos seguintes fatos: (a) a maioria das teorias científicas, especialmente na física contemporânea, são não-pictóricas e usualmente explicam fatos familiares em termos incompreensíveis ao leigo[13]; (b) enquanto algumas teorias contêm ou podem absorver modelos mais ou menos visualizáveis de seus referentes, são todos sistemas hipotético-dedutivos na medida em que interessa à sua forma[14]. Seria miraculoso se as explanações científicas fossem pouco mais do que parábolas, pois então a ciência seria incapaz de explicar algo de novo: sem dúvida, o novo falha em se assemelhar ao velho em algum aspecto decisivo — de outro modo não seria tomado como novidade. O que sucede é que a gente não "sente" que ele tenha

(12) Para o ponto de vista segundo o qual analogias, em particular modelos visualizáveis, são constitutivos mais do que simples componentes heurísticos de teorias científicas, veja E. H. HUTTEN, *The Language of Modern Physics* (Londres, Allen & Unwin, 1956); M. BLACK, *Models and Metaphors* (Ithaca, New York, Cornell University Press, 1962), e M. HESSE, *Models and Analogies in Science* (Notre-Dame, Ind., Notre-Dame University Press, 1966).

(13) Para uma discussão das várias noções de intuitibilidade, cf. M. BUNGE, *Intuition and Science* (Englewood Cliffs, N. J., Prentice-Hall, 1962).

(14) Isto é assim por definição: uma idéia que falha em ser um sistema hipotético-dedutivo não pode ser chamada de *teoria* na ciência e matemática contemporâneas. Veja M. BUNGE, *Scientific Research* (Berlim-Heidelberg-New York, Springer-Verlag, 1967), v. I, Cap. 7, para uma análise elementar da estrutura de uma teoria científica.

entendido o novo, a menos que o tenha incorporado em algum corpo aceito de idéias. Mas tal corpo pode ter sido recém-construído, a fim de abrigar um fato previamente desgarrado. Também, após alguma prática, ficaremos acostumados ao novo modo de pensar e sentir-nos-emos em terreno familiar: explanação e entendimento tendem a tornar-se coextensivos.

Mas estão longe de ser cointensivo: o conceito psicológico de entendimento é de fato diferente do conceito metacientífico de explanação. Tanto mais quanto pode haver explanação desacompanhada de entendimento intuitivo; e, inversamente, boa parte das "explanações" inteligíveis ao leigo são não-científicas, precisamente porque confiam mais em analogias do que nas próprias teorias.

Em resumo, a analogia é indubitavelmente fecunda, mas dá nascimento tanto a monstros como a bebês sadios. E, em qualquer dos casos, seus produtos, assim como os da intuição, são apenas isto: recém-nascidos que precisam ser criados, se é que o precisam, mais do que cultuados. Em outros termos, encontrar uma analogia ou propor um argumento baseado numa analogia (i. é, construir um argumento que contenha juízos de analogia) é apenas um começo. Como Gerard, Kluckhohn e Rapoport dizem[15] em seu incitante artigo sobre analogias entre evolução cultural e biológica, "O pensamento analógico [...] é segundo nosso ponto de vista não tanto uma fonte de respostas sobre a natureza dos fenômenos como uma fonte de questões desafiadoras".

7. *Os Papéis da Simulação e Representação na Ciência*

O conceito de simulação, tal como foi reconstruído na sec. 3, depende do conceito de valor: verdade, simulação é analogia valiosa — e portanto, muitas vezes, deliberada (do mesmo modo o disfarce, complemento da simulação, é dissimilaridade valiosa). Daí ser o conceito de simulação tão pragmático quanto o conceito de valor — em uma axiologia não-platônica, i. é, em uma axiologia segundo a qual não há valores, mas antes objetos valiosos e, segundo a qual, a avaliação é executada por organismos.

Do mesmo modo, o conceito de representação, tal como definido na sec. 4 — onde foi construído como sub-relação da relação de simulação — é um conceito pragmático. Mas, diferentemente do conceito de simulação, o de representação pode ser construído de uma forma livre de

(15) Veja p. 197, n. 11.

sujeito. Na verdade, podemos pretender que a representação é uma relação puramente semântica entre o retrato e seu referente, particularmente se a pintura é fiel ou verdadeira. (As palavras "retrato" e "pintura" não constituem aqui escolhas felizes, pois as representações podem ser simbólicas mais do que icônicas[16].) Além disso, poderia parecer possível introduzir o conceito de representação independentemente do conceito de simulação, talvez em termos dos conceitos semânticos de referência e verdade. (Uma elucidação de caráter simples em termos semânticos poderia ser a seguinte: se x for uma afirmação e y um objeto concreto, então x *representa* y apenas no caso em que x se referir a y e x for verdadeiro.) Não obstante, nossa definição pragmática de representação pode ser útil para nos lembrar de vez em quando que as representações servem a um propósito. (Na realidade, é uma caracterização, não uma definição, pois é circular.)

Os convencionalistas e idealistas subjetivos, se houver algum ainda vivo, não têm o que fazer com o conceito de simulação e representação. Na verdade, o mero uso de tais conceitos pressupõe (a): a hipótese metafísica de que existe um mundo e (b): a hipótese epistemológica de que este mundo é digno de ser simulado, tanto em pensamento quanto em artefato, para fins de entendimento e controle. (Mas então pode-se argumentar que a ciência, embora cheia de convenções, não tem o que fazer com o convencionalismo ou o idealismo subjetivo, ambos defensáveis com referência à matemática.) Assim, pode-se dizer que uma teoria científica, para contar como tal, deve simular entidades de uma certa espécie (sua classe de referência), pois do contrário não se poderia considerá-la como sendo relevante para elas, isto independentemente do fato de ser verdadeira a respeito delas. É possível também argumentar que qualquer prova empírica de uma teoria científica põe à prova, entre outras coisas, as assunções existenciais da teoria que — mesmo se falsas — constituem um seu ingrediente indispensável[17].

É inútil dizer que o artefato representativo ou a idéia simbolizante não precisa, e amiúde não pode, ser da mes-

(16) Para uma classificação de modelos científicos em modelos icônicos, análogos e simbólicos, cf. R. L. ACKOFF, *Scientific Method*: *Optimizing Applied Research Decisions* (New York, John Wiley & Sons Inc. 1962). Um modelo icônico é, sem dúvida, uma representação visualizável de algum aspecto de um sistema. Um modelo análogo emprega um conjunto de propriedades para representar algum outro conjunto de propriedades. E um modelo simbólico é uma teoria matemática do objeto em estudo.

(17) Esta asserção pode ser justificada pela apresentação dos postulados existenciais em uma reconstrução axiomática da teoria. Com respeito à axiomatização de inúmeras teorias físicas, cf. M. BUNGE, *Foundations of Physics* (New York, Springer-Verlag, 1967).

ma natureza que o objeto por elas representado: a analogia de contágio, substancial ou formal, é necessária e suficiente para qualificá-la como representação. Assim, pode acontecer que o objeto e seu modelo, embora não sejam similares como pontos, são análogos em geral, no sentido de que, como todos, partilham de certas propriedades. Como Bolzano[18] observou há mais de um século, "Cada todo tem e deve ter propriedades faltantes em suas partes separadas. Um autômato tem a propriedade de mimetizar quase enganosamente os movimentos de uma pessoa viva, enquanto suas partes separadas, suas molas, suas rodinhas e coisa parecida não possuem qualquer propriedade semelhante". A similaridade do tipo ponto, em particular o isomorfismo, é antes a exceção do que a regra. Somente em casos especiais, como em certos análogos mecânicos ou hidráulicos de circuitos elétricos é que se pode produzir uma ilusão de perfeita analogia formal (isomorfismo) — digo uma ilusão porque o campo eletromagnético à volta do circuito, que é o que impele a corrente, permanece fora da analogia. (Um lembrete oportuno é que o grau de similaridade é dependente de teoria: o que parece similar em uma certa teoria vem a ser dissimilar em outra.) A analogia eletromecânica, há pouco mencionada, tem uma importância histórica e prática tão grande e é tão inspiradora que merece um exame mais de perto.

Considerem o mais simples circuito elétrico, ou seja, um circuito de corrente contínua A e seu análogo hidráulico B. Cada sistema consiste de duas partes distintas: um gerador (bateria ou bomba, conforme o caso) e um elemento condutor (fio ou cano). O circuito elétrico possui um terceiro componente, o campo circundante, que deixaremos propositadamente de lado. Em cada caso, o sistema pode ser descrito como um certo conjunto de pontos, em que certas funções são definidas. Tais funções representam as propriedades características do sistema: a diferença de potencial (pressão) e ao longo dos terminais (pontas/ de cano), a intensidade de corrente (regime de fluxo) i no fio (cano) e a resistência (fricção) R. Estas três funções são relacionadas pela lei $e = Ri$.

Introduzamos um terceiro sistema F, desta vez, um sistema puramente conceitual que capta a estrutura comum dos dois sistemas concretos A e B. O sistema formal F é um sistema relacional ou estrutura, i. é, a quádrupla ordenada $F = < G, e, i, R >$, onde G é um conjunto de gráficos orientados com dois vértices e e, i, R são fun-

---

(18) BOLZANO, B. *Paradoxes of the Infinite*. Tradução para o inglês de D. A. STEELE (Londres, Routledge & Kegan Paul, 1950), p. 128.

ções de valores reais sobre G. Podemos fingir esquecer como F foi construído e encará-lo como uma idéia platônica: partimos da estrutura formal F e vamos "descendo" para as coisas concretas. Isto nos permite considerar A e B como apenas duas (entre infinitas) realizações ou modelos físicos do sistema formal (todavia não-abstrato) F. Além do mais, dizemos que todos os modelos concretos de F desta ordem são *formalmente análogos* um ao outro, num sentido forte e com respeito a F: de fato, todos são isomórficos. Por fim, podemos generalizar este procedimento para sistemas de qualquer espécie.

O que precede sugere a seguinte definição do isomorfismo de sistema em termos de modelo teórico: dois sistemas (concretos ou conceituais) A e B são *isomórficos com respeito a um terceiro sistema,* o sistema relacional F, apenas no caso em que A e B sejam modelos de F. Com esta definição, a fim de verificar se dois sistemas são análogos em um sentido forte, precisamos primeiro apresentar suas teorias, ainda que seja de uma forma apenas delineada. Conseqüentemente, o isomorfismo em questão é relativo às teorias empregadas em construir o sistema relacional F. Assim, no sistema acima, se a teoria de Maxwell foi adotada de preferência à teoria fenomenológica das redes elétricas, o isomorfismo rui por completo e permanece uma analogia consideravelmente mais fraca. Em suma, nossos juízos de analogia são dependentes da teoria.

8. Observações Finais

Desenvolvemos uma moldura elementar e ampla para elucidar as relações de analogia, simulação e representação. Tais relações foram analisadas, exemplificadas e inter-relacionadas com a ajuda de algumas poucas porções da teoria dos conjuntos e da teoria dos modelos. Entretanto, não foi apresentada nenhuma teoria propriamente dita. Além disso, é de se duvidar da possibilidade de uma teoria não-trivial de analogia (enquanto distinta da simulação e da representação), dada a fraqueza desta relação. Do mesmo modo, argumentos da analogia, embora individualmente analisáveis, não parecem passíveis de sistematização teórica, e isto por duas razões. Primeiro, porque são todos não-válidos, de modo que não pode haver padrões de validade formal; segundo, porque sua fecundidade depende da natureza do caso. Em resumo, nenhuma lógica da analogia parece possível. Seja como for, a moldura precedente pode ser de alguma utilidade quer como base de lançamento para análises mais profundas e mais detalhadas, quer para evitar algum absurdo.

Entre os erros flagrantes que é possível evitar facilmente, levando em consideração a nossa moldura, cabe mencionar os seguintes: (a) confundir analogia com a relação bem mais forte (transitiva) de equivalência; (b) falar de isomorfismo (ou de perfeita analogia formal) quando está em causa uma relação bem mais fraca de similaridade (usualmente de analogia simples); (c) acreditar que um modelo conceitual ou análogo (em particular um modelo teórico), para ser verdadeiro, tem de ser uma imagem especular (correspondência bijectiva) de seu referente; (d) crer que modelos fotográficos ou visualizáveis são essenciais para a ciência teórica, mesmo quando os referentes são imperceptíveis, como no caso dos elétrons e das nações.

O presente estudo não passa de uma exploração preliminar de três conceitos de interesse para cientistas, lógicos aplicados, filósofos da ciência e tecnologia, metafísicos e semiólogos. A maior parte do trabalho sobre este problema ainda está para ser realizada.

Agradeço ao meu aluno Charles Castonguay por sua proveitosa crítica ao esboço deste trabalho.

10. A VERIFICAÇÃO DAS TEORIAS CIENTÍFICAS

1. Introdução

Toda teoria científica de alto nível passa por quatro baterias de testes: empíricos, interteóricos, metateóricos e filosóficos. É certo que comumente só a necessidade dos primeiros é admitida, e mesmo a natureza de tais provas não foi bem esclarecida: com efeito, em geral são apresentadas como simples confronto das previsões teóricas com dados empíricos, sem haver a compreensão de que estes dependem por sua vez de outras teorias. Quanto aos testes interteóricos, consistem no exame da compatibilidade da teoria em jogo com o resto do saber científico, com o objetivo de assegurar sua coerência global. Que esta coerência externa seja tão importante quanto a coerência interna e quanto ao amparo da nova experiência, é uma coisa bem conhecida dos físicos, que utilizam vários "princípios de correspondência". Entretanto, ela quase não figura nos tratamentos da verificação, que de hábito é tida como sendo puramente empírica. O terceiro exame, o da natureza metateórica, versa sobre muitos caracteres formais, tais como a ausência de contradição, e semânticos, tais como a possibilidade de uma interpretação em termos empíricos (habitualmente por meio de outras teorias). Por fim, o cuidado com a respeitabilidade filosófica não é menor: em particular, suspeitar-se-á de toda teoria que não seja conforme à metafísica dominante nos círculos científicos; por exemplo, rejeitar-se-á uma psicologia que não der lugar aos processos orgânicos. Observemos tudo isto mais de perto, deixando de lado, todavia, pormenores e aplicações que são tratados alhures[1].

2. *As Análises Não-empíricas*

Muito antes de traçar o plano de um teste empírico, perguntamo-nos se a teoria é "razoável" e "verossímil": se ela está bem construída, se não contradiz tudo quanto julgamos saber (coerência externa) e se não postula entidades metafisicamente indesejáveis, tais como o *élan* vital. Assim, uma teoria dos nêutrons postulando que estes são ao mesmo tempo pontuais e extensos deverá ser rejeitada por causa de sua incoerência; se ela postular que os nêutrons têm a faculdade da livre decisão, cumprirá recusá-la como incompatível com a psicologia; e se ela supuser que os nêutrons não possuem existência autônoma, mas que são resumos práticos de certos dados experimentais, a teoria será abandonada porque não é compatível com a filosofia realista subjacente à pesquisa científica (embora os próprios pesquisadores lhe escapem por vezes)[2].

Por que esses exames não-empíricos antes mesmo do inquérito empírico? Primeiramente, devido à preocupação de clareza e de sistema: queremos dispor de um edifício bem ordenado (um sistema hipotético-dedutivo) mais do que de um amontoado caótico de fórmulas, porquanto se pretende compreender e se pretende explorar a lógica e a

(1) BUNGE, M. *Scientific Research* (New York, Springer, 1967), em particular I, pp. 499-504 e II, pp. 336-357.
(2) Cf. M. BUNGE, Ed., *Quantum Theory and Reality* (New York, Springer, 1967).

matemática. Em segundo lugar, devido à preocupação com a coerência global, que multiplica o número e a variedade dos sustentáculos de toda espécie. Assim o psicólogo que estuda a memória como um processo orgânico confia na biologia molecular, que por sua vez é baseada na química, que se apóia na física, que emprega a matemática, que inclui a lógica. Introduzam a contradição em alguma parte desta cadeia e terão a fragmentação assim como a falta de amparo mútuo e de profundidade. É o mesmo cuidado com a coerência global que nos impele a procurar a compatibilidade com a nossa filosofia, assim como a reformar a filosofia a fim de pô-la de acordo com a ciência.

Sem dúvida, estes exames não-empíricos nem sempre são efetuados de uma forma explícita, detalhada e consistente. Assim mesmo, nenhuma teoria pode dispensá-los e nenhuma deveria dispensá-los, porque indicam se vale a pena levar a cabo as provas empíricas e porque poderão mesmo sugerir (particularmente as análises interteóricas) provas empíricas. Se nem sempre são mencionadas, é por pudor filosófico: porque a filosofia declarada dos cientistas é o empirismo, ainda que a traiam desde que começam a construir teorias e a aplicá-las à planificação das experiências, visto que toda teoria é um conjunto infinito (e ordenado) de proposições que ultrapassam a experiência.

3. *A Preparação Para a Prova Empírica*

Acredita-se saber como se submete uma teoria científica à experiência: destacam-se algumas conseqüências das hipóteses de base e planificam-se e executam-se observações pertinentes a tais teoremas. Mas isto é demasiado simples para ser verdadeiro. A dedução de conseqüências verificáveis comporta sempre a adição de hipóteses suplementares que vão além da teoria em questão e, por conseguinte, a colocam em perigo, embora salvando-a do isolamento com respeito à experiência. Tais suposições se reportam em parte às particularidades do objeto concreto ao qual se refere a teoria: elas esboçam um modelo teórico dele compatível com a teoria, construído com os conceitos de base da teoria, mas que não faz parte dos postulados gerais da teoria[3]. Assim, em teoria eletromagnética, para calcular a forma e a potência das ondas emitidas por um posto emissor, dever-se-á começar por imaginar um modelo teórico de antenas. A esta simplificação poderão

(3) Cf. M. BUNGE, *Foundations of Physics* (New York, Springer, 1967) e *Scientific Research*, I, pp. 494 e ss.

somar-se simplificações na solução e mesmo nas equações de base.

Em suma, o que escolhemos para submeter à comprovação empírica, não é a teoria inteira e pura, mas um pequeno conjunto de teoremas obtidos por meio da teoria, enriquecido com algumas hipóteses suplementares e empobrecido por algumas simplificações. O conjunto das fórmulas assim obtidas não é apenas finito, mas é também em parte estranho à teoria, pois envolve hipóteses suplementares. Denominando T_1 a teoria em apreço e S_1 o conjunto de hipóteses e simplificações introduzidas no curso do trabalho de dedução, temos: T_1, $S_1 \vdash T'_1$. Do desempenho de T'_1 é que tiraremos "conclusões" sobre o valor de T_1, S_1 pode arruinar T_1 mas, sem S_1, não há T'_1 e por conseguinte não há testes empíricos.

Eis-nos diante de T'_1, o que se denomina incorretamente as conseqüências observáveis de T. Estão elas prontas a enfrentar a experiência? Ainda não: T'_1 conterá conceitos sem contrapartida empírica, por exemplo, "temperatura" ou então conceitos que, embora sendo empíricos, como "sede", não são diretamente controláveis. Cumprirá pois "traduzir" T'_1 em linguagem semi-empírica, semiteórica. Por exemplo, será preciso "traduzir" as temperaturas em comprimentos e a sede em quantidade de água bebida. Esta tradução ou interpretação dos conceitos e das hipóteses teóricas é uma questão científica, não apenas uma questão lingüística. Trata-se com efeito de introduzir novas hipóteses que liguem alguns dos inobserváveis de T'_1 a observáveis objetivos. Exemplos: as equações que vinculam a diferença de potencial à temperatura de um termo-par, e a memória ao desempenho de certas tarefas sabidas. Estas hipóteses objetivantes ou índices não são postas em questão durante a prova de T'_1. Elas poderão ser introduzidas por meio de T_1, mas não vão além de T_1. Comumente tais índices I_1 são concebidos como a ajuda de T_1 e do corpo A do saber antecedente.

Mesmo com o acréscimo das hipóteses suplementares S_1 e pontes I_1 entre a teoria e a experiência, T_1 não está pronta a enfrentar a experiência. Será necessário juntar ainda informações empíricas ("dados") relativas ao objeto da teoria. Não serão dados brutos inteiramente estranhos a T_1: resultarão de manipulações teóricas de um conjunto de dados empíricos; por exemplo, a expressão de observações astrométricas em coordenadas copernicanas. Denominemos E_1 os dados propriamente ditos e E^*_1 sua "tradução" em linguagem da teoria T_1. Estes dados refinados em conjunção com T'_1 e I_1, nos permitirão deduzir um conjunto T^* de proposições particulares, pertencentes a uma linguagem semiteórica, semi-empírica, que poderão ser submetidas ao controle da experiência. Em suma, o processo foi o seguinte:

Dedução de teoremas $T_1, S_1 \vdash T'_1$

Tradução dos dados $A, T_1, E_1 \vdash E^*_1$

Construção dos índices $A, T_1 \vdash I_1$

Conseqüências verificáveis $T'_1, E^*_1, I_1 \vdash T^*$

Só agora é que nossa teoria está pronta a sofrer as provas da experiência.

4. A Produção de Novos Dados

Queremos planejar, executar e interpretar experiências (observações, medidas, experimentações) destinadas a pôr T^* à prova. Não se trata de observar o que quer que seja, mas de produzir um conjunto E^* de informações comparáveis a T^*, i. é, expressas na linguagem de T. Isto impõe um trabalho teórico prévio da mesma amplitude que aquele que resultou em T^*.

Começaremos por fazer o plano dos testes, por exemplo experiências de difusão de "partículas" carregadas por um alvo de composição e estrutura conhecidas. Uma qualquer dessas experiências basear-se-á em T_1 assim como no saber antecedente A, em particular conhecimentos concernentes aos modos de aceleração e detecção dos projéteis (por exemplo, teorias do cíclotron e do contador de cintilação). Teremos, quase como no caso anterior, um corpo T_2 de conhecimentos teóricos (um amontoado de fragmentos de diversas teorias), inclusive uma parte de T_1. Teremos também um conjunto S_2 de hipóteses específicas relativas ao plano experimental, o que nos permitirá depreender conseqüências T'_2 sobre o funcionamento da aparelhagem. Em seguida, teremos um conjunto I_2 de hipóteses-pontes, que poderá encerrar I_1. Somente agora poderemos começar as manipulações de laboratório.

Uma vez executadas e interpretadas as experiências, disporemos de um conjunto E_2 de dados que será preciso ler em termos das teorias T_1 e T_2. Denominemos E^* este resultado final (conquanto não definitivo). Em suma, temos o seguinte andamento:

$T_2, S_2 \vdash T'_2$
$A, T_2 \vdash I_2$
$E_2, I_2, T_1, T_2' \vdash E^*$

É este conjunto E^* de dados refinados que deveremos confrontar com T^*.

5. O Encontro da Teoria e da Experiência

Nossa tarefa é agora por E^* frente a frente com T^* a fim de avaliar T_1. Caberá lembrar que T^* é uma amostra finita, deformada e interpretada de T_1 e que, da mesma maneira, E^* é uma amostra, elaborada por meio de conhecimentos teóricos, de todo conjunto das experiências possíveis. Não deveremos nos surpreender se a determinação do valor de verdade de T_1 não for um assunto simples.

Evidentemente, não há senão dois casos possíveis: ou E^* é pertinente a T^*, ou não é. Suponhamos que o seja, porque de outro modo seria preciso replanejar o teste. Se E^* for pertinente a T^*, então os dois concordam razoavelmente bem[4] ou não se harmonizam. No primeiro caso concluiremos que E^* confirma T_1 no domínio explorado, sem todavia verificá-lo definitivamente. Cumprirá esperar que um novo conjunto de dados, quer no mesmo domínio, quer em um outro, possa refutar T_1.

Mas se E^* estiver em desacordo com T^*, i. é, se E^* contiver um subconjunto E'^* de casos negativos, haverá duas possibilidades, rejeitar T_1 ou rejeitar E'^*. A decisão dependerá do apoio que T_1 e E'^* poderão encontrar em outra parte, i. é, para além dos novos dados. Se as provas empíricas negativas E'^* não são firmes — quer por causa da fraqueza da teoria auxiliar T_2, quer por causa da presença provável de erros sistemáticos na experiência — então será preciso replanejar ou pelo menos repetir as operações empíricas. Em todo caso, dever-se-á suspender o julgamento sobre T_1.

Somente se as provas negativas E'^* forem firmemente sustentadas pelo plano de fundo teórico T_2, dever-se-á rejeitar T^*. Mas a negação de T^* não acarreta a negação de T_1 posto que T^* foi obtido com a ajuda de T_1 e de muitas outras premissas, em particular S_1, I_1 e E_1. Trata-se portanto de encontrar os culpados. Esta busca é difícil mas possível.

(4) Cf. *Scientific Research*, II, p. 302.

Dois casos podem ocorrer: ou T_1 tem prestígio ou então não prestou ainda bons serviços. No primeiro caso, suspeitaremos quer das suposições S_1 que constituem o modelo da coisa por nós estudada, quer das leis-pontes I_1, quer dos dados E_1. Examiná-los-emos criticamente, às vezes submetendo-os a provas empíricas independentes. Em seguida modificaremos ou substituiremos os componentes que não funcionam, até obter um acordo razoável, embora temporário, entre um novo T^* compatível com T_1 e E^*. Em caso de necessidade declararemos T_1 falso no domínio que acaba de ser explorado, embora possa ser aproximadamente verdadeiro em outros domínios[5].

Se, ao contrário, T_1 for novo, então todas as premissas que acarretam T^* deverão ser criticadas passo a passo. Costumeiramente as premissas menos seguras são os axiomas de T_1 e as hipóteses suplementares S_1, o que não exclui as pressuposições genéricas de T_1, tais como a teoria do tempo que T_1 pressupõe. Para reconhecer melhor as partes responsáveis pelo malogro, convirá axiomatizar a teoria[6]. Esta axiomatização, ao mostrar as pressuposições genéricas e as hipóteses específicas de T_1, facilitará a investigação e impedirá a fuga dos culpados.

O primeiro passo nesta perseguição será o de tentar isolar as premissas mais suspeitas, que serão as mais específicas, separando os membros de T^* que dependem dos que são independentes dele, e relacionando as conseqüências das hipóteses suspeitas com os "dados" empíricos. Se conseguirmos capturar os culpados, o segundo passo será o de substituí-los ou até de abandoná-los, formulando uma nova teoria que não difira demais da anterior. Procederemos desta maneira até lograr um acordo razoável com E^*. Se for o caso, abandonaremos T_1 por completo, salvando talvez alguns fragmentos; mas poderemos mesmo nos entregar a uma alteração de ponto de vista.

O processo de verificação — ou melhor, de comprovação — é, pois, gradual. A confirmação ou a refutação de uma teoria não é tão direta como no caso de uma hipótese isolada. Acumularemos provas favoráveis e/ou desfavoráveis à teoria, sem que cheguem a ser definitivas, seja para aceitar ou para rejeitar a teoria em seu conjunto: nenhuma teoria que tenha vencido os exames não-empíricos é inteiramente falsa e nenhuma outra que tenha vencido todos os exames pode ser tampouco inteiramente verdadeira.

(5) Para uma teoria axiomática da verdade parcial, Cf. M. BUNGE, *The Myth of Simplicity* (Englewood Cliffs, N. J., Prentice-Hall, 1963).
(6) Cf. M. BUNGE, *Physical Axiomatics, Reviews of Modern Physics*, 39, 463, (1967).

Isto deveria bastar, porquanto a ciência não tem necessidade de certeza definitiva, mas apenas de corrigibilidade[7].

6. Conseqüências Filosóficas

Na medida em que a metodologia que acaba de ser esboçada está de acordo com a prática da pesquisa científica, as diversas filosofias das ciências são inadequadas. O empirismo, por menosprezar o papel das teorias na produção de "dados" empíricos, ao mesmo tempo que exagera o peso da confirmação ou amparo indutivo à custa dos apoios não-empíricos. O refutacionismo é tampouco adequado, porque também supõe que o único teste das teorias é de natureza empírica, porque menospreza o valor da confirmação e porque supõe a possibilidade da refutação concludente, o que vale para hipóteses isoladas, mas não para sistemas hipotético-dedutivos que venceram os exames não-empíricos. Enfim o convencionalismo também fracassa, porque admite remanejamentos *ad libitum,* não satisfazendo nem a condição de controle empírico nem as condições de coerência.

Precisamos pois de uma nova filosofia das ciências, aliada a uma metodologia realista da pesquisa e que reconheça o valor da solidariedade do saber inteiro.

(7) Cf. M. BUNGE, *Intuition and Science* (Englewood Cliffs, N. J., Prentice-Hall, 1962).

11. O PAPEL DA PREVISÃO NO PLANEJAMENTO

A ação racional baseia-se em planos ou programas inspirados, por sua vez, em diretrizes e baseados em previsões. E todos os quatro itens — previsão, diretriz, plano e ação — são componentes de um processo complexo. A natureza de um processo deste tipo dependerá sem dúvida do objetivo visado. Assim, uma expedição para coletar dados em Vênus mobilizará recursos e habilidades algo diversas das requeridas para um assalto a banco. Entretanto, parece haver uma forma geral ou estrutura que se ajusta a todos os processos de ação planejada, de campanhas de alfabetização a campanhas presidenciais por meio de inspeção da agricultura e do saneamento de uma cidade. Uma forma tão comum será melhor exposta pelo estudo dos mapas de fluxo de um número de exemplos típicos de ação planejada que difiram nos objetivos. Examinemos dois destes exemplos: uma operação para socorrer vítimas da fome (Fig. 1) e uma investigação dos efeitos das drogas alucinógenas no desempenho universitário (Fig. 2). O leitor está convidado a introduzir histórias de casos à sua escolha.

Os dois esquemas parecem muito semelhantes. Exceto numa coisa: enquanto no Esquema 1 a pesquisa aparece como uma componente, o Esquema 2 diz respeito inteiramente à pesquisa. Saltemos para uma conclusão geral: embora a condução da pesquisa possua uma semelhança formal com a ação planificada em busca de objetivos não-cognitivos, o último possui um liame que falta, como passo separado, no primeiro, ou seja, uma peça de pesquisa que deve ser adicionada ao conhecimento básico a fim de formular um plano razoável. Concentrar-nos-emos aqui na ação planificada com objetivos não-cognitivos, tais como a felicidade geral (ou miséria) da espécie humana, a conservação da natureza, e assim por diante. Todos estes exemplos da ação planificada parecem se ajustar ao esquema geral apresentado no Esquema 3. Examinemo-lo.

Notemos, de início, que a ação racional pressupõe algum corpo de conhecimento: se ignorássemos tudo acerca do sistema com o qual devemos mexer não conseguiríamos sequer identificá-lo. Este conhecimento básico, concernente ao sistema de interesses, consiste essencialmente de três itens: uma descrição de alguns de seus traços, um modelo conceitual (de preferência teórico) do sistema e um punhado de previsões formuladas à base tanto do modelo quanto da descrição. O segundo quadrado simboliza a diretriz geral adotada. A linha interrompida que sai do primeiro quadrado não indica que uma diretriz é uma conseqüência lógica do exclusivo conhecimento acerca do sistema: destina-se a sugerir que toda diretriz *realista* deve algo a um conhecimento do sistema e suas circunstâncias. O bloco seguinte à direita simboliza a decisão geral relativa ao curso da ação como um todo. Uma decisão pode ser considerada como uma escolha de uma previsão, quer no sentido de impô-la ou de tentar evitá-la juntamente com uma escolha da espécie de meios que, se espera, sejam eficientes para tal propósito. Uma decisão racional pode ser então construída como um par: previsão-meios. Abandonado qualquer destes componentes, não resta nenhuma decisão racional.

Esquema 1: Operação de alívio da fome

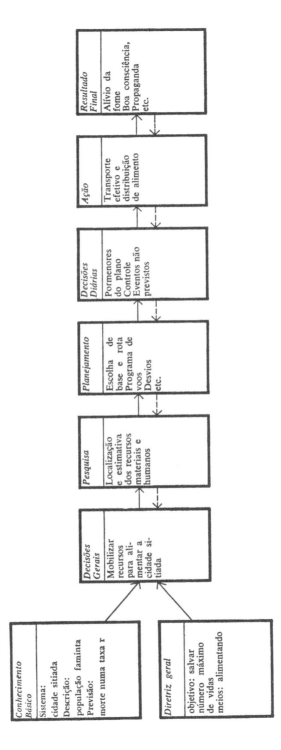

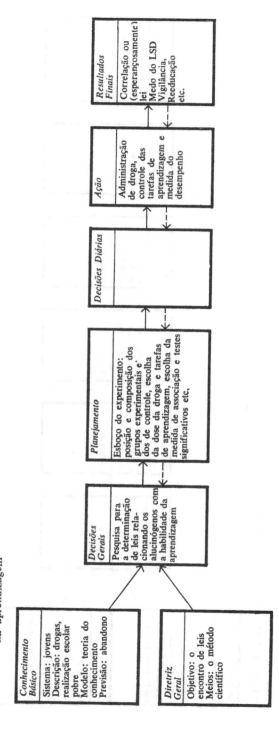

Esquema 2: Pesquisa acerca dos efeitos dos alucinóginos na aprendizagem

Desloquemo-nos para a direita no Esquema 3. Uma vez alcançada uma decisão da maneira mais racional possível, prosseguiremos completando-o. Mas amiúde a informação disponível acerca dos sistemas e meios é insuficiente e talvez deva ser suplementada: é onde entra o estágio de pesquisa. Assim o planejador urbano pode necessitar de pesquisa sobre as propriedades de algum material novo ou dos efeitos psicológicos de certos tipos de habitação. Qualquer pesquisa assim, se cabal, terminará em um novo conjunto de previsões que podem ser importantes para o planejador.

Em seguida, vem o próprio planejamento, i. é, o projeto de um complexo homem-coisa que melhor pode realizar ou evitar os eventos previstos inicialmente. Quanto mais o plano se aferra a uma previsão fundamentada, tanto mais racional pode ser considerado: quanto mais afastar-se da previsão, menos realista será e portanto maior será o risco. Uma vez feito um plano, examinado e corrigido, o tempo de ação terá chegado — desde que a decisão original seja mantida de modo que os meios necessários estejam disponíveis.

Mas um plano é e deveria sempre ser um simples esboço, pois do contrário, talvez não fosse flexível e destarte aberto aos imprevisíveis. Portanto, nenhum plano pode ser completado a menos que se tome certo número de decisões de pormenor: é onde entra o bloco seguinte. As decisões diárias controlam as atividades de cada dia que acarretam o resultado final. Se as previsões forem corretas, o plano realista e as decisões unificadas razoáveis, algo próximo do objetivo pré-colocado deve ser alcançado. Uma realização plena desta meta é inatingível: há sempre muito pouco conhecimento para prever tudo e perícia insuficiente para impedir que eventos imprevistos afetem de modo adverso o resultado líquido. A fim de minimizar tais desvios da meta, é necessário um planejamento elástico. Todavia, talvez seja precisa retornar à posição três e mudar os próprios objetivos ou os próprios tipos de meios. Assim, é possível que um teatro de ópera tenha de ser reprojetado como sala de concertos, uma vitória de guerra como recuo organizado e, assim por diante. Em resumo, deve haver realimentação ao longo de toda a linha: é o que representam as linhas quebradas orientadas para trás nos nossos esquemas.

Concentremo-nos a partir de agora na previsão. Em nosso primeiro exemplo (operação para socorrer vítimas da fome) o tipo de conhecimento envolvido, tanto no ponto de partida (conhecimento básico) como na pesquisa adicional, era uma mistura de conhecimento ordinário ou comum e

Esquema 3: Diagrama em bloco de planejamento de ação não cognitiva

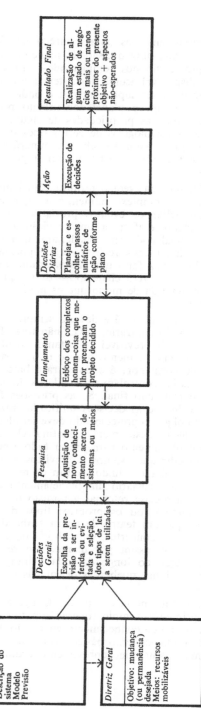

conhecimento especializado relativo à cidade sitiada, suas condições de desnutrição, suas fontes de alimento, suas possibilidades de transporte etc. As previsões eram conseqüentemente prognoses semi-ordinárias, semi-especializadas e, em qualquer caso, abaixo dos padrões de predição científica. De outro lado a bem sucedida alunissagem do primeiro homem exigia uma espécie diferente de conhecimento — partes de, praticamente, todos os campos da ciência pura e tecnologia. Envolvia não apenas prognósticos especializados mas também predições científicas (*e.g.*, previsões astronômicas), prognósticos especializados e previsões tecnológicas (*e. g.*, relativas às condições de saúde dos astronautas e à ordem e ao horário de suas operações).

O problema é que diferentes espécies de decisões gerais exigem diferentes tipos de previsão, tanto no estágio inicial (conhecimento básico) quanto no estágio de pesquisa. Se quisermos apenas escapar do anzol, a mera adivinhação do futuro pode servir. Se desejarmos enganar ou impressionar, um pouco de grande profecia será indicado. Se possuímos um fundo de conhecimento especial (técnico) todavia não-científico, podemos dar-nos ao luxo de efetuar prognósticos especializados. Se tivermos teorias científicas e dados à nossa disposição e, se nossa meta for incrementar nosso conhecimento, então deveremos expedir previsões científicas. E se, tendo um conhecimento básico similar à nossa disposição, bem como facilidades de incrementá-lo, quisermos modificar o comportamento de coisas ou povos de uma maneira bastante precisa, deveremos então tentar previsões tecnológicas engastadas num processo de ação planificada. Examinemos agora estas várias espécies de previsão.

Conjeturar é uma tentativa consciente mas não racional de saber o que não está à vista, em particular o futuro. É aventurosa, intuitiva, vaga e não possui base explícita, logo, não pode ser criticada, exceto por seu resultado. As decisões e planos baseados na conjetura são tão nebulosos quanto a própria conjetura. A ação subseqüente, se houver alguma, será do tipo acerte ou erre. Todavia, apesar de todas as suas falhas conhecidas, parecemos incapazes de dispensar inteiramente a conjetura, talvez porque a apenas um pequeno setor de nosso cérebro foi dada uma previsão científica.

Profetizar ou expedir conjeturas em larga escala relativas ao futuro difere da mera conjetura apenas em grau, não em espécie. Enquanto predizer no jogo de dados é mera adivinhação, predizer crises econômicas, guerras ou revoluções sem maior base do que acreditar naquilo que se deseja (*wishful thinking*) ou teme é profetizar, ou seja, fazer conjetura descabida. A estrutura lógica de uma profecia é a mesma que a de uma adivinhação relativa ao futuro. Em ambos os casos, trata-se de um juízo incondicional da forma "P acontecerá" sem qualquer indicação das condições necessárias ou suficientes para que P ocorra. Daí o fracasso ou êxito de uma conjetura ensinar-nos pouco, se é que ensina alguma coisa, pois não põe à prova qualquer elo hipotetizado entre o evento e suas condições. Em suma, nada podemos aprender observando o desempenho das conjeturas, exceto que não vale a pena perder nosso tempo fazendo-as.

Uma conjetura educada é uma coisa inteiramente diferente: tem a forma condicional "se C acontecer então P há de (ou poderá) acontecer". Trata-se apenas de um exemplo de uma generalização empírica do tipo "sempre que C foi o caso, P seguiu-se". Conseqüentemente é possível aprender de ambos os êxitos e os malogros da conjetura educada.

Há duas espécies de conjeturas educadas: *previsões de senso comum* ou ordinárias e *prognoses especializadas*. Uma previsão de senso comum é uma previsão expedida com base em uma generalização empírica de senso comum, que não requer conhecimento especializado. É intuitiva e vaga, porém menos do que uma pura conjetura. Um prognóstico especializado pode não ser mais preciso que uma previsão de senso comum, mas baseia-se em conhecimento especializado, encapsulado em generalizações empíricas e em juízos tendenciosos. A previsão do tempo do lavrador experimentado e perceptivo dos velhos tempos, as previsões da bolsa do corretor experimentado e precavido e o prognóstico médico do curandeiro em geral de tempos passados, encontram-se todos nesta classe. Graus variáveis de perícia hão de acarretar prognósticos especializados de graus de verdade variáveis.

Uma predição científica é racional ao máximo (intuitiva ao mínimo) pois é uma conclusão de premissas explicitamente afirmadas. Tais premissas não são meras generalizações empíricas como as que constitui o fundamento das conjeturas educadas: as premissas de uma predição científica são hipóteses científicas e porções de informação científica. As hipóteses já foram corroboradas ou estão para sê-lo através da própria predição. E os dados foram reunidos — ou antes, apresentados — com a ajuda de meios mais ou menos dignos de confiança e criticáveis, tanto conceituais quanto empíricos. Em outras palavras, a predição científica é um juízo de forma condicional como uma conjetura educada, mas diferentemente desta, é uma clara conseqüência lógica de um punhado de itens científicos os quais podem ser todos controlados. Mais precisamente, o mecanismo para produzir uma predição científica é o seguinte:

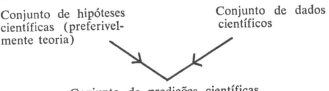

Conjunto de hipóteses científicas (preferivelmente teoria)

Conjunto de dados científicos

Conjunto de predições científicas

Se as hipóteses que tomam parte no argumento pertencem a um corpo de teoria (ou sistema hipotético-dedutivo) e passaram em certa medida pelo teste da experiência científica (observação, mensuração, experimento), podemos denominá-las *leis*. Neste caso, a predição científica é nomológica ou legal. Do contrário, é tentativa. No primeiro caso pode servir a propósitos outros que os puramente cognitivos: pode ser usada na tecnologia. De outro lado, é possível que não tenhamos amparo moral para empregar uma previsão científica, tentativa com propósitos práticos: as predições científicas tentativas servem principalmente ao propósito de submeter as premissas (hipóteses e dados) à prova empírica. Na verdade, uma previsão bem sucedida vale como evidência confirmadora, ao passo que outra mal sucedida vale como evidência negativa. Se a maior parte da evidência reunida através da previsão é desfavorável, cumpre-nos concluir que pelo menos algumas das premissas são falsas e que devemos tentar individualizar as responsáveis pelo malogro. E se a evidência for largamente favorável, deveremos falar de suporte indutivo. Entretanto, não importa quão grande suporte indutivo possa uma teoria desfrutar, a operação de extrair predições de teorias enriquecidas com dados é puramente *dedutiva*. Em suma, a predição é dedutiva, mas nos permite consignar pesos indutivos (positivos ou negativos).

As hipóteses ou juízos de lei que ocorrem entre as premissas de uma predição científica são axiomas mais em nível baixo do que alto, pois cabe-lhes fornecer proposições singulares. Além disso, antes que possamos aplicá-las, devemos construir um *objeto-modelo*, i. é, um modelo conceitual do sistema em causa e não um modelo qualquer mas um modelo construído com conceitos encontrados nas próprias hipóteses. Por exemplo, se nos incumbe prever as futuras populações de duas espécies interatuantes, podemos usar as equações diferenciais de Volterra ou antes as soluções destas. Estabelecemos por este meio um esquema idealizado ou modelo teórico de nosso sistema, um esquema que descarta todas as variáveis, exceto as cifras de população. O mesmo é verdade para qualquer outra predição científica: se não há modelo teórico, não há predição científica. O modelo pode ser determinístico ou estocástico, fenomenológico ou mecânico, grosseiro ou sofisticado, mas nunca é mais nem menos do que uma representação idealizada, aproximada, em termos teóricos, das feições salientes do sistema em causa.

A última espécie de previsão a ser considerada aqui é a previsão tecnológica, tal como aparece na engenharia, na química industrial, na farmacologia e nas operações de pesquisa. Não há diferença lógica entre previsão tecnológica e predição científica: em ambos os casos, o juízo predicativo é uma conseqüência lógica de hipóteses e afirmações singulares (dados) de nível baixo. As diferenças são metodológicas, semânticas e práticas.

Metodológicas: admite-se sempre que a previsão tecnológica é nomológica e nunca tentativa. Isto é, confiamos que ela emprega apenas hipóteses bem corroboradas, alojadas em corpos conceituais (teorias) bem articulados: em suma, admite-se que se confia em leis mais do que em candidatos ao *status* de lei.

Semânticas: os modelos teóricos empregados na previsão tecnológica são usualmente mais rudes e mais superficiais que os modelos surgidos na predição científica. Há pelo menos duas razões para isto. Primeiro, em tecnologia estamos mais interessados em resultados líquidos ou gerais que em mecanismos intervenientes, de modo que as teorias da caixa negra são mais favorecidas que as teorias mecânicas; a tal ponto que o dispositivo tecnológico ideal é aquele que pode ser realizado de múltiplas maneiras, i. é, um dispositivo que preserve as relações entrada-saída a despeito das mudanças na física e química da caixa. Segundo, as ferramentas conceituais a serem usadas na tecnologia devem ser simples ao máximo para operar; a tal ponto que a ferramenta conceitual ideal para a tecnologia é aquela cujas operações podem ser cabalmente mecanizadas (*e.g.*, computadorizadas), dando o menor espaço possível para o *esprit de finesse* que caracteriza a ciência básica.

Práticas: Enquanto as predições científicas são neutras, as previsões tecnológicas são carregadas de valor e, além disso, podem exercer efeito sobre aqueles que as conheçam. O fato de que as previsões tecnológicas podem ser valiosas (ou desvaliosas) com respeito a outras previsões além das cognitivas, torna-se óbvio à vista de suas formas típicas. Enquanto uma predição científica tem tipicamente a forma: "se x acontecer ao tempo t, então y ocorrerá ao tempo t' com probabilidade p", uma previsão tecnológica típica possui a forma: "se a meta y deve ser alcançada no tempo t' com probabilidade p, então x deverá ser feito no tempo t". O estado final é aqui um objetivo que foi preferido a todos os outros. E a consecução desta meta ou o fracasso em atingi-la afetará a vida de todo mundo nele envolvido. Além do mais, a simples previsão pode alterar a própria probabilidade do evento que foi previsto. De fato, se for previsto um evento em cuja produção podemos ter uma participação, e se estamos interessados na sua ocorrência, deveríamos fazer algo neste sentido. Igualmente, se quisermos prevenir ou adiar o evento. Isto é, devemos tentar *forçar* as coisas de modo a tornar verdadeira ou falsa a previsão, conforme o caso. Obteremos então uma confirmação ou predição convincentes, nenhuma das quais tem muito valor de prova para a teoria em causa, na medida em que podem ter sido suscitadas mediante mobilização de fatores não considerados pela teoria. Estas são as assim chamadas previsões auto-realizadoras ou autodestruidoras, e são bem conhecidas de economistas e financistas, sendo o seu exemplo clássico o rumor de um colapso comercial que desencadeia um colapso real.

Finalmente, uma palavra acerca da segurança de previsões responsáveis, sejam elas prognósticos especializados, predições científicas ou previsões tecnológicas. Só previsões triviais podem ser totalmente seguras: se predissermos eventos outros que não inevitáveis, correremos riscos. Uma previsão pode vir a ser errônea por força de qualquer ou todas as razões seguintes: (*a*) qualquer das hipóteses (generalizações empíricas, linhas de tendência ou leis) pode ser falsa ou não suficientemente próxima da verdade; (*b*) qualquer dos dados (*bits* de informação empírica relativos a detalhes do sistema em causa) pode ser inexato; (*c*) mesmo que as hipóteses e os dados sejam verdadeiros, eles são insuficientes: há outros fatores (variáveis) envolvidos na situação real, que não estão contidos em seu modelo teórico. Uma análise cuidadosa de uma previsão gorada pode assim resultar em conhecimento adicional: somente conjeturas desbragadas constituem uma perda total mesmo quando bem sucedidas.

Em conclusão, a ação racional encontra-se ao fim de uma linha que começa com um corpo de conhecimento básico e uma diretriz geral (ou "filosofia"). Este ponto de partida deve conter previsões definidas para que o resto do processo corra eficientemente. O mesmo acontece com a pesquisa suplementar necessária para um plano de ação realista e pormenorizado. Terá de desembocar em um conjunto de previsões definidas. A previsão, portanto, a segurança destas previsões dependerá do estado das discipli-

223

nas nela envolvidas e, em certo grau, também da natureza da meta. Enquanto, em alguns casos, o prognóstico especializado é ou o melhor que se pode conseguir ou tudo de que precisamos, em outros serão necessárias previsões tecnológicas computadas por meio de teorias relativamente sofisticadas. De outro lado, a pura conjetura em pequena ou larga escala, e mesmo a conjetura educada mas não especializada, são bases insuficientes para o bom planejamento. Em epítome: diga-me que espécie de previsões você está usando e eu lhe direi qual poderá ser a categoria de seu planejamento.

Bibliografia

BUNGE, M. *Scientific Research*. v. II: *The Search for Truth* (New York, Springer-Verlag, 1967), Caps. 10 e 11.
CHURCHMAN, C. W.; ACKOFF, R. L.; ARNOFF, E. L. *Introduction to Operations Research*. (New York e Londres, John Wiley & Sons, 1957.)
SIMON, H. A. *The New Science of Management Decision*. (New York, Harper & Row, 1960.)

12. FILOSOFIA DA INVESTIGAÇÃO CIENTÍFICA NOS PAÍSES EM DESENVOLVIMENTO*

1. *Desenvolvimento Científico: Parte do Desenvolvimento Integral*

O desenvolvimento integral de uma nação moderna envolve o desenvolvimento de sua ciência. Primeiro, porque a economia do país dele necessita se aspira a ser múltipla, dinâmica e independente. Segundo, porque não há

(*) Trabalho apresentado na 18.ª Convención Anual de la Asociación Venezolana para el Avance de la Ciencia. Caracas, maio de 1968.

cultura moderna sem uma ciência vigorosa em dia: a ciência ocupa hoje o centro da cultura e tanto seu método quanto seus resultados se irradiam a outros campos da cultura, bem como ao domínio da ação. Terceiro, porque a ciência pode contribuir para enformar uma ideologia adequada ao desenvolvimento: uma ideologia dinâmica em vez de estática, crítica em vez de dogmática, iluminista em vez de obscurantista, e realista em vez de utópica.

Uma economia sem base tecnológica e científica própria é rotineira e dependente. Uma cultura sem ciência é erudição fóssil incapaz de compreender o mundo moderno e de ajudá-lo a ir avante: é antes incultura. E uma ideologia sem miolo científico é anacrônica e irracional: será capaz de acender o entusiasmo mas não de ajudar a entender; poderá ajudar a conservar ou a destruir mas não a renovar, pois para construir é necessário saber.

Certamente, pode-se importar conhecimento. Fazem-no todos os países quando subscrevem publicações estrangeiras. Mas isto é consumo, não produção, na medida em que a investigação científica é produtora. Além disso, o consumo de conhecimento requer conhecimento prévio. Para poder compreender um artigo científico é preciso receber treinamento adequado. Não basta pois importar publicações, nem sequer especialistas: é mister possuir conhecimento e discriminação para poder aproveitar uns e outros. Mais ainda, a fé cega no modelo estrangeiro e no perito importado pode ser desastrosa, porque o que serve para uma nação pode não servir para outra. Cada nação deve formar seus próprios especialistas, tanto nas ciências básicas como nas aplicadas. Só assim poderá saber o que deve desejar e o que necessita para alcançar seus fins.

Não há dúvida, portanto, de que o desenvolvimento de uma nação moderna é necessariamente integral, não unilateral, e que o próprio núcleo de um plano racional e factível de desenvolvimento integral deve ser um plano de desenvolvimento da investigação científica. Trata-se, pois, de elaborar uma política realista da investigação científica: uma política viável com os recursos disponíveis e, ao mesmo tempo, uma política que dê frutos científicos e sociais. No que segue, examinarei alguns aspectos desta questão e terminarei propondo que se adote um plano liberal (não-dirigista) de desenvolvimento integral da investigação científica.

2. *Filosofia e Política da Investigação Científica*

Dentro do contexto que nos ocupa, a palavra "filosofia" é ambígua. Umas vezes significa filosofia propriamente dita (lógica, gnosiologia e metafísica) e outras significa critério e plano de ação (*policy*). É óbvio que os dois conceitos denotados pela mesma palavra são muito distintos: a filosofia da biologia difere do conjunto de normas e planos que uma instituição pode elaborar para promover o desenvolvimento da ciência biológica. Contudo, ambos os conceitos estão relacionados. Em minha opinião, a relação é a seguinte: toda política pressupõe uma filosofia. Em particular, *toda política de desenvolvimento científico pressupõe uma filosofia da ciência.*

Pensemos, por exemplo, numa filosofia obscurantista tal como o existencialismo, inimigo da lógica e da ciência. Evidentemente, não sendo favorável à ciência, não poderá fundamentar uma política do desenvolvimento científico: no máximo tolerará a tecnologia, sem notar que não há tecnologia inovadora sem ciência pura. Ou tomemos a fenomenologia e a filosofia lingüística de Oxford, obscura a primeira e trivial a segunda, mas igualmente desinteressadas da ciência e carentes dos equipamentos lógico e metodológico necessários para analisá-la: é claro que estas filosofias, sendo ignorantes da ciência, não poderão ajudar seu desenvolvimento. Em compensação, uma filosofia empirista, tal como o positivismo, promoverá a recompilação de dados e o entusiasmo pela exatidão, facilitando assim o nascimento da ciência. Mas, posto que o empirismo desconfia da teoria, freará o desenvolvimento teórico e portanto, a longo prazo, freará o desenvolvimento científico em profundidade. Uma filosofia pragmatista, por sua vez, estimulará a ciência aplicada e levará a descurar da ciência pura com o que acabará por frear o próprio desenvolvimento tecnológico. Finalmente, uma filosofia idealista, ao desprezar o trabalho de verificação experimental, opor-se-á ao desenvolvimento das ciências experimentais e, em particular, ao desenvolvimento autônomo das disciplinas que considera de sua propriedade: a psicologia e a sociologia.

Acabamos de passar em rápida revista as principais filosofias da atualidade em relação com a ciência. A conclusão obtida é negativa: *as filosofias em moda são incapazes de estimular o desenvolvimento científico integral,* entendendo-se por tal o desenvolvimento da ciência pura e aplicada, teórica e experimental, natural e social. Algumas filosofias se opõem a toda ciência ou a ignoram; outras exageram a importância das operações empíricas ou então da especulação; outras vêem apenas a ciência aplicada, ou então apenas a pura; outras, enfim, excluem da investigação científica precisamente os temas mais urgentes e promissores: tudo o que concerne à psique e à comunidade. Pareceria, pois, que a filosofia, longe de ser o pressuposto de uma política do desenvolvimento científico, deveria ser deixada de lado se há que empreender o fomento da investigação científica. Fato que contradiz nossa tese inicial de que toda política pressupõe uma filosofia.

Não há tal contradição. Não disse que toda boa política pressupõe uma filosofia qualquer, mas que toda política pressupõe alguma filosofia. Se a filosofia for má, também o será a política. Se a filosofia for sã, a política poderá ser utópica, mas ao menos estará bem inspirada. Em todo caso, não há evasão da filosofia, visto que a levamos para dentro. O que dissemos até agora sugere que as filosofias de escola, os *ismos,* não podem inspirar o desenvolvimento científico integral. Isto não deve surpreender, porque uma filosofia de escola é, por definição, fixa e parcial, portanto incompatível com algo dinâmico e multifacetado como é a investigação científica.

O desenvolvimento científico integral requer uma *filosofia dinâmica e integral da investigação científica,* que faça justiça tanto à observação como à teoria, tanto à construção como à crítica, tanto ao aspecto cosmológico como ao social, tanto ao aspecto básico como ao aplicado, tanto à estrutura lógica como à dinâmica metodológica da investigação. Infelizmente, esta filosofia não existe ou, ao menos, não é popular.

A filosofia da ciência mais difundida nos círculos científicos de todo o mundo — o primeiro, o segundo e o terceiro — é um positivismo já morto entre os filósofos, inclusive os positivistas. Este positivismo antiquado é o que informa as idéias correntes acerca do que deveria ser a ciência nos países em desenvolvimento. Posto que é um obstáculo ao desenvolvimento, comecemos por criticá-lo.

3. *A Filosofia Popular do Desenvolvimento Científico*

A idéia mais divulgada acerca do que deveria ser a ciência nos países em desenvolvimento parece ser a seguinte: deveria ser *empírica* mais do que teórica, *regional* mais do que universal, *aplicada* mais do que pura, *natural* mais que social e, em todo caso, *filosoficamente neutra.* Procurarei mostrar que esta é uma política nefasta baseada em uma falsa filosofia da ciência.

Primeiramente, na época contemporânea não existe algo como ciência empírica privada de teoria, e isto por duas razões. A primeira razão é que a finalidade da investigação científica desde Galileu e Descartes não é acumular dados mas descobrir leis, e uma lei é um enunciado referente a uma pauta suposta real: mais ainda, uma lei cien-

228

tífica não é uma proposição isolada e sim uma fórmula pertencente a uma teoria, por mais subdesenvolvida que esta seja. Uma generalização empírica é superficial e carece dos múltiplos apoios e controles de que goza um enunciado engastado em um reticulado teórico. A segunda razão pela qual não há ciência moderna sem teoria é que todo dado de interesse científico é obtido com a ajuda de alguma hipótese, amiúde com ajuda de teorias, e em todo caso sua busca está relacionada com alguma teoria. Isto vale, em particular, para os dados de laboratório obtidos com ajuda de instrumentos cujo desenho se baseia em teorias físicas e químicas. O dado isolado carece de valor científico: um dado adquire interesse quando pode encaixar-se em uma teoria, seja para pô-la à prova, seja para deduzir explicações e previsões. Em suma, uma das características da ciência moderna é a síntese de experiência e teoria. Tire-se a experiência e restará a especulação pura. Tire-se a teoria e restará o conhecimento vulgar, no máximo protocientífico. Sem teoria obter-se-á informação superficial e desconexa: só dentro da teoria se alcança a profundidade e a totalidade.

A segunda tese popular é a de que a ciência de um país em desenvolvimento deveria ser regional: que deveria limitar-se a estudar os fatos típicos, as curiosidades regionais que não se encontram em outras partes. Isto é óbvio do ponto de vista empirista: fazer ciência é observar, só se pode observar o que está à mão, e estudar o que existe em qualquer outra parte é duplicar desnecessariamente as observações. Assim, por exemplo, segundo isto, a astronomia argentina deveria limitar-se a catalogar as estrelas do céu austral, a botânica venezuelana a fazer herbários de plantas tropicais e a sociologia mexicana a observar a comunidade indígena do altiplano centro-americano. Ainda que pareça paradoxo esta tese é sustentada tanto por nacionalistas extremados quanto por aqueles que consideram nossos países como provedores de matéria-prima, seja petróleo ou dados científicos. Evidentemente, é uma tese falsa, já que a ciência é universal ou não é ciência, mas folclore. O erro provém do falso pressuposto filosófico de que conhecer é observar. Esta suposição é também a que está subjacente ao temor das duplicações. É um temor infundado precisamente porque o conhecimento científico não se limita a observar: a observação é feita em um contexto conceitual, descrita com a ajuda de idéias teóricas e põe à prova ou enriquece estas últimas. Tratando-se de um processo tão rico, a probabilidade de que dois investigadores obtenham exatamente os mesmos resultados é muito pequena. E mesmo que a duplicação fosse freqüente, não seria redundante, já que a verificação independente é indispensável. Em todo caso, a exigência de limitar a investigação ao autóctone tem por efeito baixar tragicamente o nível da investigação, já que a finalidade da ciência é encontrar pautas gerais, e não descrever idiossincrasias.

A terceira tese popular é a de que em nossos países a ciência pura é um luxo e que, por conseguinte, dever-se-ia começar pela tecnologia, postergando todo esforço em ciências básicas. Esta tese pragmatista ignora que a tecnologia moderna é ciência aplicada. Ignora que a produção de grãos é melhorada selecionando-se sementes por meio da genética e da ecologia. Ignora que não há siderurgia competitiva sem metalografia, e que esta é um capítulo da cristalografia; que a cristalografia teórica é mecânica quântica aplicada e que a experimental requer a técnica dos raios-X, que por sua vez supõe a óptica e a análise de Fourier. A tese pragmatista ignora igualmente que a criminalidade e outros problemas sociais não são resolvidos aumentando-se a força policial mas efetuando-se reformas econômicas, sociais e educacionais, e que todas estas reformas, para serem eficazes, devem ser planejadas e executadas à luz de estudos econômicos, sociológicos e psicológicos. Em suma, a tese pragmatista é pouco prática: ao preconizar o predomínio da praxis sobre a teoria assegura o fracasso da ação e o triunfo da improvisação que aponta fins sem examinar meios e que, deslumbrada pelas coisas, esquece os homens. Sem dúvida, seria igualmente absurdo propor o inverso, ou seja, que se postergue o desenvolvimento da ciência aplicada até alcançar-se um bom nível em ciência básica. A sociedade exige medidas rápidas e há mais pessoas atraídas pela ação do que pelo estudo. Mas quem preconiza a subordinação da ciência pura à aplicada desconhece a natureza da tecnologia moderna. A solução não está em desenvolver uma às expensas da outra, não está em postergar uma delas, mas sim desenvolver ambas ao mesmo tempo.

A quarta tese popular é a de que as ciências naturais devem ter preeminência sobre as ciências do homem. Esta crença parece fundar-se em duas opiniões falsas. A primeira é que o urgente é a tecnologia, e que esta se limita à produção, quer dizer, às engenharias físicas e biológicas. Isto não é verdade: as desordens psíquicas e as sociais são matéria das ciências psicossociais aplicadas, e não está provado que estes problemas são menos importantes que os problemas da produção. A única coisa certa é que as nações desenvolvidas enfrentam pavorosos problemas psicossociais precisamente por haverem descuidado deles em benefício da produção. A segunda opinião falsa que está subjacente à quarta tese popular é de natureza histórica: as ciências do homem se desenvolveram tardiamente e em imitação das ciências da natureza, e assim deve continuar sendo. O primeiro é certo, o segundo não; o desenvolvimento científico de um país não tem por que percorrer de novo todas as etapas do desenvolvimento da ciência universal. Podemos poupar-nos a astrologia, a alquimia, a acupuntura e a psicanálise, abordando diretamente as fronteiras da investigação contemporânea, ao menos na medida em que requeiram recursos fabulosos. Tudo é questão de dispor de recursos humanos e de adotar uma atitude científica, não pré-científica ou pseudocientífica, ao abordar os problemas das ciências do homem.

Um país capaz de fazer matemática e física também o é de fazer psicologia experimental e psicologia matemática, contanto que não tenha preconceitos contra estas. Hoje em dia as diferenças metodológicas entre as ciências de fatos não existem: as diferenças são de objeto e de técnicas, não de método nem de finalidade. A finalidade de todas as ciências é a mesma: encontrar leis. O método é uniforme: pressupor a lógica e a matemática, formular problemas, ensaiar hipóteses para resolvê-los, pôr à prova as hipóteses, e finalmente avaliá-las. Isto vale tanto para a química quanto para a sociologia. Em ambos os casos se formulam modelos teóricos, na medida do possível em linguagem matemática. Em ambos os casos se comparam as novas idéias às velhas assim como aos dados, tanto os já disponíveis quanto os dados procurados por incitação da teoria mesma. Certamente, o químico e o psicólogo se ocupam de assuntos diferentes e os tratam com técnicas (métodos particulares) distintas, mas o método geral e a finalidade de suas investigações são idênticos. Esta unidade de método e de finalidade explica a mobilidade de um número crescente de cientistas, que passam com desenvoltura de um campo a outro da ciência, com desenvoltura tanto maior quanto mais desenvolvidas as teorias.

Um desenvolvimento unilateral das ciências da natureza às expensas das ciências do homem seria artificial porque romperia a unidade da ciência. Seria antieconômica, porque desperdiçaria recursos humanos: de fato, deixaria de aproveitar numerosos talentos fascinados por problemas psicológicos e sociais. Seria não-político, porque há urgentes problemas sócio-econômicos cuja solução exige investigação científica original. Seria anticultural, porque abandonaria o campo das ciências do homem aos charlatães e aos tradicionalistas que ignoram ou temem a revolução efetuada na psicologia e na sociologia nos últimos vinte anos. Todas as ciências são importantes: não há ciências

231

de primeira e ciências de segunda, mas ciências avançadas e ciências subdesenvolvidas.

A quinta e última tese da filosofia popular que estamos considerando é a de que a ciência nos países em desenvolvimento tem tantos problemas urgentes que não dispõe de tempo para perder em análises filosóficas. Isto pressupõe ou que já se está de posse da filosofia verdadeira e definitiva, ou que se pode prescindir da filosofia. O primeiro é um dogma indigno de um cientista, para quem nenhum princípio deveria ser incorrigível, em particular nenhum princípio filosófico. Quanto à opinião de que a filosofia é um luxo, ela não é certa: toda investigação científica pressupõe uma lógica, uma gnosiologia e uma metafísica. Sem lógica não há controle das inferências; sem determinadas suposições sobre o conhecimento não há busca livre da verdade nem critério de verdade; sem suposições metafísicas acerca da existência de caracteres essenciais e pautas objetivas não há procura de umas e de outras. Não existe maneira de livrar-se da filosofia, que é tão ubíqua como Deus. O que cabe fazer é notar tais pressupostos, examiná-los criticamente, reformá-los de tempo em tempo e desenvolver sistemas filosóficos concordes com a lógica e a ciência, e favoráveis à investigação ulterior. A filosofia entregue a si mesma, sem controle lógico nem empírico, pode converter-se em fera que ataque a ciência e a destrua, como procedeu a filosofia obscurantista alemã há apenas trinta anos. Ou que torpedeie o desenvolvimento das ciências do homem, como vem fazendo a filosofia obscurantista latino-americana.

Em suma, as cinco teses da filosofia popular do desenvolvimento científico nos países em desenvolvimento são nefastas: se aplicadas, destorceriam e retardariam o avanço da ciência. Estas cinco normas nefastas se alicerçam em uma falsa filosofia da ciência; devemos substituir esta filosofia fragmentária por uma filosofia integral da investigação.

4. *A Filosofia Integral da Investigação Científica e a Política Conseqüente*

Uma adequada filosofia da investigação científica deverá reconhecer que esta é uma empresa multifacetada: que tem um lado teórico e outro empírico; que é universal quanto ao seu método e a sua finalidade, ainda que em cada região possua objetos ou temas típicos; que tenha um lado puro e outro aplicado; que se ocupa tanto da natureza como do homem; e que tem pressupostos filosóficos tanto quanto resultados de importância filosófica. Estas cinco teses parecem óbvias e no entanto são impopulares, particularmente entre os responsáveis pela planificação do desenvolvimento científico.

Se se aceitam estas teses sobre o caráter integral e unitário da ciência, então se adotará uma *política integral do desenvolvimento científico*. Esta política se resume nas cinco normas seguintes:

I. *Fomentar a investigação teórica e seus contatos com a investigação empírica*. A investigação de campo ou de laboratório raras vezes requer estímulo: os investigadores com inclinações teóricas são sempre minoria. Em troca, a investigação teórica é amiúde desestimulada, às vezes por excessivo amor ao prático e outras vezes por ignorância. Por exemplo, poucos sabem da existência da biologia teórica, da sociologia matemática e da lingüística matemática: a maioria esboça um sorriso ante a simples menção destes nomes. É preciso estimular o jovem com inclinações teóricas, lembrando-lhe ao mesmo tempo que, por imaginativa que seja, uma teoria científica deve ser aprovada pelos exames empíricos e deveria estimular novas investigações empíricas. Cumpre estimulá-lo ademais a que ajude aos experimentadores a resolver os seus problemas, fomentando-se assim a integração da teoria com a experiência, ao modo como se realiza no Instituto de Física da Universidade Nacional Autônoma do México. Este fomento das relações da teoria com a experiência científica não deve levar ao extremo de hostilizar a investigação teórica desconectada de trabalhos experimentais regionais mas de possível relevância para trabalhos experimentais em outros países. Nem sequer deve levar a desalentar investigações que no momento parecem carecer de importância empírica: as relações com a experiência não são conhecidas de entrada e, embora não sejam vistas em determinado momento, podem ser vistas mais adiante. Neste ponto, como nos demais, não se trata de fechar caminhos mas de aplanar os caminhos mais convenientes, sobretudo, não se trata de forçar, mas de alentar.

II. *Estimular a escolha de problemas de interesse nacional mas insistir em que sejam tratados em nível internacional*. Seria absurdo não aproveitar a oportunidade de medir raios cósmicos em Chacaltaia, de fazer biologia do trópico na Amazônia ou de estudar os índios motilões na Venezuela. As peculiaridades nacionais devem receber atenção especial, tanto para o enriquecimento do saber universal como para a sua eventual utilização. Mas todo objeto ou problema típico deverá ser tratado com o método e o fim universais da ciência. Biologia do trópico, certo;

biologia tropical, não. Além disso, os temas autóctones não devem deslocar os demais. Uma coisa é preconizar o levantamento geológico da zona andina e outra é exigir que toda geologia de um país andino se dedique a esta tarefa, com descuido da geologia teórica e de laboratório. Uma coisa é fomentar o estudo da fauna regional e outra é limitar-se a colecionar, descrever e classificar espécimes autóctones. Não há geologia moderna sem física e química, nem há taxonomia biológica sem genética, filogenia e ecologia. Quem preconiza limitar a atividade centífica de uma zona ao estudo do típico com esquecimento do universal, preconiza na realidade o retorno a séculos anteriores, quando havia disciplinas autônomas e capítulos autônomos dentro de cada ciência. Este provincianismo é coisa do passado: a investigação, sem deixar de diferenciar-se, integrou-se graças às teorias e técnicas abrangentes. Em suma: ciência com traços nacionais, sim; ciência nacionalista, não.

III. *Fomentar a ciência básica tanto quanto a aplicada.* É preciso levar em conta que a ciência básica é valiosa por si mesma, porque nos permite compreender o mundo, e não só porque nos permite transformá-lo. A ciência aplicada, em troca, não existe sem a pura. A agronomia é biologia aplicada, a farmacologia é bioquímica aplicada, a psiquiatria científica é psicologia e farmacologia aplicadas, e assim sucessivamente. Por certo é possível exercer uma profissão técnica sem efetuar pesquisa. Mas este exercício, para ser eficaz, deverá basear-se em investigações puras e aplicadas realizadas por outros. O bom médico está informado sobre as recentes aquisições da pesquisa biológica aplicada, a qual por sua vez se baseia na investigação básica em biologia e bioquímica. Algo similar vale para o engenheiro, o agrônomo e o trabalhador social. Antes de atuar é preciso informar-se e pensar; antes de aplicar é preciso ter o que aplicar; e, se se quer inovar responsavelmente na ação, é preciso fazê-lo com base em conhecimento científico: outra coisa é rotina ou improvisação.

IV. *Estimular as ciências do homem.* O primeiro passo nesta direção é perceber o que as modernas ciências do homem, por serem ao mesmo tempo empíricas e teóricas, tanto de laboratório e campo como de linguagem matemática, e por se proporem o encontro de pautas gerais com método comum a toda a ciência, são irmãs das ciências da natureza e portanto independentes das humanidades entendidas no sentido tradicional. Manter as ciências do homem sob o controle das humanidades, lá onde estas continuam dominadas por espírito tradicionalista e anticientífico, é condená-las ao atraso: é impedir ou pelo menos retardar a sua constituição em ciências propriamente ditas. Por isto, a menos que se renove totalmente o espírito das faculdades de humanidades pela via da filosofia científica, as ciências do homem deveriam ser cultivadas nas faculdades de ciências ou em faculdades independentes.

V. *Estimular a filosofia científica*. Uma falsa filosofia da ciência pode descarrilar a política científica e levar ao esbanjamento de fortunas. Os próprios cientistas deveriam, portanto, interessar-se pelo desenvolvimento de uma filosofia científica da ciência. Note-se bem: não se trata de adotar uma filosofia já feita mas de construí-la. À diferença da matemática ou da genética, no campo filosófico não há autores, textos nem teorias canônicos: tudo ou quase tudo está por fazer, tudo é matéria de debate e de investigação. Mas isto não deveria abrir as portas à improvisação e ao que nós, argentinos, chamamos *macaneo*. Neste campo, a investigação responsável está limitada pela lógica e pela ciência. Quem ignore as duas não poderá contribuir com nada. Quem conheça uma delas poderá colocar problemas e criticar soluções. Somente quem está familiarizado com ambas poderá fazer contribuições originais à filosofia da ciência.

Se os cientistas desejam que se constitua uma filosofia realista e integral da ciência, que dê conta da investigação tal como é praticada ao nível mais avançado em todos os campos, e que a ajude a adiantá-la e amadurecê-la em vez de obscurecê-la ou freá-la, deverão eles próprios pôr mãos à obra. Mas não sem auxílio: deverão recorrer à lógica e à história das idéias filosóficas e científicas, sob pena de incorrer, no caso contrário, em inexatidões e obscuridades e de inventar o guarda-chuva. Em suma, poderão ignorar os filósofos anticientíficos mas deverão aliar-se aos filósofos amigos da ciência. Poderão ignorar Hegel, Husserl e Heidegger, mas não poderão ignorar Russell, Carnap e Popper. Mas não basta informar-se, nem comentar e criticar este ou aquele autor; é preciso abordar os problemas epistemológicos do mesmo modo que se abordam os problemas científicos, ou seja, não apenas com conhecimentos adequados dos antecedentes, mas também com espírito crítico e com o propósito de trazer mais luz. Como para o cientista, o filósofo da ciência se propõe obter conhecimento original. A diferença está em que o cientista averigua algo acerca do mundo, enquanto o filósofo da ciência averigua algo acerca da ciência.

A constituição de um grupo nacional de lógica e epistemologia, dentro ou fora da sociedade científica nacional mas em todo caso com forte participação de cientistas com inquietações filosóficas e de filósofos amigos da ciência, deveria contribuir para modernizar a cultura humanística do país, bem como para debater sobre os fins do desenvolvimento científico.

5. Rumo a uma Planificação Liberal da Investigação Científica

O estímulo e o fomento de certas atividades não deve ser confundido com o dirigismo. A investigação científica básica não tolera o dirigismo, posto que ela consiste em colocar e resolver problemas com liberdade, elegendo livremente os meios e tornando públicos os resultados. Só as tarefas de rotina e, em escala bem menor, a investigação aplicada podem funcionar em resposta a solicitações externas. O dirigismo deforma a investigação ao exagerar o peso do empírico: pode-se encomendar a coleta e a elaboração de dados sobre qualquer coisa, mas as teorias não se fazem por encomenda. O dirigismo deforma a ciência ao exagerar o peso das aplicações: pode-se encomendar a aplicação de um corpo de conhecimentos à solução de um problema prático, mas não se pode encomendar a formação de uma ciência nova. Finalmente, o dirigismo deforma a comunidade científica ao dar demasiada autoridade à administração científica, que pode abusar de seu poder e frustrar as lídimas aspirações dos investigadores. O dirigismo, em suma, é incompatível com o desenvolvimento integral e autônomo da investigação.

Isto não implica que a atividade científica deve ficar entregue à mão de Deus. É verdade que o liberalismo é preferível ao dirigismo pois, embora não alente a potência criadora, ao menos não a encarcera e a escraviza. Mas o liberalismo, eventualmente adequado a nações desenvolvidas, é inadequado às nossas nações, já que se opõe a toda planificação, ao passo que, se quisermos ir adiante, necessitaremos de um mínimo de planificação. Com efeito, quem se proponha fomentar esta ou aquela atividade para preencher este ou aquele claro no campo da ciência está sugerindo um plano de ação: está propondo que se invertam recursos humanos e materiais em certo setor, eventualmente à custa de outros setores.

Não há nada de mal em planificar, desde que os objetivos sejam nobres e os meios escrupulosos. Todo cientista que se dá o respeito planifica o seu próprio trabalho e, em alguma medida, o de seus colaboradores. A planificação em si não é má. O que é nocivo para a ciência e, por conseguinte, para a nação, é um *plano dirigista*, um plano que submeta a investigação científica a interesses estranhos ao desenvolvimento da própria ciência, e exija resultados práticos a curtos prazos e torça as vocações.

Devemos pensar em um *plano liberal*: um plano que se proponha fins *intracientíficos*, que vise em primeiro lugar ao crescimento e ao amadurecimento da própria ciência. Um plano liberal será compatível com a liberdade da investigação, do mesmo modo que com a liberdade e o enriquecimento da cultura. Um planejamento liberal da investigação científica propor-se-á conseguir um desenvolvimento harmonioso dos distintos aspectos da ciência: o experimental e o teórico, o puro e o aplicado, o natural e o humano. Não obrigará a trabalhar neste ou naquele tema, nem deste ou daquele modo: propor-se-á apenas *facilitar* todo projeto de pesquisa razoável, quer dizer, que prometa enriquecer o conhecimento e pareça realizável.

Para ser eficaz, uma planificação liberal não deve ser humilde nem paranóica: deve ser ambiciosa mas realista; i. é, deve propor-se às finalidades mais elevadas que é possível alcançar com os meios disponíveis. Assim, por exemplo, seria tolo dedicar um laboratório para medir o índice de refração em todas as substâncias transparentes por mero gosto de empilhar dados, sem fins ulteriores: esta seria modéstia excessiva. De outra parte seria uma loucura instalar um acelerador de partículas em um deserto, sem um plano concreto de investigação, nem pessoal competente para levá-lo a cabo. Em compensação, seria factível e útil estudar, por exemplo, as propriedades reológicas do petróleo e seus derivados, posto que a realogia está ainda em seus começos e oferece tantos enigmas experimentais e matemáticos quantos se queira. Os projetos de investigação devem ser modestos mas não pedestres, originais mas não utópicos.

Deixemos aos gigantes industriais a física experimental das altas energias. Deixemos a engenharia nuclear aos países com grave *deficit* energético e capazes de construir reatores industriais sem hipotecar a sua economia. Deixemos a física espacial aos países ricos, cujos governos necessitem criar sensações mundiais. Ponhamo-nos, em troca, a estudar, por exemplo, a enigmática estrutura dos líquidos e dos cristais líquidos (*e.g.*, as soluções saponáceas) e dos cristais gasosos (*e.g.*, a parafina). Estes são problemas abertos que requerem instrumental acessível e matéria cinzenta. Não podemos competir em instalações custosas, mas sim em cérebros, desde que atraiamos para o campo da ciência os talentos que até agora são absorvidos pela jurisprudência e outras profissões liberais.

Não podemos estar em dia com tudo, nem devemos copiar: devemos estar em dia em alguns temas, devemos aprender e devemos propor-nos a fazer contribuições originais, já que a investigação, para sê-lo, deve ser original. Não importa se estamos na moda: melhor, porque seguir a moda é custoso, é servilismo e envolve descurar linhas de investigação eventualmente mais importantes ou interessantes. Isto não implica ficar atrás, mas tão-somente não participar de certas corridas. O investigador maduro tem um programa de trabalho de longo alcance. Ele não se deixa distrair pela moda mas tampouco deixa de aproveitar para o seu trabalho toda novidade que possa servir-lhe.

O investigador original tampouco é um apêndice de uma instalação custosa, mas um indivíduo com idéias originais e com engenho capaz de compensar algumas deficiências de material. Certamente, às vezes, o engenho consiste em desenhar um equipamento custoso que pode abrir novas perspectivas. Neste caso, se o custo é excessivo, impõe-se o exílio para um país mais rico, jamais o sacrifício dos demais ramos da ciência ou de reformas sociais urgentes. Hoje em dia não é tragédia ou vergonha exilar-se com o fito de contribuir para o progresso da ciência. O que é trágico, ou melhor tragicômico, é exigir de uma nação pobre que lance um programa espacial ou um programa de física de altas energias, quando ainda não deu os primeiros passos em pesquisas modestas porém férteis. O mérito de um projeto de investigação não se mede pelo dinheiro invertido nem pela publicidade obtida, mas por sua contribuição original para o avanço do conhecimento.

Hoje em dia quase todo país que se proponha fazê-lo, pode alcançar, ao termo de uma geração, um posto honroso na ciência internacional. Para que os nossos países latino-americanos o alcancem, devemos fazer o seguinte:

1. Comecemos por reconhecer o nosso atraso em lugar de nos drogarmos com auto-exaltações, mas ao mesmo tempo proponhamo-nos seriamente superá-lo.

2. Proponhamo-nos nossos próprios fins, sem por isso desperdiçar a experiência alheia.

3. Façamos um cálculo de recursos humanos e naturais.

4. Formulemos planos liberais e realistas para o desenvolvimento integral da investigação científica.

5. Estendamos a mão fraterna em lugar de mão mendicante: tratemos de trabalhar em escala latino-americana, dividindo entre nós o trabalho e cooperando com todas as nações latino-americanas: procuremos erigir uma Coordenadoria Científica Latino-Americana.

6. Ponhamos mãos à obra lembrando que a ciência não é um conjunto de instalações para o envaidecimen-

to de governantes vaidosos, mas um grupo de pessoas em busca da verdade.

Término e resumo. Uma boa política de desenvolvimento inclui uma política de desenvolvimento científico. E uma política de desenvolvimento científico supõe uma filosofia da ciência. Pois bem, há filosofias das ciências de várias marcas, mas nenhuma é capaz de estimular a investigação científica, quer por serem fragmentárias, quer por serem rígidas. Isto explica, em parte, por que é tão difícil formular uma boa política do desenvolvimento científico.

A filosofia da ciência e a política da ciência são dois mendigos que passam fome se andam separados, mas prosperam se se juntam; o paralítico vai montado sobre os ombros do cego e lhe assinala o caminho. Cada qual resolve assim o problema do outro e deste modo o seu próprio. Se carecemos de uma filosofia adequada não conseguiremos uma política adequada. Se carecemos de uma e outra, deveremos desenvolver ambas ao mesmo tempo. No transcurso deste processo cometeremos erros, mas poderemos aprender com eles e corrigir o rumo futuro. Em troca, se copiamos o alheio e pedimos a outros que nos digam o que deveríamos desejar, continuaremos atados e às escuras. Vamos repensar, pois, tanto nossa filosofia da ciência quanto nossa política da ciência. Disto depende nosso desenvolvimento.

CIÊNCIA NA PERSPECTIVA

Os Alquimistas Judeus: Um Livro de História e Fontes
Raphael Patai (Big Bang)

Arteciência: Afluência de signos co-moventes
Roland de Azeredo Campos (Big Bang)

O Breve Lapso entre o Ovo e a Galinha
Mariano Sigman (Big Bang)

A Criação Científica
Abraham Moles (Estudos 003)

Em Torno da Mente
Ana Carolina Guedes Pereira (Big Bang)

A Estrutura das Revoluções Científicas
Thomas S. Kuhn (Debates 115)

Mário Schenberg: Entre-vistas
Gita K. Guinsburg e José Luiz Goldfarb (orgs.)

O Mundo e o Homem: Uma Agenda do Século XXI à Luz da Ciência
José Goldemberg (Big Bang)

Problemas da Física Moderna
Max Born, Pierre Auger, E. Schrödinger e W. Heisenberg (Debates 009)

A Teoria Que Não Morreria
Sharon Bertsch McGrayne (Big Bang)

Uma Nova Física
André Koch Torres Assis (Big Bang)

O Universo Vermelho: desvios para o vermelho, cosmologia e ciência acadêmica
Halton Arp (Big Bang)

CIBERNÉTICA

A Aventura Humana Entre o Real e o Imaginário
Milton Grceo (Big Bang)

Cibernética Social i: um método interdisciplinar das ciências sociais e humanas
Waldemar de Gregori

Introdução à Cibernética
W. Ross Ashby (Estudos 001)

O Tempo de Redes
Fábio Duarte, Queila Souza e Carlos Quandt (Big Bang)

MetaMat!: Em Busca do Ômega
Gregory Chaitin (Big Bang)

FILOSOFIA DA CIÊNCIA

Caçando a Realidade: A Luta pelo Realismo
Mario Bunge (Big Bang)

Diálogos sobre o Conhecimento
Paul K. Feyerabend (Big Bang)

Dicionário de Filosofia
Mario Bunge (Big Bang)

Física e Filosofia
Mario Bunge (Debates 165)

A Mente Segundo Dennett
João de Fernandes Teixeira (Big Bang)

Prematuridade na Descoberta Científica: sobre resistência e negligência
Ernest B. Hook (Big Bang)

Teoria e Realidade
Mario Bunge (Debates 072)

LÓGICA

Estruturas Intelectuais: Ensaio sobre a Organização Sistemática dos Conceitos
Robert Blanché (Big Bang)

A Prova de Gödel
Ernest Nagel e James R. Newman (Debates 075)

Este livro foi impresso na cidade de Cotia,
nas oficinas da Meta Brasil
para a Editora Perspectiva